国家自然科学基金项目申请之路
——认识现象·探索规律

王来贵　朱旺喜　著

科学出版社

北京

内 容 简 介

本书是关于探索从事科学研究,特别是从事基础科学研究与应用基础研究的方法论,主要包括基础研究与应用基础研究内涵、科学研究的选题、科学研究方法、国家自然科学基金项目申请书四部分内容。在阐明科学研究中系统哲学思维、创新思维的基础上,论述了工程系统演化过程的研究内涵、科学问题、关键学术问题、工程项目中的科学问题及案例分析等内容;阐述了基础科学研究中的组合概念法、特征结构法、非线性问题、科学假说、反问题等研究方法;论述了国家自然科学基金项目研究中的因果关系与统计规律以及实验研究的科学本质;探讨了"机理"类、"模型"类等国家自然科学基金项目的研究内涵,分析了国家自然科学基金项目申请书中各个部分的基本要求、逻辑关系,并提出了书写建议。对国家自然科学基金项目申请书中题目的拟定、摘要的格式、立项依据的内涵、研究内容的要求等进行了案例分析。

本书可为从事科学研究特别是申请国家自然科学基金项目的高校教师和科研院所的科研人员提供参考。

图书在版编目(CIP)数据

国家自然科学基金项目申请之路:认识现象·探索规律 / 王来贵,朱旺喜著. —北京:科学出版社,2019.3
　ISBN 978-7-03-060241-1

　Ⅰ.①国…　Ⅱ.①王…②朱…　Ⅲ.①中国国家自然科学基金委员会-科研项目-申请-研究　Ⅳ.①N12

中国版本图书馆 CIP 数据核字(2018)第 293091 号

责任编辑:刘宝莉 / 责任校对:郭瑞芝
责任印制:赵　博 / 封面设计:正典设计

科 学 出 版 社 出版
北京东黄城根北街 16 号
邮政编码:100717
http://www.sciencep.com

北京富资园科技发展有限公司印刷
科学出版社发行　各地新华书店经销

*

2019 年 3 月第 一 版　　开本:720×1000　1/16
2025 年 1 月第十一次印刷　　印张:19 3/4
字数:398 000

定价:98.00 元
(如有印装质量问题,我社负责调换)

作者简介

王来贵,男,工学博士,辽宁工程技术大学二级教授、博士生导师,全国优秀教师。1984年、1988年毕业于阜新矿业学院(现为辽宁工程技术大学),分别获工学学士学位和工学硕士学位;1995年毕业于东北大学工程力学专业,获工学博士学位;1998年在成都理工大学完成博士后研究工作;2010~2011年在英国牛津大学做访问学者。主要从事岩石力学系统稳定性理论、环境与灾害岩石力学及应用研究。

朱旺喜,男,工学博士,研究员。1982年毕业于东北工学院(现为东北大学),1982~1985年在西安冶金建筑学院(现为西安建筑科技大学)任教,1988年、1992年毕业于东北工学院,分别获工学硕士学位和工学博士学位;1992~1999年任职于北京矿冶研究总院(现为北京矿冶科技集团有限公司);1999年任职于国家自然科学基金委员会工程与材料科学部,2017年起在化学科学部就职。曾作为高级访问学者工作于美国威斯康星大学麦迪逊分校、加拿大阿尔伯塔大学。主要从事冶金与材料工程科研管理研究。

序

　　国家自然科学基金在国家创新发展战略中的重要性是不言而喻的。如何申请国家自然科学基金项目,每位科技工作者都有自己的体会。网络上有各式各样的观点,《中国科学基金》《中国基础科学》《科技导报》等学术期刊刊登了大量的文章,从不同的角度交流国家自然科学基金项目的申请经验。但从系统科学哲学的视角,以系统科学哲学的思维方式透过现象看本质,思考科学问题,探讨科学研究方法,指导如何撰写国家自然科学基金项目申请书,并形成比较完整体系的著作尚不多见。

　　《国家自然科学基金项目申请之路——认识现象·探索规律》一书首先提出,从事科学研究要从学会做人起步;在继承和弘扬科技文化的基础上,提出科研活动是一项崇高快乐的事业,要将高尚的人格与远大理想相结合,将科学精神与坚定信念相统一;掌握科学研究的规律性,把握科学理论的内涵及其认识路线,选择具有特色鲜明、优势明显、适宜自身情境的科研方向,以解决科学问题、工程问题、技术问题、方法问题或综合性问题为研究目标,为科研人员、特别是青年科研人员选择科学研究方向提供了帮助。

　　该书采用系统科学哲学的思维方式,将各种工程(科学、管理、经济等)背景等研究对象视为一个系统,依据系统科学原理,从时空演化的角度,分析系统结构、边界、环境构成,阐述了推动系统结构演化的内外动力、内外动力联合或耦合动力,提出了要研究系统不同演化阶段的不同演化机理及系统演化趋势、不同演化阶段的激扰响应关系与相互作用原理;并以科学问题为导向,将系统所遇到的问题划分为系统结构类、系统环境类、系统演化机理类、系统演化模型类、研究方法类以及系统调控原理类问题等,进而将国家自然科学基金项目划分为相应的不同类型,为从生产与社会实践中凝练科学问题提供了思路。

　　建立科学理论是基础研究与应用基础研究的一项重要任务。作者强调基础科学研究中的概念组合与概念拓展,提出了基础科学研究中的特征结构法,阐述了科学研究中的结构非线性、环境非线性、结构响应非线性等问题的研究思路;针对申请国家自然科学基金项目,提出了结构假说、环境假说、结构响应假说及综合假说的观点,拓展了科学假说的内涵;同时对国家自然科学基金项目申请中的反问题、因果关系与统计规律、实验研究中的理论模型等一系列问题进行了详细的论述。理解和掌握这些科学概念、研究方法,对申请、评审甚至完成国家自然科学基金项目具有重要意义。

如何申请国家自然科学基金项目,这是广大科技工作者、特别是青年科技人员关注的热点问题之一。作者深入阐释了国家自然科学基金"机理"类、"模型"类项目的科学内涵;介绍了国家自然科学基金项目申请书中各个部分之间的逻辑关系与申请书中各个部分的书写要求。对国家自然科学基金项目申请书中题目、摘要、立项依据、研究内容等部分分别给出了案例分析。这些工作对国家自然科学基金项目申请书的撰写具有直接的指导作用。

该书沿袭系统科学哲学的逻辑思路,抓住事物发生现象的科学本质,以生产与社会实践中的主要矛盾与关键科技问题为主线,将研究对象或研究背景视为一个系统,提倡研究系统的结构问题、边界问题、环境问题、演化动力问题及其孕育、潜伏、发生、爆发、持续、衰减、终止等演化过程问题、演化趋向问题与演化机理问题,提出系统的结构模型、边界模型、环境模型、演化动力模型及演化过程模型,采用相应的科学方法验证并优化模型,寻求系统的控制变量与演化规律,建立科学理论与控制原理,最终应用于现场实际,提出在研究系统结构、系统环境、系统结构与系统环境相互作用机理以及控制原理等方面进行创新。这种研究思路是将事物的内因(系统结构)、外因(系统环境)、系统内外因相互作用过程的哲学分析思路进一步具体深化,符合科学研究的基本规律,是科学研究的普适性指导思路,不仅适用于研究工程技术中凝练的科学问题,而且对于数学、物理学、化学、生物学、医学、地学等基础学科或应用基础学科、交叉学科的研究也有普遍的参考价值。

基础研究是以认识自然现象,探索本质规律,获取新知识、新原理、新方法等为基本使命,目的在于发现新的科学研究领域,为新的技术发明和革新提供理论指导。最近,国家自然科学基金委员会对科学基金提出四类科学问题属性,即:鼓励探索、突出原创,聚焦前沿、独辟蹊径,需求牵引、突破瓶颈,共性导向、交叉融通。该书的出版,是对这四类科学问题属性的进一步支持,将对申请国家自然科学基金项目、深化基础科学或应用基础科学研究起到重要的推动作用。

该书的两位作者均是国家自然科学基金项目研究与国家自然科学基金项目管理的一线工作者,能够将国家自然科学项目研究与国家自然科学基金项目管理的经验进行总结、并成体系地汇总成册实属不易。相信读者在阅读的过程中一定会迸发灵感,凝练科学问题,掌握行之有效的科学方法,认识自然现象,探索科学规律,为国家自然科学基金项目的申请、评审及完成做出贡献。

中国工程院院士　钱七虎

2019 年 1 月 16 日

前　　言

　　国家自然科学基金主要资助基础科学研究和应用基础科学研究项目，而基础科学研究和应用基础科学研究是科技源头创新。作为科技工作者，特别是有志于从事基础科学研究或应用基础科学研究的年轻人，当然要与国家科技发展战略规划相衔接，实现自己的科研梦。申请并完成国家自然科学基金项目，就是积极参与国家科技源头创新、实现自己科研目标的具体实践。

　　科技工作者在积极参与科学研究的同时，更应脚踏实地地走好科学研究的每一步。而申请国家自然科学基金项目，是从事基础科学研究或应用基础科学研究的第一步。如何理解科学研究、选择合适的科研方向，进而凝练科学问题、掌握必要的科学研究方法去申请国家自然科学基金项目，构筑国家自然科学基金的研究体系，是本书试图探讨、回答的问题。本书包含四部分内容，即关于科学研究、关于科学研究的选题、关于科学研究方法、关于国家自然科学基金项目申请书。

　　申请国家自然科学基金项目，首先要深刻理解基础科学研究与应用基础科学研究内涵，将科研活动视为一项崇高而快乐的事业，要拥有系统科学哲学的思维方式，时刻不能忘记从系统的时空结构构成、系统的环境及系统结构与系统环境相互作用过程的角度出发，掌握必要的科学研究方法，围绕关键科技问题，抓住科技创新，认识自然现象，探索科学规律，揭示自然界固有的本质奥秘。

　　选题是科学研究中最重要的第一步。好的选题，就是成功的一半，是科学研究重要的起点。因此，掌握科学问题的凝练机制是科研工作的重要环节。除了国家的战略需求外，科学家的研究兴趣、学术研究热点及学术前沿、学科交叉融合是科学问题的重要来源。但最为重要的是生产一线、社会实践是科学问题的源泉，工程与技术需求是科学研究的原动力。因此，科学研究需要到生产一线去实践,察标求本,寻流溯源,要知其然,更要知其所以然。从实践中发现并认识自然现象、探索科学实质,从中凝练、抽象出科学问题;通过解决科学问题,遵循自然法则,最终返回到生产中指导人们的生产实践活动。因此,申请国家自然科学基金项目,就要在掌握系统科学哲学思维的基础上,遵循认识路线和科学研究的基本规律,分析工程系统与技术系统的演化过程,将工程技术中出现的自然现象分门别类,抓住发生这些现象的科学本质,凝练成为相应的科学问题进行深入研究。

科学方法是一种系统地寻求知识的程序,一般遵循问题的认知与表述、实验数据的收集、假说的构成与测试三个步骤。科学研究要顺利进行,就要有行之有效的科学方法。因此,科学研究必须要定义或限定、归纳或总结重要的科学概念,或者定义科研对象的组合概念与概念拓展,形成科学问题或建立科学假说这个研究主线的逻辑起点和逻辑节点。基础科学研究中,可以研究组成系统的特征结构与系统结构,要在掌握线性问题特征的基础上深入研究非线性问题,进而建立系统的结构假说、环境假说、相互作用假说及组合假说。而国家自然科学基金项目申请中常常遇见的反问题、因果关系与统计规律、实验研究中如何建立理论模型、思想实验对科学研究的指导作用等问题都是国家自然科学基金项目申请中必须思考的重要课题。

申请国家自然科学基金项目,就要对国家自然科学基金项目的类别、内涵、申请书的基本格式、要求与"技巧"等有深刻的理解,特别是要掌握国家自然科学基金项目中最常见的"机理"类、"模型"类项目的研究内涵。要厘清国家自然科学基金项目申请书中的各个部分之间的逻辑关系,掌握申请书中各个部分的内涵与基本要求。要对国家自然科学基金项目申请书中题目的拟定、摘要的格式、立项依据的内涵、研究内容的要求等问题有深刻的理解。分析国家自然科学基金项目申请书中的常见问题,总结经验,以利于国家自然科学基金项目的申请、评审与实施。

本书是作者多年来对国家自然科学基金项目申请、评审、研究、管理的思考和收获。作者近年来在《中国科学基金》《中国基础科学》《科技导报》等学术期刊上发表了18篇关于如何申请科学基金、从事科学研究的文章,此次成书是在这些文章的基础上进行了系统性的归纳总结;同时对具体的国家自然科学基金申请书主要部分的案例进行点评分析。可以说与很多的科研工作者一样,作者也是伴随着国家自然科学基金项目在成长,在成长的过程中充满了艰辛与迷茫、痛苦与快乐;在申请国家自然科学基金项目的征程中,不断地认识自然现象,探索科学规律。因此,本书的题目定为"国家自然科学基金项目申请之路——认识现象·探索规律",表达了作者在学习掌握系统科学哲学知识的基础上,对科研人生的审视,对科研理念的理解,对提出科学问题的思考,对科研方法的探讨,对申请国家自然科学基金项目的建议,对表述和发表科研成果的期望。如果能使读者更加关注"科学研究与国家自然科学基金项目申请""学术创新与学术积累"等议题,对读者有所启示,就达到了出版本书的目的。

在书稿完成的过程中,参考、摘录了部分申请者的国家自然科学基金项目申请书初稿,以及许多学者的观点、博文或发表的论著,并多次向相关教授请教;同时,在附录中收集了国家自然科学基金项目同行评议要点。在此对为本书提供帮助的相关专家、基金申请者及朋友们表示衷心的感谢!

尽管作者做出了努力,但书中仍难免存在不妥之处。欢迎各位专家指正,并就相关观点进行深入讨论,不断改进,以利广大读者理解科学研究与国家自然科学基金的内涵。

目　　录

第 1 章　关于科学研究

1.1 自然科学与国家自然科学基金

摘要:从科学的定义、"科学"一词的演变、科学的分类、自然科学与自然规律、科学问题、科学研究及其类型、科学研究的目的、科学方法、科学思维、科学理论等方面介绍了科学、自然科学及科学研究的基本内涵;分别从国家自然科学基金的设立、评审原则与运行机制、资助类别、主要任务、资助方式的原则、规章制度等方面介绍了国家自然科学基金的基本情况。

从事科学研究,特别是进行国家自然科学基金项目研究的学者,需要具备一定的自然科学哲学初步知识。深入地思考科学、自然科学、科学研究、科学研究类型、科学方法及科学思维等概念,有助于对科学概念、科学理论的理解,因此有必要将这些自然科学的相关概念进行归纳。对国家自然科学基金的基本情况进行梳理,有助于了解与深化科学研究的全过程。

1. 科学、自然科学与科学研究[1~3]

1)科学的定义

什么是科学?到目前为止尚无一个公认的统一定义。不同的国家、不同的学者,对"科学"有着不同的理解和解释。

英国科学家贝尔纳认为:科学是人类智慧的最高贵的成果。法国《百科全书》定义:科学首先不同于常识,科学通过分类,以寻求事物之中的条理。此外,科学通过揭示支配事物的规律,以求说明事物的本质。我国《辞海》(1999 年版)定义:科学是运用范畴、定理、定律等思维形式反映现实世界各种现象的本质规律的知识体系。

从各种对于"科学"定义的不同表述中,可以找出基本的、共同的概念:科学是一种理论知识体系,是人类对于客观世界本质规律的正确反映,是人类认识世界和改造世界的社会实践经验的概括和总结,同时,科学又是为社会实践服务的。

2)"科学"一词的演变

在欧洲近代早期,"科学"(science)和"自然哲学"(natural philosophy)有时可以互换使用。在欧洲直到 17 世纪,自然哲学(自然科学)被认为是哲学的一个独立的科学分支,与唯物同源。牛顿 1687 年出版的《自然哲学的数学原理》中"自然哲学"实质上就是自然界最高的学问,即"科学"。在 19 世纪演变过程中,"科学"一词变得越来越与科学方法本身相关联,以研究自然世界有规律的方法,包括物理学、化学、地质学和生物学等。

中国古代将自然之物所得的学问采用"格致"来表明。"格致"即格物致知的略语,最早来源于《礼记·大学》,指考察事物的原理法则而总结为理性知识,致知在格物,物格而后知至。"科学"一词是由近代日本学界译自英文中的"science",意为"知识""学问"。许多人认为,中国最早使用"科学"一词的学者是康有为,他出版的《日本书目志》中就列举了《科学入门》《科学之原理》等书目。辛亥革命时期,中国人使用"科学"一词的频率逐渐增多,出现了"科学"与"格致"两词并存的局面。随后,通过"中国科学社"的科学传播活动,"科学"一词才取代"格致"。

3)科学的分类

一般来说,学者们把科学分成自然科学、社会科学、思维科学、哲学及数学。自然科学研究自然界运动规律,社会科学研究社会运动规律,思维科学研究人类思维活动规律,哲学是研究自然科学、社会科学和思维科学这三大领域最一般规律的科学,而数学则研究自然科学、社会科学、思维科学这三大领域共同具有的"数量"逻辑关系。因此,现代科学概括成自然科学、社会科学、思维科学、哲学和数学,共五大领域。20 世纪 90 年代,我国著名科学家钱学森把现代科学分为自然科学、社会科学、数学科学、系统科学、思维科学、人体科学、军事科学、文艺理论、地理科学及行为科学,共计十大学科门类。

4)自然科学与自然规律

自然科学是研究大自然中有机或无机的事物和现象的科学,包括天文学、物理学、化学、地球科学、生物学和地理学等。自然科学是认识自然现象、揭示自然现象发生过程的实质,把握自然现象和过程的规律性,预见新的现象和过程,为在社会实践中合理而有目的地利用自然规律开辟各种可能的途径。

自然规律是指不经人为干预,客观事物自身运动、变化和发展的内在必然联系,也称为自然法则。自然规律是物质运动固有的、本质的、稳定的联系,表现为只要对应客观条件具备这一规律即起作用且具有不变性,反之这一规律即会失效,各类规律互不干扰,其不以人的意志为转移,社会规律亦如此。现代自然科学所揭示的规律可以分为两类:

(1)机械决定论规律。按照这种规律,物质系统在每一时刻的状态都是由系统的初始状态和边界条件单值地决定的。由微分方程式表达的动力学规律是这种规律的典型表现,解的单值性取决于系统的初始条件和边界条件。

(2)统计学规律。统计学规律是由大量要素组成的系统的整体性特征,而系统中的任一单个要素仍然服从机械决定论的规律。统计物理学方程是这种规律性的典型表现,它的解取决于初始时刻系统各要素的相应动力学量的统计平均值。

5)科学问题

问题是指提出疑问要求回答的思维形式。科学问题是指研究中主体与客体、已知与未知的矛盾。科学问题包括"是什么(what)"、"怎么样(how)"和"为什么(why)"三种主要形式。科学问题规定着科学研究的内容、方向、途径、方法和手段,决定着科学研究的结果和价值。科学研究起始于提出科学问题,以解决科学问题为阶段任务。科学问题主要来自以下五个方面:

(1)从实践与实践之间的矛盾产生科学问题。

(2)从实践与理论之间的矛盾产生科学问题。

(3)从理论与理论之间的矛盾产生科学问题。

(4)从理论自身的逻辑矛盾产生科学问题。

(5)从社会实践需要与现有技术手段不能满足这种需要的矛盾中产生

科学问题。

6)科学研究及其类型

科学研究一般是指利用科研手段和装备,认识客观事物的内在本质和运动规律,通过调查研究、实验、试制等一系列的实践活动,为创造发明新产品和新技术提供理论依据。科学研究的基本任务就是探索、认识未知。

按照研究目的分类,可以分为探索性研究、描述性研究、因果性研究三大类型。探索性研究是指通过初步分析而对研究对象或问题获得初步印象和感性认识,并为随后更为周密、深入地研究提供基础和方向的研究类型。描述性研究又称为叙述性研究,指研究结果为正确描述某些总体或某种现象的特征或全貌的研究,任务是收集资料、发现问题、提供信息,以及从杂乱的现象中描述出研究对象或问题的主要规律和特征。因果性研究也称为解释性研究,是指探寻现象背后的本质原因,揭示现象发生或变化的内在规律,回答为什么的科学研究类型。

根据研究的内容可将科学研究划分为:基础研究、应用研究与开发研究三种类型。基础研究是对新知识、新理论、新原理、新方法和新规律的探索。基础研究的成果不但能扩大科学理论领域,提高应用研究的基础水平,而且对于技术科学、应用科学和生产的发展具有不可估量的作用。应用研究是把基础研究发现的新知识、新理论、新原理、新方法和新规律用于特定目标的研究,它是基础研究与开发研究之间的桥梁。开发研究又称技术开发,是把应用研究的学术成果直接用于生产实践的研究。

按照科学研究的性质可以分为定性研究和定量研究。定性研究是根据事物所具有的属性和在运动中的矛盾变化,从事物发生、发展的内在规定性来研究事物变化规律的一种方法。以普遍承认的公理、演绎逻辑和大量的历史事实为分析基础,从事物的矛盾性出发,阐述所研究的事物发展变化规律。定量研究主要采用数据或信息进行量化处理、检验和分析,获得有规律性结论的研究过程;通过对研究对象的特征按某种标准做量的比较来测定对象特征信息,或求出某些因素之间量的变化规律。

7)科学研究的目的

科学研究的目的是揭示研究对象内在的一般规律,且提出能够对研究对象进行充分描述和解释的抽象理论。认识事物的变化规律与发展理论是科学研究最根本的目的,尽管在科学研究过程中要对研究对象的基本状况和变化过程进行全面描述,但这种描述只是为了从事物发展过程中找出因果关系,从具体的现象中抽象出能够表达普遍规律的理论,并将获得的理论应用于实践。科学研究在充分认识自然界、人类社会与思维发展规律,追求客观真理的同时,遵循事物发展的客观规律,依照客观规律办事,这是科学研究的最终目的。

8)科学方法

科学方法是人们在认识和改造客观世界中遵循或运用的、符合科学一般原则的各种途径和手段,包括在理论研究、实验研究、应用研究、开发研究等科学活动过程中采用的思路、程序、规则、技巧和模式。也可以说,科学方法就是人类在所有认识和实践活动中所运用的全部正确方法。

科学方法使用可再现的方法解释自然现象。经典的科学方法可分为两大类,即实验方法和理性方法,具体地说就是归纳法和演绎法。归纳法是将特殊陈述上升为一般陈述(或公理、定律、定理、原理)的逻辑方法。演绎法是应用一般陈述(或公理、定律、定理、原理)导出特殊陈述或从一种陈述导出另一种陈述的方法。在演绎论证中,普遍性结论是依据,而个别性结论是论点。演绎推理与归纳推理相反,它反映了论据与论点之间由一般到个别的逻辑关系。

科学方法还包括理论方法、实验方法和模拟方法等。更具体的研究方法包括控制变量法、转换法、放大法、替代法、等效法、分类法、比较法、类比法、模型法、等价变换法、逆向思考法、分解法、组合法、逼近法、反证法等不同类别。

9)科学思维

科学思维,也称科学逻辑,即形成并运用于科学认识活动、对感性认识材料进行加工处理的方式与途径的理论体系,它是在认识统一过程中,对各种科学的思维方法的有机整合,是人类实践活动的产物。在科学研究的认识活动中,科学思维必须遵守三个基本原则:在逻辑上要求严密的逻辑性,达到归纳和演绎的统一;在方法上要求辩证地分析和综合两种思维方法;在体系上,实现逻辑与历史的一致,达到理论与实践的具体的、历史的统一。

逻辑性原则就是遵循逻辑法则,达到归纳和演绎的统一。科学认识活动的逻辑规则,既包括以归纳推理为主要内容的归纳逻辑,也包括以演绎推理为主要内容的演绎逻辑。科学认识是一个由个别到一般,又由一般到个别的反复过程,它是归纳和演绎的统一。因此在科学研究中,要遵循因果性与形式逻辑的统一。爱因斯坦认为:西方科学的发展是以两个伟大的成就为基础的,那就是希腊哲学家发明的形式逻辑体系,以及通过系统的实验发现有可能找出因果关系。

思维过程是一个从具体到抽象,再从抽象到具体的分析过程,其目的是在思维中再现客观事物的本质,达到对客观事物本质的具体认识。思维规律由外部世界的规律所决定,它是外部世界规律在人的思维过程中的反映。

10)科学理论

科学理论是对人类获得的经验现象或客观事实的科学解说和系统解释,也是对物质世界的正确反映。科学理论是由一系列特定的概念、原理(命题)以及对这些概念、原理(命题)的严密论证组成的知识体系,它是客观论证,而非主观验证,可证伪性是判断科学与否的重要依据。

科学理论具有抽象性、逻辑系统性等特征。抽象性是指所有科学理论都具有一定时空范围和一定程度的抽象性,是对经验事实的简化和(或)概括。逻辑系统性是指科学理论具有严密的逻辑性与系统性特征。科学理论不是诸多概念与原理的简单堆砌,也非各种互不相关的论据和论点的机械组合,而是一种系统化的逻辑体系,是建立在明确的概念、恰当的判断、正确的推理与严密的逻辑证明基础之上的,在一定的时空范围内普适的知识体系。

科学理论的结构由三个要素组成:概念;联系这些概念的判断即基本原理;由这些概念和原理推演出来的逻辑结论,即各种具体的特殊规律和预见。其中,基本概念和基本原理或命题构成了理论的核心元素。理论可以有大有小,有粗有精,但理论必须包含基本概念、基本原理这两个核心元素,它们通常也是识别某一理论的主要判别标准。

作为对经验事实的严格界定，概念是理论的语言，为科学理论提供了具有特定含义的、通约性的术语或语言，构成了理论构建的表达与逻辑基础。准确的概念内涵与清晰的概念外延，对于理论构建以及科学交流是极其重要的。一个科学理论所使用的概念往往不是单一的，而是一个甚至是若干个概念组成的概念群。这些概念之间按照固有的隶属关系，如包含关系、并列关系、矛盾关系等关系，形成一个有序的概念网络或概念体系，并构成理论论述体系的关节点。理论论述体系就是在概念由抽象到具体、由具体到抽象的转化或运动中建立起来的。建立科学理论体系有多种方法，其中从抽象上升到具体的方法、公理-演绎方法、逻辑与历史相统一的方法是常用的方法。

（1）从抽象上升到具体的方法。

从抽象上升到具体的方法，是将科学研究已经获得的结果（概念、原理、规律等），按照从低级到高级、从简单到复杂、从抽象到具体的上升过程加以系统化，从而构造一个严密的科学理论体系的方法。

（2）公理-演绎方法。

用公理-演绎方法构建科学理论体系是从尽可能少的基本概念、公理、公设出发，运用演绎推理规则，推导出一系列的命题和定理，并依次排列建立整个理论体系的方法。

（3）逻辑与历史相统一的方法。

在科学理论体系的构造中，从抽象上升到具体的逻辑程序和公理-演绎的逻辑程序具有内在的一致性，即都是按照从低级到高级、从简单到复杂的方向发展的。思维、逻辑归根结底是对自然历史演化过程的反映，无论是自然本身的发展过程还是人对自然认识的发展过程都是按照从低级到高级、从简单到复杂的方向运动的。因此逻辑和历史的统一是必然的，即从简单上升到复杂这个抽象思维的进程符合现实的历史过程。

2. 国家自然科学基金

1）国家自然科学基金的设立

20世纪80年代初，为推动我国科技体制改革，变革科研经费拨款方式，中国科学院 89 位院士(学部委员)致函党中央、国务院,建议借鉴国际成功经验,设立面向全国的自然科学基金,得到党中央、国务院的首肯。国务院于 1986 年 2 月 14 日批准成立国家自然科学基金委员会(以下简称"自然科学基金委"),它是管理国家自然科学基金的国务院直属事业单位。

2)评审原则与运行机制

2007 年 4 月 1 日起施行的《国家自然科学基金条例》要求,国家自然科学基金资助工作遵循公开、公平、公正的原则,实行尊重科学、发扬民主、提倡竞争、促进合作、激励创新、引领未来的方针;确定国家自然科学基金资助项目,应当充分发挥专家的作用,采取宏观引导、自主申请、平等竞争、同行评审、择优支持的机制。

自然科学基金委坚持尊重科学、发扬民主、提倡竞争、促进合作、激励创新、引领未来的工作方针,倡导公正、奉献、团结、创新的工作作风,建设有利于自主创新的科学基金文化。

国家自然科学基金的设立,全面引入和实施了先进的科研经费资助模式和管理理念,确立了"依靠专家、发扬民主、择优支持、公正合理"的评审原则,建立了"科学民主、平等竞争、鼓励创新"的运行机制,充分发挥了自然科学基金对我国基础研究的"导向、稳定、激励"的功能;健全了决策、执行、监督、咨询相互协调的科学基金管理体系,形成了以《国家自然科学基金条例》为核心、包括组织管理、程序管理、经费管理、监督保障在内的规章制度体系。按照全面深化科技体制改革、实施创新驱动发展战略的总体部署,科学基金明确了"筑探索之渊、浚创新之源、延交叉之远、遂人才之愿"的战略使命,强调更加聚焦基础、前沿、人才,更加注重创新团队和学科交叉,全面培育源头创新能力。

3)资助类别

自然科学基金委设数学物理科学部、化学科学部、生命科学部、地球科学部、工程与材料科学部、信息科学部、管理科学部、医学科学部八个学部。自然科学基金委"十三五"规划中,提出了构建"探索、人才、工具、融合"的资助格局,即适应基础研究资助管理的阶段性发展需求,统筹基础研究的关键要素,将国家自然科学基金资助格局调整为探索、人才、工具、融合四大系列。探索系列主要包括面上项目、重点项目、国际(地区)合作研究项目等；人才系列主要包括青年科学基金项目、优秀青年科学基金项目、国家杰出青年科学基金项目、创新研究群体科学基金项目、地区科学基金项目等；工具系列主要包括国家重大科研仪器研制项目等；融合系列主要包括重大项目、重大研究计划项目、联合基金项目、基础科学中心项目等。

围绕国家自然科学基金发展目标，统筹实施各类项目，增强资助计划的系统性和协同性。坚持自下而上的自主选题和自上而下的战略引导相结合，鼓励自由探索和需求导向并举。弘扬改革创新精神，加强宏观精准调控。深化学科战略研究，适时调整学科结构，增强资源配置的灵活性、有效性。

国家自然科学基金坚持支持基础研究，着眼国家创新驱动发展战略全局，自然科学基金委统筹实施各类项目资助计划，不断增强资助计划的系统性和协同性，努力提升资助管理效能。随着国家财政对基础研究的投入不断增长，自然科学基金项目资助强度稳步提高，推动我国基础研究创新环境不断优化。

4)主要任务

国家自然科学基金发展重点与主要任务：围绕实施源头创新战略、科技人才战略和创新环境战略，培育创新思想，提升原始创新能力；坚持以人为本，完善科学基金人才培养资助体系；加强条件支撑，优化基础研究发展环境；制定和实施学科发展战略，促进学科均衡协调发展；瞄准重大科学前沿和国家重要战略需求，应对未来挑战，部署一批具有基础性、战略性、前瞻性的优先发展领域。

(1)着力源头创新，提升自主创新能力。

(2)坚持以人为本，奠定未来竞争力基础。

(3)加强条件支撑，优化发展环境。

(4)完善学科布局，促进学科协调发展。

(5)部署优先领域，提升重点领域的整体水平。

自然科学基金委"十三五"规划中，提出了新的发展任务，一是聚焦科学前沿，加强前瞻部署；二是强化智力支撑，培育科学英才；三是创新仪器研制，强化条件支撑；四是聚焦重大主题，创新交叉融合资助模式；五是深化开放合作,推进新型国际化。

5)资助方式的原则

(1)有利于实现国家科学技术和经济社会发展目标。

(2)有利于支持科学技术人员自由探索和创新研究。

(3)有利于培养青年科学技术人才。

(4)有利于促进基础研究与教育结合。

(5)有利于促进高等学校、研究机构和企业之间的合作。

(6)有利于促进区域科学技术事业协调发展。

6)规章制度

(1)《国家自然科学基金条例》。

(2)组织管理规章,包括:《国家自然科学基金委员会章程》《国家自然科学基金委员会监督委员会章程》《国家自然科学基金依托单位基金工作管理办法》《国家自然科学基金委员会科学部专家咨询委员会工作办法》《国家自然科学基金项目评审专家工作管理办法》。

(3)程序管理规章,包括:《国家自然科学基金面上项目管理办法》《国家自然科学基金重点项目管理办法》《国家自然科学基金重大项目管理办法》《国家自然科学基金国际(地区)合作研究项目管理办法》《国家自然科学基金国际(地区)合作交流项目管理办法》《国家自然科学基金地区科学基金项目管理办法》《国家自然科学基金青年科学基金项目管理办法》《国家杰出青年科学基金项目管理办法》《国家自然科学基金优秀青年科学基金项目管理办法》《国家自然科学基金外国青年学者研究基金项目管理办法》《国家自然科学基金数学天元基金项目管理办法》《国家自然科学基金创新研究群体项目管理办法》《国家自然科学基金联合基金项目管理办法》《国家自然科学基金重大研究计划管理办法》。

(4)资金管理规章,包括:《国家自然科学基金资助项目资金管理办法》《国家自然科学基金资助项目资金管理有关问题的补充通知》。

(5)监督保障规章,包括:《国家自然科学基金委员会信息公开管理办法》《国家自然科学基金项目评审回避与保密管理办法》《国家自然科学基金项目复审管理办法》《国家自然科学基金资助项目研究成果管理办法》。

（6）其他规范性文件，包括：《国家自然科学基金项目评审专家行为规范》《国家自然科学基金地区联络网管理实施细则》《国家自然科学基金依托单位注册管理实施细则》。

7）国家自然科学基金资助导向

2018年6月，自然科学基金委根据科学技术发展趋势、国家需求与全球挑战、科学研究的范式变革、科学交叉融合的大背景，明确资助导向、完善评价机制、优化学科布局，对国家自然科学基金提出四类科学问题属性，即：鼓励探索、突出原创，聚焦前沿、独辟蹊径，需求牵引、突破瓶颈，共性导向、交叉融通。也就是要在洞察科学发展内在逻辑的基础上，掌握科学前沿发展趋势，强化前瞻性布局，瞄准国家重大战略需求中的核心科学问题，并以共性科学问题为靶向，汇聚多学科融合，培育学科新的生长点，为实现前瞻性基础研究、引领性原创成果重大突破贡献智慧。因此，从2019年开始，国家自然科学基金的资助将逐渐过度到基于四类科学问题属性的分类申请、评审与管理。四类科学问题属性的内涵分别为：

（1）鼓励探索，突出原创：是指科学问题源于科研人员的灵感和新思想，且具有鲜明的首创性特征，旨在通过自由探索产出从无到有的原创性成果。

（2）聚焦前沿，独辟蹊径：是指科学问题源于世界科技前沿的热点、难点和新兴领域，且具有鲜明的引领性或开创性特征，旨在通过独辟蹊径取得开拓性成果，引领或拓展科学前沿。

（3）需求牵引，突破瓶颈：是指科学问题源于国家重大需求和经济主战场，且具有鲜明的需求导向、问题导向和目标导向特征，旨在通过解决技术瓶颈背后的核心科学问题，促使基础研究成果走向应用。

（4）共性导向，交叉融通：是指科学问题源于多学科领域交叉的共性难题，具有鲜明的学科交叉特征，旨在通过交叉研究产出重大科学突破，促进分科知识融通发展为知识体系。

在完善分类、精准、公正、高效评审机制的同时，优化学科布局，促进交叉融合，形成新背景下国家自然科学基金项目的资助体系。

1.2　科研活动是一项崇高而快乐的事业

摘要：科研活动是一项崇高而快乐的事业，要将高尚的人格与远大理想相结合，将科学精神与坚定信念相统一；在继承和弘扬科技文化的基础上，掌握科学研究的规律性，把握科学理论的内涵及其认识规律；要在处理好各种复杂矛盾的同时，在实干中寻求巧干的途径。[4]

高等学校的职能是人才培养、科学研究、服务社会及文化传承与知识创新。高校教师的教学活动与人才培养、科研活动与知识创新是密不可分、相互促进、相辅相成的，是完成高校职能的基础性工作。针对高校教师，著名的科学家、教育家钱伟长先生曾经说过："你不教课，就不是教师；你不搞科研，就不是好教师。"高校教师不能一辈子只讲授已有的、别人的知识，还要传授自己创造的知识。要成为一名优秀教师，在传授知识的基础上更要创造知识，增加知识容量，提升知识层次，优化知识结构，丰富知识内涵，就必须认真从事科研活动，并将科研活动视为一项崇高而快乐的事业。

科学研究包括基础研究、应用研究与开发研究，是运用观察、实验、比较、分析、归纳的方法，把感知信息加以研究，提高到理论水平的工作。科学研究中的基础研究、应用研究、开发研究是整个系统中三个互相联系的环节，它们在一个国家、一个专业领域的科学研究体系中协调一致地发展。按照研究目的划分，科学研究可分为探索性研究、描述性研究、解释性研究三种类型。高校教师从事科学研究，需要从以下九个方面考虑。

1. 快乐科研

王蒙在《这个社会会更好吗：王蒙哲思录》中有一篇文章，题目是"学习是一个人真正的看家本领"。这篇文章精彩的开头是这样写的："能够学得进去就是快乐,学习而有收获就是快乐,找到一种得心应手的方法和一种自信,这就是快乐,感觉到苦学以后有甘甜,我想这就是快乐。所以快乐不快乐,是学好没学好的标志。快乐不快乐是学有收获还是全无收获的标志。"一切快乐的享受都属于精神,这种快乐把忍受变为享受,是精神对于物质的反作用。

如果认识了自然现象、发现了自然规律,解决了科学技术问题,即所谓的认识自然、改造自然、与自然和谐,当然是人生的快事。但除了真正的快乐,实际上,科学研究也是一项苦役。科研人员要忍受孤独寂寞、流汗流泪、起早贪黑、废寝忘食、苦思冥想、默默无闻、劳而无功、冷眼嫉恨,还有很多语言可以来描述科研人员的辛劳与艰难。我们常常告诫年轻的朋友,凡事在广袤的时空范围内要看得大一点、看得远一点;如果做一件事连哭都不起作用的话,那么你就去笑,也许笑或者说快乐可以带来好运,带来转机;科学研究也是如此。因此,科学研究中的另一种方式就是苦中作乐,被动地接受快乐,或者以苦为乐、痛并快乐着。

如果将王蒙对学有收获作为快乐的标准推广到科学研究中,那么搞没搞好科学研究和科学研究中有无收获的标准也同样是是否快乐,是否将"忍受"变为"享受"。因此对于科研人员,真正立志于从科学研究获得收获,就会收获一份"快乐"的礼物去"享受"。受王蒙的启发,本书将从事的科研活动称为"快乐科研"。

快乐是人们对外部事物带给内心的愉悦、安详、平和、满足的心理状态与情绪的主观感受。有兴趣、有理想、有召唤、有利益、有荣誉、有需求、有虚荣心,是人们正常的心境。在鲜花、掌声的顺境中,科学研究容易坚持;而自己在受到挫折的时候,在重病缠身的时候,在别人不理解的时候,在逆境、困境中执着地守望的时候,研究者就很纠结。但自己的思考、研究没有因此而中止,在科学研究的洪流中潜行,充满了苦和乐,体验出一个持久的愉悦。这也是我们对快乐科研的一个认识。

无论是真正的快乐,还是以苦为乐,快乐科研的首要方面就是要学会做人。科学研究不仅要遵循传统道德,还要符合学术道德;要做高尚的人,要虚怀若谷,要有宽大的胸怀,要有不懈的追求和远大的学术战略目标,坚守创新、卓越的学术灵魂,在学术上做精神贵族。要处理好科学研究中的世界观、人生观、价值观"三观"之间的关系,即科学研究必须有一个正确的世界观,积极向上的人生观,包括幸福观、苦乐观、荣辱观等和相对稳定、与快乐科研相适应的价值观体系,形成迎难而上、坚韧不拔的勇气,自我加压、争创一流的志气,全力以赴、奋发进取的士气的科研事业观,将科学研究视作一项快乐而崇高的事业。

2. 将高尚的人格与远大理想相结合

科学研究工作的实质内容包括两个部分:一是整理知识,是继承、借鉴,是对已产生的知识进行分析、鉴别和整理,是使知识系统化;二是创造知识,是发展、创新,是发现、发明,是解决未知的问题。科学研究工作的核心内容是创新。创新过程包括发现新问题、提出新概念、采用新方法、设计新实验、论证新定理、建立新模型、验证新理论、寻求新规律、解释新现象、得到新结果,具有探索未知事物、揭示自然规律的观点和原理的精神,要回答五个"W",即 who、when、where、what、why,就是何人、何时、何地、何事、何故。而创新本身就像爬山的过程,往往过程是艰苦的、寂寞的甚至是乏味的;但如果研究者有一个崇高的理想和明确的目标,有坚定的意志和必胜的信念,就可以忍耐孤独,克服困难,旁无杂念;就不会为小事、杂事、烦事所困;就会主动地思考科学技术问题,把科学研究工作视为自觉行动,最后站在科学的高峰去享受解决问题后的喜悦、领略成功后的快乐和欣赏宽阔的科学视野。

著名作家路遥曾经说过:"只有初恋般的热情和宗教般的意志,人才有可能成就某种事业。"对于一个研究者,要对自然、社会及思维现象的奥秘产生好奇心,这种好奇心就是科学研究的内在动力,在好奇心的驱使下产生兴趣。科学研究需要把兴趣和事业有机结合,在科学研究中提升兴趣爱好,在兴趣爱好中促进科学研究。也可以说,研究者要有灵魂的投入,要把解决科学问题融入血液中,才有可能解决学术问题。

3. 提倡科学精神

科学是反映自然、社会、思维等各种现象的本质和规律的知识体系,是探索世界奥秘和追求真理的科学实践和认识活动。科学的整体架构主要由科学知识、科学思想、科学方法和科学精神构成,科学精神是科学活动的灵魂。1996年2月,周光召院士在全国首次科普工作会议上把科学精神归纳为:平等和民主,反对专断和垄断;既要创新,又要在继承中求发展;团队精神;求实和怀疑精神。科技工作者在认识客观世界的基础上,不仅要认识世界,还要利用和改造世界,最终与自然和谐相处。因此科学与技术并行发展,这是提倡科学精神的另一个要点。同时,在解决科学问题的过程中,科研工作者不断提高自信心,形成完成科学研究任务与强化自信的良性循环。

科学精神的本质就是实事求是,勇于探索真理和捍卫真理的精神。因此,从事科学研究工作必须具有理想的、崇高的、神圣的精神风貌,这种精神风貌要与所从事的职业、事业有机结合,建立和弘扬科学研究求真务实的思想基础。

具体落实科学精神,研究者自身首先要引起足够的重视,在特色方向、交叉学科上下功夫;增强对自己、对学校(单位)、对社会的责任感、使命感、紧迫感;要潜心研究,耐得住寂寞,坐得住冷板凳、面壁十年;同时要认真、细致地培养科学素养和科学精神,严格地训练科学思维,特别是系统哲学的思维方式,拓宽学术视野,理顺学术思路,加强学术规范,最终达到提高学术水平的目的。树立科学精神对个人学术起步、发展意义重大。

4. 培养、提升研究人员的科学素养

科学研究最终是要揭示客观世界的自然本质之美,要将科学研究提高到艺术和美学的高度来审视科学技术。《庄子·知北游》中说:"天地有大美而不言,四时有明法而不议,万物有成理而不说。圣人者,原天地之美而达万物之理。"为此,科技工作者要提高科学素养。科学素养一般可概括为对于科学知识、科学研究过程和科学研究方法的掌握程度,以及对于"科学技术给社会带来多大影响"的了解程度。科学素养不可能与生俱来,也不可能通过短时的科学研究就能深刻理解。因此研究者在学习和探索的过程中,要在了解宽广知识面的基础上,深刻地掌握科学知识的基本概念、基本原理、基本理论和基本方法,还要掌握科学研究的基本技能与科学本质规律,

在拥有宽广知识面和深入知识点的基础上，做到触类旁通、举一反三。宋朝著名的爱国诗人陆游在鼓励自己孩子写诗的时候曾经说过："汝果欲学诗，工（功）夫在诗外。"点出的就是这个道理。

科学研究与科学素养之间是相互影响、相互促进的。科学素养在科学研究的过程中不断地培养、不断地积累、不断地提高；同时科学素养的提升可以反馈到科学研究中，使得科学研究的层次、水平与效率相应跃升。

5. 积极寻求并掌握科学研究的规律性

科学研究的一般规律主要是通过观察社会、自然和思维现象，将具体的社会、自然及思维现象抽象成为学术问题，进而提出科学假设，并模型化；利用实践、实验或逻辑分析方法等进行验证、修正模型，最终进行结果分析和总结，寻求事物发展的规律并归纳为理论，进而将所形成的理论在实践应用中进一步检验与修正，使提出的理论逐渐逼近真理。

物质世界是运动的，运动是有规律的。研究者就是要寻求、发现、掌握和利用物质世界的运动或演化规律。不同科学问题具有不同的学术特征，但可以采用相同或相近的研究思路与研究方法。因此，科学研究要触类旁通，深入研究事物发展或演化过程的来踪去迹与前因后果，要知其然，更要知其所以然。

6. 掌握科学理论的内涵及其认识规律

科学理论是指经过实践验证的、正确地反映客观事物的本质联系及其过程的、系统化的知识体系，它是由概念、原理以及按照一定的逻辑关系导出的推论组成的知识体系。科学理论作为科学研究的最终精神产品，在形式上，科学理论是由概念、公式、模型和定律等组成的认识系统；在内容上，它是由科学概念、命题判断和命题系统组成的语言体系。

科学理论的认识规律，就是一个从实践到认识、再从认识回到实践不断深化的过程，即在认识过程中实践、认识、再实践、再认识，循环往复，不断反复和无限发展，不断逼近真理的过程。

由感性认识上升到理性认识，实现从理性认识到实践的飞跃。从实践角度来看,理性认识到实践的飞跃,是认识指导实践的过程;从认识的角度来看,理性认识到实践的飞跃是在实践中检验认识的过程,认识只有回到实践,才能在实践中检验认识。从理性认识向实践飞跃,要理论与实践有机结合,坚持从实际出发、客观规律同主体需要有机结合,形成合理的实践观念并付诸社会实践。

科学研究中,要依据科学事实,由浅入深、由表及里、由简入繁、由形式到内容、由现象到本质、由中间向两头扩展的探索过程;并且具体科学问题的解决往往是由线性向非线性、由一维向多维、由静态向动态、由低速向高速、由常温向高温(或低温)、由确定向随机(或模糊)、由单种作用向多种作用、由稳态向非稳态、由单一向耦合、由宏观向微观(或巨观)、由单态向多态等方向不断深化发展的过程。

7. 继承和弘扬科技文化

文化一般是指人类在社会历史发展过程中所创造的物质财富和精神财富的总和。从狭义的角度理解,文化是意识形态所创造的精神财富,包括宗教、信仰、风俗习惯、道德情操、学术思想、文学艺术、科学技术、法律制度等。文化可划分为生产文化和精神文化。科技文化属于生产文化,生活思想文化则是精神文化;文化的精神内涵是文化内涵体系的灵魂,同时生产文化与精神文化相辅相成、相互依存。科学文化是科学工作者在科学活动中的生活形式和生活态度。科学文化以科学为载体,蕴涵着科学的禀赋和禀性,体现了科学以及科学家的精神气质。结合国家自然科学基金,陈宜瑜和陈佳洱两位院士认为科学文化应当是尊重科学、公正透明、激励创新的文化,最根本和最本质的内涵是尊重科学研究规律,努力营造良好的研究环境,保护科学家的首创精神,激励科学创新。

科学研究的使命在于发现并认识自然现象,探索并掌握自然界的规律,寻求事物产生现象的本质,揭示事物的内在秩序和规律,为认识世界、改造世界、与自然和谐提供理论和方法。为此,爱因斯坦认定科学是一种"高尚的文化成就"。怀疑和批判态度是科学文化发展的内在动力,是科学文化的生命,因此科学家必须坚持独创性这种科学文化独特要求和鲜明标识,付出艰辛的创造性的精神劳动,坚守科学家崇尚的精神家园,在继承中创新,在创新中发展。

8. 要在实干中寻求巧干的途径

科学研究没有捷径可走,路就在脚下。马克思曾说过:在科学的道路上没有平坦的大路可走。只有不畏艰辛,沿着陡峭山路攀登的人,才有希望到达光辉的顶点。鲁迅也曾说过:其实地上本没有路,走的人多了,也便成了路。科学研究绝非一帆风顺,必须经过艰苦的奋斗过程,"经历风雨,方见彩虹"。只有追求实干,力戒空谈,需要超乎常人的勇气和毅力,有时甚至需要为之献身,用鲜血和生命来捍卫科学殿堂的真理,才能在科学研究上走出一条辉煌灿烂的光明之路,这已经被无数科学家的科研实践所证实。

大量的科学研究中,每一个课题无论是研究方法、研究思路还是逻辑关系等,均是研究项目中的研究方法、研究思路、逻辑关系等问题个性与共性的有机结合,是有规律可寻求与遵循的。这也就是为什么科学方法论中提出了各式各样的研究方法。这些方法论是科学研究的规律性总结与升华,值得参考借鉴;同时在科学研究中需要进一步总结,创新、发展新的思路、方法,这样才能在科学研究的实干中掌握通用的研究思路、方法和规律,即要在实干中寻求巧干的途径,达到事半功倍的效果。

9. 处理好各种复杂的矛盾

作为高校教师,必须处理好职业与事业、生活与工作、责任与义务、教师与学生、教师与教师、教师与领导、教学与科研、教学与管理、科研与管理、理论与实践、兴趣与功利、近期与长远、艰苦与快乐、利益与贡献、压力与动力、理想与现实、继承与创新、创新与发展等方面的辩证关系;同时思考专业专家与业余杂家、主动出击与被动接受、重点与一般等问题之间的联系;在科学研究过程中,要处理好基础研究、应用研究、开发研究等方面的相互关系。要有坚定的理想信念与创新思维,在不断增强自信心的同时,怀着崇高执着的科学精神,抱有一个积极向上的科学态度,依据科学现象与科学事实,在正确的科学思想主导下,继承和弘扬科技文化,遵循科学研究的基本规律,形成严谨求实的科学作风和独具特色的科学风格,不断培养和提升科学素养,将科学知识和科学方法有机结合,坚韧不拔地探求科学问题,快快乐乐地追求生活与科学目标,成为真正传授知识、创造知识、认识自然、探索规律、改造自然、追求真理、传播先进文化的高校教师。

1.3 科学研究中的系统哲学思维

摘要:作为科学研究者,须从系统科学的角度审视研究对象或系统结构、系统边界及系统环境,了解系统的分类及其整体性、层次性、开放性、目的性、稳定性、突变性、自组织性、相似性、支配性等基本特性;要研究系统的演化过程及其各种因素的耦合作用、反馈特性与控制因素与控制原理,在掌握普遍规律的基础上注重系统的特殊规律,要充分考虑系统结构、环境及其相互作用和演化过程中的非线性特性。[5]

科学研究英文叫"research",其中前缀"re"是指"反复","search"是指"探索","research"就是"反复探索"的意思。科学研究的内涵包含整理、继承知识和创新、发展知识两大部分。因此,一般认为科学研究是指对一些现象或问题经过调查、验证、讨论及思维,然后进行推论、分析和综合,来获得客观事实的过程;是发现、探索和解释自然界、人类社会和思维现象,寻求并深化理解自然、社会和思维规律。科学研究一般程序分五个阶段:选择研究课题、研究设计阶段、收集资料阶段、整理分析阶段、得出结果阶段,是一个解决问题或化解矛盾的全过程。科学研究在充分认识自然界、人类社会与思维发展规律,追求客观真理的同时,遵循事物发展的客观规律,这是科学研究的最终目的。

从科学研究的定义、过程与最终目的来看,科学研究本身就是一个系统,拥有系统的架构、功能与特性。恩格斯曾说:"一个没有理论思维的民族,是不可能站在科学的最高峰的。同样,一个没有理论思维的民族,也不可能站在文明和社会发展的前列。哲学是一种人所特有的对自身生存根基和生命意义的永不停息的反思和探究性活动。通过这种反思和探究不断提升人的自我意识和生存自觉,是哲学的根本使命。哲学标志着一个民族对它自身自我认识所达到的高度和深度,体现着它的心智发育和成熟的水准,在一定意义上讲,哲学代表着一个民族的'思想自我'。"系统哲学在唯物辩证法基础上,进一步研究和探讨系统物质世界相互联系、相互作用的普遍本质,揭示系统或物质世界发展的内在源泉、本质与动力、基本状态和总的发展趋势;揭示支配自然、社会和人类思维的最一般的发展规律。因此,从事科学研究,要拥有系统哲学的思维方式。针对科学研究中的研究对象或系统,可从以下八个方面进行重点考虑。[6~8]

1. 系统科学哲学基本内涵

系统科学是研究系统的结构与功能关系、演化和调控规律的科学,是一门新兴的综合性、交叉性学科。它以不同领域的复杂系统为研究对象,从系统和整体的角度,探讨复杂系统的性质和演化规律,目的是揭示各种系统的共性以及演化过程中所遵循的共同规律、发展演化和调控系统的方法,并进而为系统科学在科学、工程、技术、社会、经济、军事、生物等领域的应用提供理论依据。系统哲学是关于系统根本观点的理论体系,亦即关于系统普遍本质和最一般发展规律的学说,是研究复杂性、关联性系统科学的理论升华和分析与综合、微观与宏观统一的科研方法。系统哲学研究自然、社会、思维的战略,是当代最科学的思维方式即世界观和方法论。系统思维是指以系统论为思维基本模式的思维形态,主要是以整体方法、结构方法、要素方法及功能方法等思维方法为特征。哲学思维方式指的是人们认识、改造客观世界时所运用的具有哲学特征的思维方法,主要是辩证性的思维方法和依据辩证性的思维方法为特征,以高度的抽象性、概括性、逻辑性,冷静地审视客观世界的事物和人类经验中的一切行为。

把系统概念和系统原理引入方法论,形成了系统方法论,核心思想可以归结为"系统论是整体论与还原论的辩证统一"。作为一门方法论学科,系统科学最强调的是从整体上认识和解决问题,因而推崇整体论。了解科学研究中的系统方法论,就可以从空间结构的整体上和时间序列的全过程全面地掌握科学研究的内涵。

2. 从系统科学的角度审视研究对象

一般情况下,科学研究必须首先确定研究对象,而研究对象本身就是一个系统,具有一般系统具备的基本概念、结构、特性、功能及作用。因此,可以说必须从系统科学的角度对研究对象进行分析,即从整体的角度揭示研究对象的自身结构(即内因)、外界环境(即外因)及内、外因相互作用关系,分别对应着系统科学中的系统结构、系统边界与系统环境及其相互方式和演化过程。从哲学的角度考虑,就是探讨研究对象的内因、外因等各种因素之间相互作用过程及其原理,即系统的结构对应研究对象(内因),系统的环境对应研究对象的外因,演化过程就是研究对象(内因)与系统环境(外因)通过系统的边界相互作用以及发展的过程。

系统结构即研究对象(内因)应从系统的三要素进行分析,即系统的组成部分、时空秩序、联系规则。系统的组成部分是指系统的组成要素、反馈环、子系统等,系统可由若干个要素、反馈环、子系统等按照一定的规则组成一个有机的整体;系统的时空秩序是指系统组成部分在不同的时间、空间范围的位置顺序、联结强弱、逻辑关系等因素的排列组合。系统结构有不同的存在形式,如链式结构、树状结构、层状结构、板状结构、网状结构、组合结构等,同时还有不同的层次。系统结构中往往有一个或几个子系统结构支配着整个系统的演化特性,该子系统结构叫作该系统的主导子结构,即研究对象的主要矛盾或矛盾的主要方面。因此,研究系统结构必然包含主导子结构。系统的联系规则是指各个子结构构成总系统时,在时空顺序、结构形式上以一定的规则进行分布。

在一定时空范围内研究系统的演化行为时,必须包含足够研究信息所需要的最小界域,即系统的时空边界。系统的时空边界就是事物的"度",在"度"的范围之内是阳光灿烂,风光无限;走过"度"的极端,就可能乌云密布,狂风暴雨。过"度"的事物性质就可能发生根本变化。

系统的边界将系统的结构与系统的外界环境分隔开来。系统的外界环境即研究对象的外因为系统边界之外的一切事物的总和。通常系统是开放的,系统的结构通过开放的边界与外界环境有物质、能量和信息的交换、传递。

研究对象之外的一切因素就是系统的环境。从系统的层次性分析,系统的环境包含内部环境和外部环境,一般可划分为机械(力学)作用、物理作用、化学作用、生物作用、社会作用等各种因素的单独、联合或耦合作用。内部环境是系统的内部因素之间的相互作用,即为系统演化的内部动力,常常包括子系统间在组分、浓度、湿度、强度、温度、顺序、地位、内力、位移或速度等不同方面存在的差异而形成的对立面;外部环境是系统与外部的矛盾,为系统不同类型外部动力。在演化过程中,系统的内部、外部环境在不断地变化中,处于系统内部结构-外界环境相互影响、相互作用过程中。系统结构与系统环境相互作用的科学原理就是系统相互作用与演化的机理。

3. 系统的分类及基本特性

依据系统特性,系统有多种分类方法,如自然系统和人造系统、实体系统和概念系统、封闭系统和开放系统、静态系统和动态系统、对象系统和行为系统、控制系统和因果系统等。在自然科学与社会科学研究中常常用到"实体系统"和"概念(抽象)系统"的概念。实体系统是指以物理状态的存在作为组成要素的系统,这些实体占有一定空间,如自然界的矿物、生物,生产部门的机械设备、原始材料等;概念(抽象)系统是由概念、原理、假说、方法、计划、制度、程序等非物质实体构成的系统,如管理、法制、教育、文化系统等。

概念(抽象)系统被称为软科学系统,日益受到重视。实体系统和概念(抽象)系统两类系统在真实的系统中常常有机地结合在一起,以实现一定的整体功能。实体系统是概念系统的基础,而概念系统又往往对实体系统提供指导和服务,如计算机的硬件系统、软件系统相结合,人体与文化内涵相统一等。

系统具有整体性、层次性、开放性、目的性、稳定性、突变性、自组织性、相似性、支配性等基本特性。

(1)系统的整体性,是指系统是由若干个要素或(子系统)组成的具有一定功能特性的有机的整体,作为系统要素(或子系统)一旦组成了系统的总体,就具有独立要素(或子系统)所不具有的整体性质和功能,形成整体的质的规定性。整体性体现在:结构的整体性如几何结构形式、联结方式、约束条件等对系统环境体现整体的功能;系统演化过程就是结构变化过程,整体结构不存在,系统整体功能就不存在;整体(总系统)与局部(子系统)相互作用、相互联系、相互影响、相互协调、相互干扰、相互约束、相互反馈、相互依存;总系统不等于子系统的简单组合,而是一个有机的整体。因此,系统的整体功能可能大于个体,也可能小于个体。

(2)系统的层次性,是指由系统中的各个子系统间在结构形式、连接方式、参数分布及功能性质上的差异而表现出的等级的秩序性和差异性。层次性体现在:系统层次的相对性,即系统既是上一总系统的子系统,又是下一子系统的总系统;低层次系统构成高层次系统,高层次系统支配低层次系统。因此,可以从不同角度对系统进行分类,如从时空关系、运动状态、功能特性等。

(3)系统的开放性,是指系统具有不断地与外界环境进行物质、能量、信息传递和交换的功能和性质。系统的开放性体现在:系统对环境开放,一般在部分(或全部)边界上对外界开放,引入负熵;系统的开放程度大小用 Q 来表示,即开放度 $Q=1$ 时系统完全开放,开放度 $Q=0$ 时系统是封闭系统,通常开放度 Q 在 $0\sim1$ 范围内;不同层次之间的子系统间相互开放。

(4)系统的目的性,是指系统在与系统环境相互作用的过程中,在一定的范围内系统的发展变化不受或少受条件变化或途径经历的影响,坚持表现出趋向某种预先确定的状态的特性。目的性体现在:整体目的的体现具有阶段性,有一定条件限制。一般情况下负反馈占主导地位向稳定的方向发展,反之,则向非稳定方向发展,使系统的目的性发生转化。

(5)系统的稳定性,是指在外界环境的作用下,开放的系统在一定的时间、空间范围内能够自我稳定、自我调节,具有一定的抗噪和自我恢复能力及趋于稳定平衡的倾向,从而保持和恢复系统原来的有序状态和系统原有的结构形式,发挥其功能特性,此时系统保持负反馈的过程。稳定性体现在:系统结构的相对稳定性,即在一定的时空条件下保持原有的结构形式;结构的层次性对应稳定性的层次性,低层次的结构失稳可诱发高层次的结构失稳,同时也可以保持高层次结构的稳定性;稳定的系统具有一定的抵抗外界干扰的能力,使系统保持和恢复原有的结构形式及功能特性。系统稳定性是工程安全生产和运行的前提。

(6)系统的突变性,指系统失稳的一种现象,是系统从一种状态进入到另一种状态。系统突变是系统正反馈的结果,是系统质变的一种基本方式。突变性体现在:远离平衡态,接近临界平衡状态时,系统结构突然变化,随即出现另一个结构状态。控制变量在临界平衡点连续变化,但引起系统的状态却是突变的。系统突变时,一般具有多模态、不可达性、突跳、滞后、发散等性质。突变前,系统能正常发挥其整体功能;突变瞬间,系统不能发挥其正常功能;突变后,原系统结构不复存在,形成新的系统结构,因此就不能发挥原系统的功能特性。

(7)系统的自组织性,是指开放的系统在系统内、外两方面因素的复杂非线性相互作用下,内部要素的某些远离系统稳定平衡状态的涨落可能得以放大,而在系统中产生更大范围、更强烈的长程相关,使系统从无序到有序,从低级有序到高级有序的过程。系统的自组织性体现在:系统可以自发地、不受外来干扰地组织起来进行演化。系统中的子系统间竞争、协同推动系统从无序走向有序;系统与环境是相对的,子系统与总系统之间、子系统之间相互影响,故自组织受到该系统(或子系统)环境的制约;自组织本质上是上一层次系统的他组织。

(8)系统的相似性,是指系统在结构形式、功能特性、存在方式和演化过程、甚至演化规律等方面具有差异的共同性。相似性体现在:几何结构形式的相似性,材料破坏现象的相似性,系统功能特性的相似性,其他特性如胡克定律、欧姆定律、热传导定律、达西定律等线性变化规律的相似性,电场、磁场、流场等规律变化的相似性。系统的相似性是相似模拟实验和计算机模拟的基础。系统的相似性具有时空及尺度范围,如“一尺之棰,日取其半,万世不竭”。其实一尺之棰,日取其半,在取到一定的时间、空间范围后,“棰”的概念就不复存在了。

(9)系统的支配性,是指系统在演化过程中,受到一个或几个控制变量的支配,该控制变量在系统的演化过程中连续、缓慢变化,主宰着系统的演化进程,决定着系统的演化方向和结果。支配性体现在:系统的主导结构等系统结构构成、系统响应的非线性特性、系统的外界环境等主导、支配、控制作用。支配性原则的工程意义是通过人为地调整、控制系统的结构、系统的参数、环境作用等控制变量,达到调整、控制系统的目的。

4. 系统的演化过程

矛盾是一切事物发展的动力,即矛盾着的对立面又统一、又斗争推动了事物的运动和变化。系统内部结构组成部分、子系统之间的差异性在一定的时空范围内形成了对立面,即系统的内部矛盾,这时的内部环境便为内部动力;系统外部的环境即为系统的外部矛盾,形成系统的外部动力。系统在内、外矛盾等动力因素的单独、联合或耦合作用下,分别形成了内部作用机制、外部作用机制与内外联合(或耦合)作用机制。因此,系统结构随时处在不断地演化过程中,在一定的时空范围内,系统整体尺度可能变大,也可能变小,经历孕育、潜伏、发生、爆发、持续、衰减直至终止等不同演化阶段。正如恩格斯所说:"世界不是既成事物的集合体,而是过程的集合体。"演化过程中系统要消耗内部能量,造成结构内部的调整,一般不可能自动返回到系统的初始状态,即属于不可逆过程。同时系统结构及其环境表现为非线性特性,包括系统的内部结构、边界及外界环境条件随时间均处在不断地动态调整、交替变化的过程中,甚至系统的边界、结构及其环境出现随机性和模糊性。外界激扰与内部结构相互作用一般呈现非线性响应,并且须考虑在不同的演化阶段不同的非线性响应特性。

系统从孕育到潜伏、潜伏到发生、发生到爆发、爆发到持续、持续到衰减、衰减到终止等过程中,各个阶段演化特性一般是不同的;各个阶段之间主导结构、内外动力等主要矛盾,或矛盾的主要方面一般是不同的。因此研究系统的演化,必须深入了解什么原因,即什么内因(系统的结构)与什么外因(系统的环境),系统处于哪一个演化阶段,什么因素相互作用并导致系统的演化特性。在确定系统所处的演化阶段的基础上,描述该阶段的演化特性与演化进程中不同阶段的连续、拐点、转化(换)、突变或终(中)止条件。

总系统中同一系统结构,不同的系统环境,演化规律不同。例如,水在超低温、低温、常温、高温、超高温不同环境下,赋存状态、物理力学性质完全不同。当然同一环境,不同的系统结构就会有不同的演化规律。

5. 系统演化过程中各种因素的耦合作用

系统演化的初始状态包含了系统的结构,即子系统之间内部环境及系统的外部环境共存。在演化过程中,内部环境即子系统之间及外部环境一般均会发生不均匀变化,这种变化体现在系统内部各要素之间、子系统与系统之间以及系统与环境之间存在实质上的差异,就会有势能差;而差异发展到对立状态就形成内部矛盾,势能差逐渐变成演化动力。演化动力通常是以交互、互动等方式存在并相互依赖、互联互动作用;系统内各要素之间、子系统与系统之间的互联互动作用为内耦合,系统与环境之间的相互影响为外耦合。耦合作用方式表现在系统内要素之间、子系统与系统之间以及系统与环境之间的相互影响过程,可以是单向的、双向的或随机的。

在控制工程、通信工程、机械工程、岩土工程、安全科学与工程等学科中存在大量的耦合问题。因此,系统内部各要素之间、子系统与系统之间以及系统与环境之间的耦合,一般也可通过系统各因素之间反馈过程中的关联信息来连接,这种联系系统间信息的参量就是耦合变量。

6. 系统演化过程中的反馈特性与控制因素

在内动力、外动力单独及内外联合或耦合动力作用下,系统演化趋向一般可分为三种。第一种趋向是系统由初始剧烈变化逐渐过渡到静态或动态平衡,使系统趋于"静止"状态。此时系统处处、时时处于稳定平衡状态,此过程属于负反馈过程。第二种趋向是系统处于缓慢变化的过程中,即系统一直在发生"量变"或"渐变",此时系统可以承受、调节这种扰动作用,处于稳定变化状态,属于临界反馈状态。第三种趋向是系统处于从缓慢过渡到快速剧烈变化的过程中,即系统发生从"量变"或"渐变"到"质变"或"突变"过程,此时系统处于非稳定变化状态,在内部或外界扰动作用下,系统出现加速变化状态,能量释放率大,可能使系统发生失稳,此过程属于正反馈过程。

系统在每一个演化阶段,均可能有一个(组)连续、缓慢变化,主宰着系统演化进程,决定着系统演化方向和演化结果的变量,这一个(组)变量就是控制变量,也就是研究对象的主要矛盾或矛盾的主要方面,是系统演化的控制因素。系统的控制变量一般可以是系统的主导子结构、主要环境因素、反馈环或耦合变量等。控制变量往往是系统演化标度中最敏感、最主要的影响因素,是系统反馈环中的调节因素。因此在研究系统演化过程特别是在突变失稳过程中,最终的目的是找到控制变量,寻求控制变量对系统的控制原理与反馈调节作用,最终在掌握控制原理的基础上,通过调控控制变量,达到控制系统向人为目标而演化的目的。

一般情况下,同一时刻的总系统中的不同子系统,可能具有不同的演化机理,也可能处于不同的演化阶段,当然也可以拥有不同的反馈特性。例如,水壶与水组成了一个水壶(固体)、水(液体)二元系统;加热过程是外界环境对系统的作用,水从常温加热至开水,形成水壶、水、水蒸气三元系统。开水形成后,水壶从常温变至100℃左右,仍然为固体,演化以热胀为主,水壶处于负反馈阶段;而水从常温变至100℃,形成水(液体)、水蒸气(气体)共存,常温的水演化由液体转化为100℃的液体、气体;加热过程中,水发生正反馈形成水蒸气。此系统演化过程中,作为子系统的水壶经历了从常温到100℃的热胀过程,形状基本不变;而水却经历了从常温到100℃的水(液体)、水蒸气(气体)共存状态,形成水蒸气为正反馈过程,状态发生改变。子系统水壶与水在加热过程中不仅演化机理不同,并且经历了不同反馈过程与演化阶段。

7. 在掌握普遍性规律的基础上注重系统的特殊性规律

系统演化过程中,往往是在特定的时、空范围和条件下就会体现系统本身拥有的、相应的演化功能特性。系统演化功能特性主要从两个方面考虑。一方面,当系统的结构一定时,系统就拥有确定的性质。在不同的外界环境条件下就会展现出相应的特性。如一张纸在拉力、压力外界因素作用下,表现出相应的抗拉、不抗压的力学性质;在水中、火中分别表现出相应的水中软化、火中燃烧的物理、化学特性。另一方面,在外界环境一定的条件下,系统结构的变化就会导致系统特性的改变。如用双手的拇指、食指分别捏住 A4 纸的较窄一边的两个角,把捏住一边放在下方,将纸拉紧并立起来,A4 纸立起来后会从直线(或平面)状态发生弯曲,这种现象在力学中称为屈曲或失稳。如果将该 A4 纸沿长边对折(或卷成纸筒),重复演示折叠(或卷成纸筒)后 A4 纸的性质,发现 A4 纸的抗倒能力或者稳定性就会大大增加;这就是同一环境下系统结构的改变导致功能性质发生相应的改变。因此,研究系统在结构、环境的相互作用,甚至不同的演化阶段特性规律的研究就显得非常重要。

8. 系统结构、环境及其相互作用和演化过程中的非线性特性

系统的构成、环境及其相互作用过程均可引起系统的非线性特性,非线性导致了系统特性的复杂性,因此研究系统的演化过程一般必须掌握系统的结构、环境及其相互作用的非线性关系。系统的非线性应从以下三个方面考虑。

(1)结构非线性特性,即在系统构成的三要素组成部分、时空秩序、联系规则方面体现在尺度大小、均质度强弱、强度高低、顺序先后等方面存在差异;同时系统在形成和演化过程中,系统在组织形式上的内部结构、边界大小和边界条件随时间均处在不断地动态变化、调整过程中,甚至因为偶然因素的作用而出现随机性和模糊性;当然当系统形成后的演化过程中,系统的子结构的重生、消亡及发生强化、弱化甚至破坏,均会引起总系统结构的调整、变化。如建筑物的建筑过程、改建过程及拆除过程都是典型的系统结构非线性。系统结构非线性的另一种情况是演化过程中,系统结构变化太大,必须考虑结构随演化参数累积效应,如变形体力学中的大变形等。

(2)系统环境作用的非线性,包括力学作用、物理作用、化学作用、生物作用甚至社会作用等不同的作用类型,这些作用一般是非线性的。如果结构构成的非线性、环境作用的非线性足以影响总系统的本质特性时,分析过程就必须考虑系统动态结构、环境作用的非线性性质。

(3)系统的结构与系统的环境相互作用的非线性性质。在系统的结构通过边界与环境相互作用时,一般情况下考虑最多、最常见的是系统内部结构在外界激扰下呈现的非线性响应特性。

系统结构构成的复杂性是系统复杂性的根源,系统的结构、系统的边界及系统的环境相互作用及其演化过程的非线性特性形成自然界丰富多彩的自然现象,研究者的任务就是探索与之对应的自然规律。

人类面临着自然科学、社会科学及思维科学中各种层次、不同类别的问题,实质上均是非常复杂的非线性巨系统问题。因此必须用系统科学哲学的思维方法进行分析,即在掌握系统的结构、边界、环境构成及其演化规律的基础上,拥有系统哲学的思维方式,采用系统哲学的研究方法,不仅适用于科学研究,而且适用于处理其他各种复杂问题的研究。系统哲学的思维方式,给研究者提供了一种解决复杂问题的总体思路和考虑问题的方向。将系统哲学的思维方法与具体问题结合起来,就会在科学研究的思路上、方法上提供一个新的思考。

1.4　基础研究与应用基础研究中的创新

摘要:基础科学研究中的创新,首先要突破传统观念,从科学观念、理念、理论角度出发在科学概念、科学原理、科学方法上创新;进而要注重原始创新的重要地位,从系统结构、系统环境及其相互作用等系统哲学角度深刻理解创新的内涵;并且要从系统思维的角度把握创新的内容,不断培养创新能力,提升创新的基本素质。

基础研究(基础科学研究)是指认识自然现象、揭示自然规律,获取新知识、新原理、新方法的研究活动。应用基础研究是指研究方向比较明确、利用研究成果可在较短期间内取得工业技术突破的基础性研究。应用研究中的理论性研究工作也称为应用基础研究。基础研究与应用基础研究的灵魂是创新。实际上,人类发展的历史就是不断创新发展的历史,目前国家正在实施的“创新驱动发展”战略就是继往开来的战略举措。《追求卓越》的作者汤姆·彼得斯曾指出:“要么创新,要么死亡”,这句话道出了创新的实质。创新是指以现有的知识和物质,在特定的环境中,改进或创造新的事物,即包括但不限于各种方法、原理、元素、结构、路径、环境、规则等,并能获得一定有益效果的行为。

科学研究中,无论是基础研究、应用研究还是开发研究,创新都是根本与灵魂。基础研究与应用基础研究的目的在于发现新的科学研究领域,为新的技术发明和创造提供理论支持。为了对基础研究与应用基础研究的实质内涵具有更深刻的理解,掌握创新特别是原始创新的原理和方法,便于在具体的研究工作中应用,可以从以下五个方面考虑基础研究与应用基础研究创新的思路。

1. 在科学观念、理念及理论上创新

从通俗意义上来讲,观念是人们在长期的生活和生产实践当中形成的对事物的总体的、综合的认识。观念一方面反映了客观事物的不同属性,同时又加上了主观化的理解色彩。因此观念是人的感知经验构成的,更新与否是区分旧观念与新观念的分水岭。理念与观念是关联的,上升到理性高度的观念叫"理念"。观念、理念的创新可能改变科研人生。

科学理论则是由一系列特定的概念、原理(命题)以及对这些概念、原理(命题)的严密论证组成的知识体系,它是在一定的观念、理念基础上形成的。

通常在一定时空范围内形成的观念,就相应地形成了与该观念相协调、相匹配的科学理论。认识是一个随着事物的发展不断深化、不断提高的过程,因此科学观念、理念、科学理论也要与之相适应,需要不断地打破传统、深化发展。为了揭示不断发展事物的内在本质,就需要突破已有的惯性思维和传统观念,在观念创新的基础上,形成新的理念,在科学理论上进行创新。

在科学理论上创新,实际上是哲学认识论的问题。按照科学理论的定义,科学理论是建立在特定的概念基础上的,概念是建立科学理论的逻辑起点与理论体系的节点。"概念"是对特征的独特组合而形成的知识单元。概念主要可划分为核心概念、主体概念、前导性概念、辅助性概念四大类型,围绕核心概念组成一个有机的系统,并与核心概念一起共同确立起理论体系的基本框架。要在科学理论上有所创新,必须首先确立科学概念并进行创新。科学认识的主要成果就是形成新概念和发展原有概念。科学概念的创新包括提出新概念、更新旧概念、充实概念的内涵、拓宽概念的外延、新旧概念的组合等方面。概念的基本特征是抽象性和概括性,本质是决定一个事物并区别于其他事物的属性,因此在概念创新的基础上,进而进行理论创新是科技创新的前提。

科学概念上的创新,原有与旧概念相匹配的旧原理也需要相应地更新,或者发现、认识与新概念相适应的新原理。原理是自然科学和社会科学中具有普遍意义的基本规律,是在大量观察、实践的基础上,经过归纳、概括而得出的。原理既能指导实践,又必须经受实践的检验。与概念创新相对应,原理创新包括提出新原理、更新旧原理、充实旧原理的内涵、拓宽旧原理的应用范围、新旧原理的组合等方面。

2017 年 6 月 9 日,中国科学院院士唐本忠在《科技日报》发表的文章《概念创新是科学追求的圣杯》中提到:所谓新的概念,一般产生于对现象或经验的概括与归纳,或对现有知识或已知观点的推演与转化。提出一个原创性概念需要足够的智慧、想象和推理,有时甚至需要过人的勇气和强大的魄力。在 1953 年的诺贝尔化学奖颁奖典礼上,阿尔内·弗雷德加(Arne Fredga)代表瑞典皇家科学院发表演讲,他强调了"修改存在已久的、众所周知的概念或创造新概念"的重要性,因为概念上的进步会导致研究上的突破,从而推动科学的进步与发展。这一观点与许多顶尖期刊的办刊原则不谋而合。例如,《美国化学会志》(*Journal of the American Chemical Society*,JACS)就明确指出,在 JACS 上发表论文必须在概念上有新意,没有概念性突破的稿件将不会被接受发表。

为了建立新原理,必须采用相应的科学方法进行研究。这些方法一般划分为归纳法和演绎法两大类,具体包括逻辑思维方法、理论方法、实验方法、数值方法、现场测试方法等,从基础学科角度分析包括数学方法、力学方法、物理学方法、化学方法、生物学方法等。对于同一类研究方法,可以采用传统方法解决新问题,当然如果采用新方法解决传统问题或者采用新方法解决新问题都是科学方法上的创新。

理论创新过程可概括为准备和酝酿、具体实施、反思和总结三个阶段。在准备和酝酿阶段首先要提出科学问题,揭露事物的矛盾,这是理论创新的源泉和动力,也是科学研究的关键。在具体实施阶段,对提出的科学问题给予科学的世界观、认识论、方法论和价值论的指导,是理论创新的立场、观点和方法。在此基础上对科学问题进行逻辑分析,用科学方法论证提出的论点,对新观点与新理论进行分析、论证、论述,这是理论创新具体实施过程中必要的一环。在反思和总结阶段,对提出的科学问题深入思考,仔细论证,以相关学科知识为基础,需要经过实践、实验、逻辑分析或采用已经证实正确的理论进行讨论、修正、检验。理论创新就像动物通过饮食、消化吸收与生长发育,把食物、空气、阳光和水等生命必要因素最终转化成生物活动的整个生物过程。

2. 注重原始创新

原始创新是指前所未有的重大科学发现、技术发明、原理性主导技术等创新成果是从无到有的突破。在科学技术的原始创新、跟随创新和集成创新三种创新模式中,原始创新处于重要的核心地位。原始创新成果通常需要具备前所未有、与众不同首创性,需要在科学概念、科学原理、技术手段、方法思路、规划模式等某个或多个方面实现重大变革的突破性;牵引科技自身发展,变革经济结构和产业形态的带动性等三大特征。因此对于研究者来说,应当将自身的内部素质与外界的环境因素有机结合,形成原始创新的强大合力。

研究者创新活动自身的内部素质首先是科研兴趣,浓厚的科研兴趣和强烈的好奇心是创新活动最大的内在动力和可持续的创新力。因此要采取相应的措施发挥研究者的主观能动性,激发研究者对原始创新的好奇心。原始性创新始于问题,而这种问题本身是与研究者的价值观念、心理素质、治学态度、研究方法、思维习惯、学术追求、学术经历、学术积累、学术素养等内因条件相适应的。

学术活动要有传统的积累,要有历史的积淀。原始创新源于原始积累,没有积累就没有原创。因此,研究者在自身因素积累的基础上,外界环境要从文化氛围、科研队伍、研究经费、信息情报、学术交流、分工合作、仪器设备、科研机制、科研管理等科研环境方面进行积累。

原始创新的根源在于基础研究,而基础研究最突出的成果就是科技论文的产出。基础研究是对未来的投资,因此原始创新要冲破原有的思维定式和知识体系,在重视新概念、新原理、新方法的同时,注重学术前沿,结合重大科技需求,通过多种学科的相互渗透、交叉融合,拉长研究链条,深化研究内容,进一步进行应用基础研究和开发研究,形成真正的生产力。

3. 从系统哲学的角度深刻理解创新的内涵

从哲学的角度来说,创新的过程就是人们运用物质运动的普遍原理,发挥主观能动性,使事物从无到有的创造过程。创新是人们的实践行为,是人类对于发现自然与社会现象的再认识,是解决物质世界矛盾的再创造。人类通过认识物质世界,发现问题或矛盾,提出问题,或者制造新的矛盾关系,发现或形成新的物质形态。创新就是创造对于实践范畴的新事物。

　　任何事物之间都是有差异的,这种差异蕴含着矛盾,矛盾是事物间的最大差异。事物发展变化的动力和根本原因是事物内部矛盾双方斗争及力量的消长。物质的形态就是具体矛盾,矛盾是物质本质与形式的对立统一,解决"新矛盾"是创新的核心。而这些新矛盾或者是概念的重构,或者是原理的诞生,或者是方法的改进,或者是理论的建立,或者是产品的结构、性能、功用和外部特征的变革,或者是造型设计、内容的表现形式和手段的创造,或者是内容的突破、丰富和完善。由对立统一规律可知,创新中的新事物是旧事物内部矛盾运动的必然结果。创新就是抓住事物矛盾运动的特点和发展趋势,加以引导,顺利实现矛盾双方地位、方式的转化,而不能违背事物发展变化的规律,按照主观喜好去构想、设计创新。

　　创新是对旧事物的否定,本质是突破,即突破旧的思维定式,旧的常规戒律,勇于解放思想,独辟蹊径。凡是创新,必然对原有概念、思路、原理、技术、方法、手段、程序、规程等有重大的突破,并提出新的概念、思路、原理、技术、方法、手段、程序、规程等。尽管创新是跨越,是新事物的生成,但创新中的突破不是全盘否定,而是扬弃。创新既不是肯定一切,也不能否定一切,它是对原有旧事物积极因素在批判基础上的继承和发展,而不是对旧事物的简单抛弃。同时,创新的过程具有反复性和曲折性,并遵循否定之否定规律,不断地否定和肯定,再到否定之否定,从而完成创新的一个周期。

　　客观事物内在的规律性是创新的前提,因此,创新需要发现、掌握并遵循事物自身发展变化的客观规律,而不能主观臆造;同时,创新是个漫长的、不断积累新知识、新技术、新方法和成功经验的过程,是从量变到质变的过程。

4. 从系统哲学思维的角度把握创新的内容[6,7]

1)新结构

　　从系统哲学思维的角度考虑,将研究对象视作一个系统,这个系统可以是不同种类、不同形式但符合系统特性的任何实体系统或虚拟系统。实体系统如岩土工程系统、土木工程系统、生态系统、河流系统、社会系统;虚拟系统如软件系统、法治系统、规章制度管理系统,甚至包括思维系统等。如果研究各式各样的工程系统,就可以从工程系统总结构和子结构、子结构和子结构、工程系统总结构和工程环境的相互联系、相互作用中综合地考察工程系统。工程系统总结构是由工程系统的各个子结构组成,组成部分、时空秩序、联系规则是工程系统的三要素。组成部分是指子结构构成的基本单元,如何种元素、几何尺度,何种材质等及其特性;时空秩序是指各个子结构构成总系统时在时间序列和空间上的排列、组合顺序;联系规则是指各个子结构构成总系统时在形式、结构或分布上的存在方式,如子结构之间联系的强弱、大小、亲疏等。工程系统的结构决定着工程系统的特性,因此构成工程系统的三要素中任何一项的改变都会引起工程系统总结构及其特性的改变。通过各种方式改变工程系统的组成部分、时空秩序、联系规则三要素中任何一方面,则形成新的结构,也可以说是工程系统调整结构方面的创新。

2)新环境

系统哲学思维还要考虑系统结构处于何种环境中,这种环境是否是新环境。从系统的层次性来看,环境可分为内部环境与外部环境;从作用的类型来看,环境又可划分为力学环境、物理环境、化学环境、生态环境以及社会环境、经济环境、管理环境等。处于不同环境下的系统结构,就展现出与该环境相适应的功能特性。因此,如果环境"新",系统结构就会展现"新"的功能特性。

3)新机理

系统哲学思维在考虑系统结构的基础上,还要研究工程系统总结构和子结构之间、子结构和子结构之间、工程系统总结构和工程环境之间的相互作用的响应与相互联系原理,这些原理就是工程系统中不同种类、不同级别的演化机理,相应地形成工程系统总结构和子结构整体与局部相互作用演化机理,子结构和子结构内部因素相互作用演化机理,工程系统总结构和工程环境的内外因素相互作用演化机理,及工程系统内部因素、外部综合因素相互作用演化机理。同时,在一定的工程系统结构中,须考虑整体与局部、内部因素、内外综合因素相互作用演化机理;不同的工程系统结构、不同的工程系统环境,相互作用演化机理就不同。

对于一个因素而言,其他因素对该因素来说都是系统的环境;系统环境的改变必然会造成相互作用原理、相互联系方式的改变。系统环境的改变往往是系统环境创新的前提。基础科学研究更应注重特殊的工程系统结构或极端的工程系统环境对应的整体与局部之间、内部因素之间、内外因素及综合因素之间相互作用演化机理，也就是工程系统的演化机理创新。

4）新模型

从系统哲学思维角度考虑，应将系统结构、系统环境、系统结构在系统环境中的演化机理等问题抽象化、模型化，分别建立相应的系统结构模型、系统环境模型、演化机理模型及综合模型，将定性分析、概念分析转化为理论分析，建立新模型。

5）新方法

为了研究工程系统的演化机理，不仅需要研究构成工程系统结构的组成部分、时空秩序、联系规则等工程系统的三要素，而且需要研究工程系统中的内部环境、外部环境，注重研究总结构和子结构、子结构和子结构、工程系统总结构和工程环境的相互作用的响应与相互联系原理。因此需要采用相应的理论方法、实验方法、数值方法、逻辑方法或者其他方法甚至是混合方法来研究，这些方法可能是传统方法研究新问题，也可能是新方法研究旧问题，当然也可能是新方法研究新问题。特别是采用新方法，就可能在相应的研究方法上进行创新。因此创新过程是思维创新、方法创新、工具创新等方面创新方法的相辅相成、相互融合与相互促进。

6）新的控制原理

从系统科学哲学原理可知，系统在演化过程中，总存在一个或一组控制变量，在系统的演化过程中，控制变量像无形的手，连续、缓慢变化，主宰着系统的演化进程，决定着系统的演化方向、赋存状态和演化结果，这就是系统的支配性原理。因此如果要调控系统的演化方向、赋存状态和演化结果，就必须研究新的调控系统结构、系统参数、系统环境等控制变量的控制作用与调控原理，以达到调控系统演化进程、演化方向、演化结果的目的。

5. 培养创新能力与提升创新素质有机结合

创新能力是各种实践活动领域中不断提供具有科学价值、经济价值、社会价值、生态价值的新思想、新理论、新方法和新发明的能力。从创新能力应具备的知识结构来看,应包括基础知识、专业知识、工具性知识或方法论知识以及综合性知识等。因此,研究者的创新,特别是从事基础科学、应用基础科学研究者的创新,必须拥有扎实的数学、力学、物理学等基础科学的学术功底与科学素养,在具备系统哲学思维和广博知识面的基础上,要熟练掌握相应专业的知识点。要对所研究问题的来龙去脉、前因后果与解决方案、解决方法、发展趋势等有一个清醒的认识,这样才可能进行概念、原理或思路、方法等理论上的创新。

研究者同时要拥有独创性、求异性,主动性、探索性,综合性、辩证性,灵活性、流畅性等创新思维;要具备变革思想,培养创新意识,具备良好的心理素质;具备不怕困难、战胜困难的顽强意志和品质;具有强烈的独立自主控制能力的创新能力。浓厚的科研兴趣是创新过程中不竭的内动力,研究者须保持并不断激发更加强大的好奇心;自信是创造者处于良好创造状态的条件,信心和信念是成功者应具备的最基本、最重要的心态,是必不可少的心理素质。科学认识的过程就是一个不断提出问题、解决问题的过程,研究者自身也要在提高科学认识的同时,不断努力进取,完善和提升自身的素质和技能,培养并增强创新能力,这样才能不断地追求真理,获得成功。

1.5 青年教师如何选择科学研究方向

摘要:青年教师或研究人员从事科学研究活动,须选择有发展前景的科学研究方向。这个有发展前景的科学研究方向可以是以解决科学问题、工程问题、技术问题为主的研究领域,也可以将研究方法及综合性问题作为背景和目标来选择科学研究方向。兴趣是科学研究方向选择的内在驱动力,研究者宜选择具有特色鲜明、优势明显、适宜自身情境的科学研究方向。

选择科学研究方向,是青年教师或研究人员从事科学研究工作最重要的环节,关系到研究者未来几年、十几年甚至一生的科研命运。科学研究方向的选择,实质上也是青年研究人员在本专业和相关领域基础知识、科研抱负、科研能力、科研素养及其战略眼光等综合能力的体现,是青年教师或研究人员科研观念和科研理念的集中体现。科学研究方向的选择,可以是传统方向、新兴方向或者超前方向,没有统一的标准和模式,本节提供一些基本思路供参考、借鉴,可遵循如下总体原则。

1. 选择有发展前景的科学研究方向

青年教师或研究人员依据个人的理想抱负、科研理念、兴趣爱好、知识结构、科研软硬件基础条件及科研战略目标,结合国家科技发展战略规划与本单位的实际情况,选择有发展前景的科学研究方向。在基础研究、应用研究、开发研究中选择一类或交叉研究,这个方向应该是前瞻性与可行性相结合,继承性与创新性相统一,科学性与实用性相和谐。

无论从事基础研究、应用研究或开发研究,在达到终极目标的过程中,要经过起步阶段,上升阶段、稳定阶段,直至辉煌阶段。青年教师或研究人员处于科研的起步阶段,往往是很艰难的,迷茫困惑、犹豫彷徨,但这是科研起步时苦苦思考、由感性认识上升到理性认识必然要经过的积累过程。因此,青年教师或研究人员可以选择研究方向中的某一个研发点作为突破口,这个研发点要具体,可以是理论问题、应用问题或者技术开发问题。必须明确的是该研发点必须做出成绩,有所创新,然后循序渐进,步步为营。青年教师或研究人员在起步阶段要在大目标的引导下,扎扎实实地、勤勤恳恳地亲自开展具体、深入、创新性的研究工作。此时青年教师或研究人员应该是科研团队里的"战士",是科研导师的"学徒""助手"或整个单位里的"勤务兵"。丰富的科研经历是科研起步、上升、稳定乃至辉煌科研历程的宝贵财富,因为科学研究本身就是一个综合性事业,需要的是研究者具备较高的综合素质,除了科学研究自身的工作外,还有与之相关的事务性、协调性、合作性工作,是从事科学研究工作过程中基本素质、基本方法、基本能力的训练和培养。

2. 以解决科学问题为目标来选择科学研究方向

以解决科学问题为目标来选择科学研究方向,即从事基础或应用基础研究。科学涵盖两方面含义,即揭示自然真相对自然进行充分的观察或研究;科学问题则是科学知识和科学实践中需要解决而尚未解决的问题。科学问题主要来源于科学技术实践和社会生产实践。以科学技术实践为背景提出的科学问题大多是科学自身发展中的问题;以社会生产实践为背景提出的科学问题大多是工程科学或技术科学问题。

以科学技术实践为背景提出的科学问题主要目的是在发现自然现象,包括力学现象、物理学现象、化学现象、生物学现象等基础上,认识这些现象相应的自然规律,探索纯粹的学问和真理。同时也可以以现有的科学原理为基础,进一步发现新的科学问题。这些科学问题,属于真正的基础研究领域,往往强调概念、原理及为证实这些概念、原理所采用的科学方法;而这些科学问题创新性的研究成果,有可能是原始创新。因此,解决以科学技术实践为背景提出的科学问题,并不完全是为了直接去解决工程技术或社会生产中所需求的具体问题,但是科学问题解决后一旦应用于工程技术或社会生产实践,往往会有广泛的应用前景,产生巨大的经济效益和社会效益。以工程技术和社会生产实践为背景提出的科学问题,是具有比较明确的应用方向,可在较短期间内取得工程技术和生产过程突破的基础理论性研究工作,均是以科学实践为基础的,属于应用基础研究领域。

科学发展史上以科学技术实践为背景提出科学问题的案例枚不胜数,最初许多力学现象、物理学现象、化学现象、生物学现象及数学问题的研究并没有清晰明确的应用目的和应用前景,在认识自然现象、寻求自然规律的基础上,利用和改造自然,也就是探求这些现象的发生原理和寻求产生这些现象的内在规律的实质问题,为工程科学、技术科学的应用甚至社会科学的发展奠定了扎实的科学基础,如蒸汽的能量转换、电学现象、光的折射、热扩散与热传导、弹性规律、物体的抛射规律、流体流动规律,以致近现代发展起来的稳定性问题等,无一不是基础科学的基本问题,而这些科学问题研究成果实际应用前景如何并不很清楚,或者虽然确知其应用前景但并不知道达到应用目标的具体方法和技术途径。这些众多基础科学问题的解决,使得工程科学和技术科学得以重大发展,并逐步广泛地应用于不同的工程技术和社会生产实践中。

基础科学未来发展趋势,一定是从包括非线性结构、非线性环境、非线性演化与响应等问题方向逐步发展,如宏观向微观(或巨观)、简单结构向复杂结构、单一尺度向多尺度、单相向多相、连续向非连续、常温向高温或低温、静态向动态、单态向多态、单一作用向多种作用、叠加作用向耦合作用、确定向随机或模糊、低速向高度、线性向非线性、稳态向非稳态、稳定向非稳定、量变向质变、状态向过程等,解决巨系统的多种方案比较与优化等复杂问题也是发展方向。

3. 以解决特定的工程实际问题为目标来选择科学研究方向

研究者以解决特定的工程实际问题为目标来选择科学研究方向,即应用基础研究。工程是科学研究的不竭源泉,工程实践是科学研究的永恒动力。研究者要拥有"工程标签",工程类科学研究方向以具体的工程或工程领域为背景,以具体工程项目,特别是重大工程项目为依托,可能是传统的工程或工程领域,也可能是新的工程或工程研究领域。如在采矿传统工程或工程领域中,地下采煤中的瓦斯突出、瓦斯爆炸、顶板灾害,地下采矿引起的地表沉陷与塌陷,煤矿中的冲击地压或金属矿及隧道中的岩爆,煤矿或金属矿露天开采中的滑坡等。只要矿山开发不停止,这些传统的矿山工程灾害的潜在性就存在。具体问题包括成因分析、监测与测试方法、防控理论、预测预报甚至预警、工程治理与控制对策等。相应的工程问题中,具有普遍性的共性问题大部分已经形成共识,并在工程中成功应用;但在特殊与复杂结构、极端与恶劣环境下的工程问题尚需进行进一步的研究。如在中浅部煤矿开采过程中,近水平、中厚煤层开采诱发的冲击地压现象,已经拥有较完善的理论指导与防治措施;但在如特厚煤层、直立煤层、褶皱煤层、断裂煤层、厚度变化煤层、富含瓦斯煤层、特软煤层等特殊复杂结构及深部环境、动力环境、富含瓦斯、富含水等极端恶劣条件下的煤矿开采过程中,冲击地压发生的机理是具有明显的特殊性,相应的监测手段、防控策略、治理措施也具有特殊性。如在传统的工程或工程领域这棵大树上,要长出"新芽",这个"新芽"就是新的方向。

新工程研究领域中,大部分情况下会遇到新的工程现象与相应的工程问题。21世纪以来,厚冲积层薄基岩煤层开采顶板破断规律、支护控制、重复开采覆岩移动等问题,这些煤田煤系地层的结构特征是厚煤层被较厚或巨厚松散层所覆盖,甚至覆盖层为含水层,开采时往往出现流沙、溃沙、切顶、掩埋支架等现象。这是近期我国内蒙古、山西北部、陕西北部等煤炭开采出现的新的浅层矿压问题,是以特定的地貌、特定的工程结构或极端的环境作用的新问题,当然对应着特殊的新的科学问题和新理论,必须采用相应的方法和手段进行研究,在传统采矿和岩石力学中形成新的科学研究方向。

4. 以解决技术问题为目标来选择科学研究方向

以解决技术问题为目标来选择科学研究方向,即进行技术开发研究。技术是人类为了满足自身的需求和愿望,遵循自然规律,在长期利用和改造自然的过程中,积累起来的知识、经验、技巧和手段,是人类利用自然、改造自然的方法、技能和手段的总和。技术的特征是利用现有事物形成新事物,或是改变现有事物功能、性能的方法。技术应具备明确的使用范围和被其他人认知的形式和载体,如原材料(输入)、产成品(输出)、工艺、工具、设备、设施、标准、规范、规程、指标、计量方法等。技术开发是把研究所得到的发现或一般科学知识应用于产品和工艺上的技术活动。工业企业技术开发的对象主要包括产品开发、设备与工具开发、生产工艺开发、能源与原材料开发、改善环境的技术开发等。青年教师和科研人员的科学研究方向可根据不同的条件选择不同的技术开发领域与项目。

解决技术问题,首先要选择具体的技术领域或项目,并进行充分的文献调研、现场调研、市场调研。从技术问题本身的"小事"做起,从细节做起。制订翔实、可行的技术方案,具体实现"怎么做",最终实现技术革新、技术发明、技术创造。

5. 以研究方法为背景来选择科学研究方向

科学研究中,可以采用很多不同的研究方法,最常用的主要是理论研究方法、实验方法、模拟方法等。

科学理论是人们把在某一领域实践中获得的认识和经验加以概括和总结所形成的、由一系列特定的概念、原理(命题)以及对这些概念、原理(命题)的严密论证组成的知识体系。科学的理论是从客观实际中抽象出来,又在客观实际中得到了证明的,正确地反映了客观事物本质及其规律的理论。科学研究中的理论研究方法,需要依据科学问题,建立反映科学问题实质的模型,如物理学模型、力学模型、化学模型、生物学模型或者混合模型等;然后再进行具体的描述与分析,如采用相应的数学方法、物理学方法、力学方法、化学方法、生物学方法或者混合方法等,可以是定量方法、定性方法。在数学方法中可以采用微分方程(组)、积分方程(组)或能量泛函来描述,求解方法中分为解析方法、数值方法等,或者线性分析方法、非线性分析方法等。

实验研究方法是由研究者根据研究问题的本质内容设计实验,控制某些环境因素的变化,使得实验环境比现实相对简单,通过对可重复的实验现象进行观察,从中发现规律的研究方法。实验方法广泛地应用于力学、物理学、化学、生物学等自然科学研究中。实验手段越来越显示出它的重要作用,因而越来越受到青年教师和科研工作者的重视。实验研究包括定性实验、定量实验、析因实验、对照实验、模拟实验等,主要特征是纯化和简化自然现象,强化和再现自然现象,延缓和加速自然过程。传统实验要注重发现新现象,新实验要注重探索新规律。在具体的实验研究中,往往是通过各种测试方法或手段,特别是通过设计新实验系统来测量材料的结构构成,材料在环境作用下演化过程中所释放的信息,并通过测得的信息,反演材料构成、演化规律等本质。不同元素组成不同的材料,相同的元素不同的排列组合组成不同的材料。具体实验研究中,材料结构构成的研究占有重要的地位,包括材料的组成元素、元素构成的时空秩序和联系规则。在不同环境作用下,材料就会展现不同的特性。多种因素或条件下材料的演化特性是非常复杂的,往往表现为多因素耦合作用的混合现象。因此,实验研究首先在简单或单一实验环境或条件下进行,彻底揭示每一个单一因素或条件作用时材料的演化性质。然后测试两个或两个以上因素作用下材料的演化特性。将实验数据进行归纳、比较、分析、总结,通过实验现象来揭示材料的演化原理、演化规律或验证理论结果、确定演化参数等。

模拟方法也称"模型方法",常用的包括模型实验和数值模拟。模型实验通过在实验室中设计和制作出与某自然现象或过程(即原型)相似的模型来间接地研究原型的形态、特点和规律性的方法。特点是在某些特殊实验中可对发生的自然现象依据要求将研究对象进行不同比例放大或缩小、不同时段短时间内重复出现的实验研究。数值模拟方法是利用理论研究中得到的数学模型探索求解方法,进行大量的方案比较、优化,设计新方案等。

6. 以综合性问题为背景来选择科学研究方向

科学研究中,遇到具体的问题往往是跨学科和综合性的,一般不可能用一个学科的知识、一个具体的方法能够解决。因此科学研究中,须将主体学科与其他学科相互交叉、相互融合,形成边缘学科或交叉学科。在学科的交叉边界和融合的过程中寻求新问题、新概念、新理论和新方法。科学研究中,理论与实验相联系,工程与技术相结合,基础与应用相统一;同时在研究物质演化过程的每一个阶段,要发挥实验研究和理论研究各自的优势、各有侧重;实验研究与理论研究在内容上相互对应、相辅相成。实验是理论研究的基础,具有检验与证实的功能；理论是实验现象的升华，是归纳、抽象的结果，具有解释、指导和预见、推广的功能。将实验结果归纳为理论，将理论推广至应用。

一个人从小到大、不同年龄穿不同大小的鞋子；不同经济条件、不同场合、不同季节也要穿不同的鞋子。适宜自己脚的鞋子才可能是好鞋子。同理，只有具备区域特色、行业特色、时代特色、学科特色、理论特色、方法特色、背景特色、结构特色、环境特色、过程特色等突出特色，才能优势明显。适宜自身情境的科学研究方向才可能是最好的方向。自己努力去做，才有可能成功。因此选择一个方向，认准这个方向，坚守这个方向，攻克这个方向，升华这个方向，享受这个方向，才能有所作为。

7. 兴趣驱动下的科学研究方向选择

兴趣指对事物喜好或关切的情绪。心理学认为兴趣是人们力求认识某种事物和从事某项活动的意识倾向。它表现为人们对某件事物、某项活动的选择性态度和积极的情绪反应。大量的事实已经证实，研究者的科研兴趣是科学研究的内在动力。在一定的科学、文化知识、社会实践基础上，科研兴趣基于精神需要。如果研究者对某个或某些科学技术问题有兴趣，就会热心于接触这些科学技术问题、观察所感兴趣问题的细节，积极主动地从事相应的科研活动，并注重探索所感兴趣问题的奥秘。

科研兴趣与事物的认识和情感相联系。若对科学技术问题没有认识，也就不会对它有情感，因而不会对它产生兴趣。反之，认识越深刻，情感越炽烈，兴趣也就会越浓厚。因此，研究者可以通过大量的科研活动，激发好奇心，集中精力，产生愉快、紧张的心理状态，培养对所研究的科学技术问题的兴趣。对正在进行的科研活动和创造性科研态度具有重要的推动和促进作用。

1.6　科学研究要围绕关键学术问题展开

摘要：科学研究中要善于抓住主要矛盾或矛盾的主要方面，就要在掌握选题及其基本属性、具体项目中的关键学术问题的基础上，确定科学研究中关键问题的类型，明确学术研究中的基本影响因素和关键影响因素，不要错过关键疑似因素，在国家自然科学基金项目申请书中要围绕关键学术问题展开。[9]

科学研究始于学术问题。学术是对研究对象及其规律进行科学化的论证，而问题则是指需要研究、讨论并加以解决的矛盾、疑难。学术问题就是针对研究目标，利用研究条件，对研究对象的矛盾、疑难的内在规律性进行探讨的问题。关键学术问题之所以强调学术上的关键，就是指研究对象的内因、外因或内外因相互作用过程中的重点、难点、特殊与极端条件和关键因素等。

科学研究的过程，就是利用已知的科学知识，采用调查研究、实验、试制、逻辑分析等一系列的科学方法去认识客观事物的内在本质和运动规律，从事有目的、有计划、有系统的认识客观世界，探索客观真理的活动过程。科学研究的基本任务就是探索、认识未知，为创造、发明新产品和新技术提供理论依据。因此，无论是基础研究、应用研究还是开发研究，都要有一个明确的研究目标，围绕学术难点、重点即关键问题展开。关键问题属于研究项目中最核心并影响到全局的问题，起到"一夫当关"的决定性作用，主要是指科学问题、技术问题、工艺问题等学术问题的瓶颈部分，是研究内容具体"做什么"，研究方案中"如何做"中的难点、重点或核心问题，或研究过程中对达到预期目标有重要作用的影响因素。解决关键学术问题或核心问题就是处理项目研究中的主要矛盾或矛盾的主要方面。关键学术问题或核心问题解决了，其他问题就迎刃而解了。因此寻求、确定并解决关键学术问题，体现了研究者对项目本身深刻理解的基础上,把握研究项目的总体研究目标,统筹考虑研究内容,解决主要矛盾或矛盾主要方面的能力。具体可从以下六个方面考虑。

1. 确定选题及其基本属性

确定选题及其基本属性,包括选题的所属学科和研究类型。选题时,要确定所面临的问题归属的类型,看是属于自然科学、社会科学或思维科学等学科领域中哪一类具体问题或者几种问题的混合问题。选题研究是基础研究、应用基础研究、应用研究还是开发研究等不同类型中的哪一种;是属于探索性研究、描述性研究、解释性研究中的哪一类。依据所属学科、研究类型的不同,可分别选取相应的数学、物理学、力学、化学、生物学、地学、医学、管理学、经济学等基础科学研究;基础研究类研究项目可包括机理类、模型类研、理论方法类、实验方法类、控制原理等。当然如果属于工程或技术问题,就应确定该工程或技术问题的基本属性,相应选取与之对应的科学、工程、技术方法,确定相应的项目。

2. 确定具体项目中的关键学术问题

具体项目研究中,关键学术问题包括关键科学问题、关键技术问题、关键工艺问题、关键方法问题等在研究过程中的难点、重点或瓶颈问题。研究者可利用逻辑思维方式,勾画出所研究问题的问题树,在确定选题过程中必须要搞清楚六个基本问题,即:

(1)确定学术背景与学术目标问题。学术背景是项目的根源或起始问题,即工程中、技术中、社会中、经济中、管理中、思维中或科学中等不同领域中所出现的基本现象、表象。要对不同领域中所遇到的现象、表象依据一定的规则进行归纳分类,确定现象、表象的主要类型与要达到的学术目的。

(2)凝练工程中、技术中、社会中、经济中、管理中、思维中或科学中等背景问题所对应的根本属性、实质内涵及与之匹配的学术问题。

(3)针对该学术问题,深入分析前人的研究成果,评述研究现状,搞清楚前人已经解决了什么问题。

(4)掌握前人没有解决即存在什么学术问题及问题的类型。

(5)在存在的学术问题中,研究者拟解决什么学术问题及类型。

(6)研究者要确定拟解决什么关键科学问题、关键技术问题、关键工艺问题或关键方法问题等。

这六个问题的逻辑关系是从第一个问题到第六个问题越来越具体、越来越细化,越来越聚焦到所要研究具体的关键学术问题的实质。

3. 科学研究中关键问题的类型

从系统科学哲学的角度思考,基础研究一般包括系统结构类、系统环境类、机理类、模型类、方法(理论方法、实验方法或逻辑方法等)类、控制类研究等,对应的关键问题一般包括:

(1)系统中结构的关键问题,即如何确定研究对象的结构构成要素的基本属性、要素之间的联系规则和时空秩序分布等内部因素。在科学研究中,关键问题往往是一些特殊结构、极端条件或因素。特殊结构可以是结构特大、特小等尺度,构件可以是特粗、特细、特长、方向特偏等,材料可以是特硬、特软等。如煤炭采矿中,近水平煤层开采后岩层移动规律与大倾角(甚至直立)煤层开采后岩层移动规律是完全不同的。根本原因是近水平煤层与大倾角(甚至直立)煤层在煤层赋存结构上完全不同,关键问题就是煤层倾角。系统中关键结构问题往往是主导结构。

(2)系统中外界环境的关键问题,即如何确定研究对象的力学、物理、化学、生物等环境作用关键影响因素。特殊环境可以是特殊、极端、恶劣的力学、物理、化学、生物或社会条件,包括动力、强力、随机、高速、强震、高温、低温、强电、高湿、爆炸、冲击等因素。如含水量一定的土体,常温(室温)与低温(−40℃)下的物理力学性质完全不同,本质就是外界环境条件温度的差异所致。因此,低温(−40℃)比常温下一定含水量土体的力学性质如强度、黏性、变形与破坏性质会发生根本变化,关键问题就是环境温度所致。

(3)系统中结构与环境相互作用演化过程中的关键问题,即研究对象的内、外部因素相互作用和演化原理及其描述方法。在内因(系统结构)、外因(系统环境)相互作用下,系统就会随时间发生演化。系统演化过程中的转化点、极值点、拐点、间断点等也是系统演化过程不可回避的问题。如研究物体抵抗破坏的能力,即强度问题,关键问题就是确定物体单位面积承担最大的拉力或压力的极限,建立相应的强度准则。

(4)模型研究中的关键问题,即系统结构模型、系统环境模型、系统结构与环境相互作用的响应或组合模型、控制模型等模型类研究的实质核心内容。如何建立适合系统演化的结构模型、环境模型、本构模型等。

(5)实验研究方法中的关键问题,根据实验者的预定目的可分为定性实验、定量实验、测量实验、对照实验、验证性实验、判定性实验和中间实验等,实验中常常遇到利用何种实验原理,设计新型的实验;利用何种关键设备,采用何种关键测试技术等核心问题。实验中另外一种关键问题是如何通过科学实验,揭示事物的结构构成,阐明事物的演化机理,建立相应的理论模型,并通过实验予以证实。

(6)理论研究中的关键问题,包括模型特别是数学模型中与假设相应的控制方程、强度判据或稳定性判据的建立,确定定解条件或解的存在性、唯一性、稳定性等适定性问题,如何对数学模型进行求解并确定系统演化的控制变量、演化机理。控制类问题的关键问题包括如何描述控制过程,确定定解条件,阐述控制原理等。

(7)其他关键问题,如现场测试中的关键材料、关键设备、关键工艺、关键测试技术、参数的反求及其优化等问题。

4. 明确学术研究中的基本影响因素和关键影响因素

关键因素是关键学术问题的重要组成部分。学术研究中,要建立研究问题的影响因素所确立的因素空间,形成"问题树"或"因素树",梳理因素之间在组成结构上的逻辑关系,形成因素在时空中的层次性;明确在哪个系统范围中,哪些因素是内因,哪些因素是外因,哪些因素既是内因又是外因;哪些因素是静态因素,哪些因素是动态甚至是模糊、随机因素;哪些因素之间具有相关性,哪些因素之间相互联系并寻求它们之间相互作用的规律。模型简化与建模过程中,确定哪些因素是主要因素,必不可少;哪些因素是次要因素,可以忽略;哪些因素是基本影响因素,哪些因素是核心因素,是问题的"心脏",而哪些因素又是关键影响因素,是解决问题的"钥匙"。

学术研究中特别是科学研究中的关键影响因素,往往支配着研究对象即系统的演化方向、演化进程甚至演化结果,这种关键影响因素就为一种控制因素。从数学建模的角度考虑,控制因素就是数学模型中的控制变量,控制着系统的演化进程。因此研究系统的演化机理与防控机理,必须首先研究控制变量对系统演化的控制作用和控制规律,进而揭示控制变量对系统的控制机理;然后通过人为调整控制变量的办法达到调整系统的目的。

5. 深入研究关键疑似因素

实际工程技术中,绝大部分是现象已知,需要寻求影响因素及其规律的反问题(逆问题),即"果"已知,寻求"因",以果推因。这类问题不仅常见,而且解的存在性、唯一性及稳定性等适定性问题又非常复杂。通常可采用因素逻辑分析法,首先采用联系法,确定绝对有影响的必然因素及其相互作用规律;其次采用排除法,排除绝对没有联系的非关联因素。对于可能有联系的关键"疑似"因素,需要深入研究这些因素本身及其相互作用规律。关键"疑似"因素可以是结构因素、环境因素、结构与环境相互作用及其演化因素,分别建立结构因素假说、环境因素假说、结构与环境相互作用及其演化假说,采用逻辑分析法、示踪法、试凑法、反证分析方法、实验方法或现场测试方法等,确定"疑似"因素是否是关键因素。

6. 申请书要围绕关键学术问题展开论述

国家自然科学项目申请书中,立项依据论述为什么要选择需研究的学术问题,并最终要确定解决该学术问题的关键问题是什么。学术问题包括科学问题、技术问题、社会问题、思维问题或工程问题等,确定该学术问题中存在拟解决的什么学术问题和关键学术问题。研究内容回答对拟解决关键学术问题具体要做什么;研究目标回答研究内容完成后要达到的学术目的;拟解决的关键学术问题回答研究内容的核心部分,包括难点、重点或瓶颈问题,并论述为什么。拟采取的研究方案回答对研究内容具体怎么做才能完成研究工作;技术路线应当说明完成研究内容的步骤、途径、方法与研究内容上的逻辑性;可行性回答完成研究内容的主、客观条件特别是完成关键学术问题时学术上的可能性。项目的特色与创新之处回答整个项目围绕关键学术问题,在学术上的独到之处及对存在问题在学术上的特点和创新。

对于申请国家自然科学基金项目的基础研究或应用基础研究,申请书要围绕存在的、拟解决的关键科学问题展开,立项依据、研究内容、研究目标、研究方案、可行性、特色与创新等各部分之间沿着该关键学术问题在逻辑上相互协调,从不同角度进行科学分析和论证。拟解决的关键学术问题,可以从理论、实验、模型分析与系统结构、系统环境、演化机理等方面考虑,也可从科学概念、科学原理、科学方法、模型建立、数值模拟、演化机理、演化规律、实验原理、实验方法、实验技术、实验材料、测试方法等角度分析。每一项关键科学问题,对应着不同的研究内容、研究目标、特色创新、研究方法、主客观条件及学术上的可行性分析等。

科学研究的过程,实质上是解决关键学术问题的过程。要在选题及确定问题基本属性的基础上,抓住主要矛盾或者矛盾的主要方面,即把握关键科学问题或关键技术问题等不同学术问题的类型,明确学术研究中的基本影响因素和关键影响因素。国家自然科学基金项目申请书要围绕关键学术问题展开,立项依据、研究内容、研究目标、研究方案、可行性、特色与创新等各部分之间与关键学术问题在逻辑关系上协调一致,并围绕关键学术问题完成相应的研究工作。

1.7 申请国家自然科学基金项目的预备知识与能力

摘要:科学研究是在完成中、进行中、准备中、构思中循环往复,不断提出问题、解决问题、无限逼近真理的过程。从事国家自然科学基金项目研究,要拥有深厚的自然科学基础知识、专业知识和相应的现代科学技术基础知识,要熟悉所研究问题的学术背景,要拥有自然科学哲学的基本知识。在掌握系统科学哲学思维方式与系统论方法的基础上,具备科学实验、科学理论研究的能力,掌握数值计算(模拟)的基本理论与基本技能,具备科学规范的表达能力。

在科学研究与基金评审过程中,常常遇到许多研究者存在的一些共性"问题",而这些"问题"主要体现在申请国家自然科学基金项目时需要具备的预备知识与预备能力。这些"问题"的存在可能在一定的时间段、甚至很长时间影响着研究者项目的申请与项目的完成,影响着研究者对科学问题的理解与深化,甚至影响着研究者对科学研究的方向与最终成就。无论做任何工作,首先是要拥有宽广、有前瞻性的视野与坚定、执着的执行力。而这些视野和执行力的获得,必须具有获得基本知识、基本方法和基本能力。当然,申请国家自然科学基金项目须具备必要的预备知识与能力。

1. 拥有深厚的基础知识

作为准备以科学研究为事业的研究者,要拥有深厚的自然科学基础知识、专业知识和相应的现代科学技术基础知识。自然科学基础知识主要包括数学、力学、物理学、化学和生物学等领域的基本概念、基本方法与基本原理等。其中数学包括高等数学、线性代数、数理统计、微分方程、数值方法等必要的基础知识;力学包括静力学、运动学、动力学及连续介质力学等方面的基础知识;物理学主要包括光学、声学、热学、电磁学等方面的基础知识;

化学主要包括无机化学和有机化学的基础知识;生物学主要包括动物、植物、细胞与遗传以及现代生物科技等基础知识。专业知识是指一定范围内相对稳定的、系统化的知识。现代科学技术基础知识是以非线性科学、计算机科学与技术、信息科学与技术等为先导的新的知识体系。对于从事基础科学研究或应用基础科学研究的研究者来说,遇到的问题必然是结构非线性、环境非线性、演化过程非线性、求解与证实困难的复杂性问题,传统的基础知识和专业知识一般不能顺利地解决,不得不在原有的自然科学基础知识和专业知识基础上,扩展知识领域和采用现代科学技术研究方法。因此,对于研究者来说,不是所有的基础知识都要熟记在心,但与本专业范围相关的、必要的基础知识和专业知识体系必须要熟练掌握,基础知识、专业知识和相关学科中一些核心概念、原理以及研究方法必须牢牢地掌握,并熟练运用。采用自然科学基础知识、专业知识与现代科学技术研究方法相结合的方法去解决所遇到的新问题。

2. 熟悉所研究问题的学术背景

作为研究者,必须要熟悉所研究问题的学术背景来凝练科学问题。学术背景是指所研究的学术实质问题背后的历史情况、现实环境、形成原因、表面现象等问题。依据所研究学术问题的不同,学术背景可以是工程背景、科学背景、环境背景、经济背景、管理背景、社会背景及相关学科的背景等;同时,学术背景可以涉及单一学科,也可能涉及多学科或边缘交叉学科。可以说,没有学术背景,就没有科学问题;不同时段、不同层次、不同类别的学术背景,对应着不同的科学问题。

当然,对于工程实际中凝练的科学问题,工程背景往往是工程实际中所发生的各式各样不同时段、不同层次、不同类别的工程现象,对应着不同的科学问题。例如,工程结构中构件(如杆件)的变形、破裂、锈蚀、腐蚀、爆炸等现象。工程结构中杆件的变形、破裂等现象的实质是工程结构中杆件的变形破坏问题,属于变形体结构力学研究的范畴,科学问题就是工程结构中杆件的变形破坏机理或工程结构中杆件的变形破坏规律。如果再精细分类、区别,可将工程结构中杆件的变形破坏问题划分为变形阶段、破裂阶段和滑落阶段三个实质不同的演化阶段,不同阶段对应着不同的科学问题。第一阶段是破裂前的工程结构中杆件变形问题,此时杆件属于连续介质,科学问题是工程结构中杆件的变形机理(或规律);第二阶段是工程结构中杆件的破裂问题,此时杆件属于由连续介质向非连续介质转化,科学问题是工程结构中杆件的破裂机理(或规律);第三阶段是工程结构中杆件破裂后的滑落现象,此时杆件属于非连续介质继续发展演化,科学问题是工程结构中杆件的滑落机理(或规律)。

工程结构系统是由多个构件依照不同的规则排列、组合而成的,因此一个个构件的变形、破坏,与整个工程结构系统的变形、破坏之间的关系,是另一类工程结构系统更高层次上的科学问题。

如果工程结构中出现锈蚀、腐蚀等现象,这些现象的实质是工程结构构件材料的化学问题,属于工程材料化学作用研究的范畴,科学问题就是工程结构材料的腐蚀机理或腐蚀规律,或者是由材料腐蚀诱发的结构构件的变形破坏问题。由此可以看出,研究者必须认真观察工程中的各种现象的细节,将工程现象分类,才可能透过工程结构不同时段、不同层次、不同类别等不同现象背景中,抽象、凝练出描述反映相应学科或交叉学科相对应的实质性科学问题。

3. 拥有自然科学哲学的基本知识

研究者要拥有自然科学哲学的基本知识。自然科学哲学的基本知识就是了解自然界客观存在的规律性,集中体现在自然辩证法学科中,即研究自然界和人们认识自然、改造自然的最一般的规律。自然辩证法是对自然科学内容和自然科学的产生、发展历史做出哲学概括,主要研究马克思主义的自然观和自然科学观,体现马克思主义哲学的世界观、认识论、方法论的统一。自然界本身的辩证法是通过自然科学和技术的发展日益被揭示出来的,两个方面的研究密切相连,不可分割。自然界客观存在的规律是通过各个自然领域的特殊自然规律和个别过程表现出来。

自然辩证法自然观,要求不断地概括和运用自然科学的最新成果,发展和更新人们关于自然界辩证发展的总图景和对自然界的总观点,其中包括物质观、运动观、时空观、信息观、系统观、规律观以及自然发展史和自然界各种运动形态的划分、联系、交错、转化等;要求探讨辩证法的基本规律和范畴在自然界各种过程中的丰富多样的表现及运用,使人们对辩证法规律和范畴的理解不断充实和深化,在许多方面进一步清晰化、准确化和精细化,并增添新的内容。

对于研究者来说,自然科学哲学的基本知识是必不可少的。如科学研究中提出相应的科学理论,就要了解科学理论的内涵;在研究事物发展演化规律时,就必须清楚科学规律的内涵;提出科学假说时,就必须对科学假说的提出、论证及修正等有一个清晰的思路。通过了解自然科学哲学的基本知识,不仅使得研究者明确必要的科学研究的基本概念,掌握必要的科学研究方法和科研思路,还使得研究者站在更高的高度、拥有更宽的视角,用发展的眼光利用科学研究的最新成果,审视所从事的科学研究与对应的科学问题,利用已经形成符合事物发展规律的世界观、认识论、方法论,了解自然科学的基本概念、基本原理、总体思路,掌握自然界发展规律。

4. 掌握系统科学哲学思维方式与系统论方法[6,7]

系统是由各种要素组织起来的有特定功能的相互联系、相互作用的整体。系统具有鲜明的整体性、关联性、层次结构性、动态平衡性、开放性和时序性等特征,系统哲学是关于系统根本观点的理论体系,亦即关于系统普遍本质和最一般发展规律的学说,是研究复杂性、关联性系统科学的理论升华和分析与综合、微观与宏观统一的科研方法。系统思维是指以系统论为思维基本模式的思维形态,主要是以整体方法、结构方法、要素方法及功能方法等思维方法为特征。

系统论方法是指用系统的观点研究和改造客观对象的方法,要求人们从整体的观点出发,全面地分析系统中要素与要素、要素与系统、系统与环境、此系统与他系统的关系,从而把握其内部联系与规律性.达到有效地控制与改造系统的目的。从系统论的观点出发,科学研究要始终着重从整体与部分(要素)之间、整体与外部环境的相互联系、相互作用、相互制约的关系中,综合地、精确地考察对象、以达到最佳地处理和研究问题的能力。系统论方法还要求研究者在充分分析系统特性的基础上,构建反映系统运动变化规律的数学模型,定量地进行研究,探索实现方案优化的途径和手段。

5. 具备科学实验研究的能力

科学研究中,创新性地运用各种分析方法、手段来解决科学问题,体现了科学研究的能力。现阶段,实验研究、理论研究与数值分析等仍然是科学研究的主要方法和手段,深入掌握这些方法与手段的科学内涵并灵活运用,可以使科学研究工作事半功倍。

科学实验是研究者根据预定的研究目标,运用预定的实验手段,在人为地控制或模拟自然现象的条件下,使自然过程(或生产过程)以纯粹的、典型的形式表现出来,暴露自然现象在自然时空条件下无法暴露的特性,以便进行观察、分析,探索自然界的运动本质及其规律的一种研究方法。实验研究能够充分地发挥研究者的主观能动性,达到科学研究的目的性,证明事物发展的客观必然性。实验方法的产生和运用具有纯化和简化自然现象,强化和再现自然现象,延缓或加速自然过程等特点。依据实验研究目的与实验条件的不同,常见的实验包括演示实验、判决实验、分析实验、定性实验、定量实验、析因实验、探索实验、验证实验、对照实验、模拟实验、直接实验、间接实验、黑箱实验、灰箱实验、白箱实验等。实验是收集科学事实、获取感性经验的基本途径,是形成和检验自然科学理论的基础,它在科学研究中具有十分重要的意义。在科学研究中,运用观察和实验方法去研究自然,只有把巧妙而精确的观察实验方法和理论思维结合起来,既要动脑,又要动手,具备科学实验的研究能力,才有可能在科学研究中真正地有所创新。

6. 具备科学理论研究的能力

理论研究是人们认识客观世界,并使认识结果系统化的活动。理论研究是人们利用大脑这一特殊的思维工具,通过感觉、知觉、抽象、概括、归纳、演绎等思维形式认识世界的运动过程,是人们通过思维将认识的结果进行系统化、理论化的过程。因此,人类的任何系统化、逻辑化的认识活动都可以称为理论研究。理论研究是人的主观认识对客观事物的加工过程。自然现象理论研究的范围是研究事物的空间形式、现象关系、变化过程、运动规律等,构成了自然科学。自然科学理论研究的根本目的是为了揭示事物发展的因果关系及客观真理,寻求人类生存的确定性。国家自然科学基金的重要任务就是探索事物发展变化规律的理论性工作,因此理论研究是从事国家自然科学基金项目必备的基本能力。

从研究方法角度看,理论研究可划分为学理性研究、实证性研究及感悟性研究。学理性研究是从公理或假说出发,对所研究的问题进行思辨和推论,进而用以解释客观存在。实证性研究是从对客观现象的观察出发,对所研究的问题进行归纳整理,进而形成逻辑化的理论观点或体系。而感悟性研究则是从对客观存在和人类生活的感悟出发,对所研究的问题进行系统化,进而形成理论观点或理论体系。

理论研究的思维方法,就是采用归纳演绎、类比推理、抽象概括、思辨想象、分析综合等实现感知、认知、逻辑过程的方法。感知过程是人们通过感觉器官,对客观现象进行观察、搜集、整理、分析并形成判断的过程。认知过程是人们通过分析能力,在判断的基础上,对所认识的对象,进行进一步的抽象、归纳、概括,从现象到本质,再从本质到现象;从个别到一般,再从一般到个别;从具体到抽象,再从抽象到具体;从原因到结果,再从结果到原因;从局部到整体,再从整体到局部的认知过程。逻辑过程是人们通过思维能力,在认知的基础上,对所研究的问题进行的从部分到整体完形化过程,最终形成完整的理论观点或体系。理论研究当然离不开数学方法、力学方法、物理学方法、化学方法、生物学方法等。数学方法即是在撇开研究对象的其他一切特性的情况下,用数学工具对研究对象进行一系列量的处理,从而做出正确的说明和判断,得到以数字、图表形式表述的成果。

7. 掌握数值计算(模拟)的基本理论与基本技能

计算机技术、网络技术及智能化分析是现代科学技术重要的标志性成果。计算机的发展解决了古典理论、经典理论甚至近代科学理论中以非线性问题为主线的很多不可能解决的科学难题,并且随着时代的进步还会突破更多、更加复杂的非线性科学问题的瓶颈。因此在科学研究中,掌握数值计算的基本理论与基本技能是必不可少的。近年来,在相应的科学理论指导下,利用计算机科学与技术为基础的复杂工程大规模数值模拟、数值实验等分析方法越来越得到重视。例如,大型、特大型工程的全过程再现,多方案的比较优化,极端工况条件下全景模拟等已经成为科学家、工程师研究复杂问题的共识。

数值分析当然面临着巨大的挑战与机遇,如非线性问题(复杂结构及其边界、复杂环境作用、复杂本构关系、复杂演化过程等问题)、动态演化问题、多因素相互作用与耦合作用问题、多相共存与转化问题、多尺度问题、随机与模糊等不确定性问题、连续-非连续介质问题、稳定性问题、多刚体-多柔体问题、多种方案比较与优化问题、湍流问题、高温-高速问题、反问题等,只有在掌握数值计算(模拟)的基本理论与基本技能的基础上,这些复杂问题才可能逐渐解决。

8. 具备科学规范的学术表达能力

能否科学、准确、规范地表达研究者研究成果,是研究者科学素养的重要标志之一。科学研究的申请书及科研报告、科研论著等科研成果必须用科学语言来规范地表达,即文字上力戒口语化、文学化、工程化、技术化、政治化,图、表、公式、参考文献均要规范统一。

但凡在科学研究中取得一定成就的科学家,无一不是具有伟大的科学理想,良好的心理状态,浓厚的科研兴趣,宽广的知识结构,良好的科学素养、坚韧不拔的科学精神相结合的综合素质,加上孜孜不倦、勤奋苦干的工作态度而取得成果。具备较好的基本知识与基本能力,使得研究者具有"登泰山而小天下"的宽广视野,才能不断地寻求观念上、知识结构上的突破,超越自我,用超然物外的心境来观察变幻莫测的世界,最终实现科学研究的预期目标。

1.8 如何做好国家自然科学基金项目

摘要:获得国家自然科学基金项目后,应该再次审视自然基金的内涵和要求,同时再次梳理申请书,依照计划实施项目,注意基金的年度报告与成果要求,把握好研究时间节点和经费支出。在做好国家自然科学基金项目过程中,不断发现新问题,为申请下一个国家自然科学基金项目奠定基础。

很多申请者,获得国家自然科学基金项目前,战战兢兢、惶惶不可终日;刚刚获得国家自然科学基金项目时,豪情壮志、信心满满;等到国家自然科学基金项目结题时,草草收兵、遗憾多多。打开计算机,百度几乎搜索不到"如何高质量完成国家自然科学基金项目"的讨论。这说明一方面完成国家自然科学基金项目没有统一的模式,没有固定的格式可言;另一方面是一部分基金项目的申请者、实施者或完成者也没有真正深入思考"如何高质量完成国家自然科学基金项目"这个问题。当然,申请者本应该按照国家自然科学基金项目申请书所预设的目标,具体、深入、创新性地完成研究内容,采用切实可行的技术路线去实施。但对于青年研究人员,事先慎重思考一下"怎样高质量完成国家自然科学基金项目"等问题,不仅有利于基金项目的顺利进行,对提高研究者的学术水平有重要意义,而且对进一步申请下一个国家自然科学基金项目,甚至对如何从事科学研究都有借鉴作用。

1. 再次审视国家自然科学基金项目的内涵和要求

国家自然科学基金项目主要从事基础研究或应用基础研究,基础研究以认识自然现象,探索自然规律,获取新知识、新原理、新方法等为基本使命。获得国家自然科学基金的资助,再次审视项目本身是否在基础研究或应用基础研究中有深入细致的思考,是否对项目的科学概念、科学原理、科学方法等方面的创新性进行思考。项目要聚焦研究目标,以关键科学问题和关键技术问题为主线,深化研究内容,突出研究特色;具体做到研究内容上要精益求精,深入细致,不断深化,突出特色;研究目标要科学明确;研究方法要有所创新、切实可行;研究思路要符合逻辑;研究结果要真实可信。国家自然科学基金项目的灵魂是在科学概念、科学方法、科学原理等方面的创新,或者在研究对象的结构、研究对象的特性及其描述方法、研究对象在环境作用下的演化原理与规律、新的技术与应用等方面创新性的深入研究。

2. 再次梳理申请书

获批国家自然科学基金项目后,要再次梳理申请书,尽快地按照自然科学基金委的要求,并依据申请书函审专家的评审结果和修改建议,找准关键科学问题与关键技术问题,调整、修改、细化研究内容,优化研究方案,并提交计划任务书。需要强调的是,获批的项目要进一步聚焦研究目标,即重点要验证什么假说? 揭示什么新原理? 采用什么实验新方法进行测试以阐释什么新规律? 建立什么模型? 还是采用什么新的数理方法、逻辑方法以获得什么新结果、新规律等。

项目的内容与内容之间、研究人员之间、研究进度之间要协调、统一;项目负责人要依据项目研究内容进一步细化思维导图,搞清楚每个研究者自己的研究内容、在什么时间段与其他研究内容之间、其他研究者之间的衔接、协调与联系;经费细化、任务细化、责任到人。

3. 依据计划实施项目

项目在实施过程中,要依据计划任务书中的研究方案,提早动手。要进一步确认申请书所提出的基本概念或概念组,尤其是学科交叉与融合形成的新概念或概念组。因为这些概念(或概念组)是整个申请书中研究内容、研究思路和研究方案的逻辑起点和逻辑节点,所有的研究内容都不能偏离由这些概念(或概念组)形成的逻辑主线,并因此产生出更多的衍生概念(或概念组)。以这些概念(或概念组)为基础,在进行实验研究、理论研究或模拟研究等研究内容中,要依据逻辑关系,在所研究的科学问题,特别是关键科学问题和关键技术问题,研究目标、研究内容、研究方案以及研究结果、结论等方面一脉相承,前后呼应,并重点突出、有所侧重、深入创新。

由于实验中有很多主观方面或客观方面不确定因素,必要时要实验先行。实验中必须明确实验目的,利用实验原理,对实验设备、实验流程、实验测试方法等进行设计。具体实验中也可以依据实验要求首先进行小试,对实验过程、实验环节中各个设备、流程的协调性进行匹配,检查实验设备的完好程度;确定实验不同环节所需的时间,发现实验过程的技术难点,为合理地安排实验工作提供基础。实验中,研究者要亲自动手,不要放过实验中样本出现的各种细节,特别是不要忽视样本中产生的特殊的实验现象;要认真分析为什么会出现这种现象,这种现象的真相是什么? 是否是假象? 是否是实验出现的新现象? 如果最终确定是新的实验现象,就要深入地分析实验样本发展过程中的科学实质,认真地分析产生这种现象的内因、外因及其相互作用过程的性质,并进一步揭示实验样本发展的因果关系,形成新机理,揭示新规律,进而提出新模型、新理论。实验过程中,必须进行多次重复实验,不断地总结实验结果;因为实验结果往往只是实验过程中观察出来的实验现象,经过归纳、抽象分析总结出实验样本演化过程中内在因素之间稳定的、实质的联系,甚至通过实验结果的归纳总结,建立相应的理论模型,并验证理论模型的正确性。

解析解可反映变量与变量之间的对应关系。因此,如果可能,理论研究中可采用解析或部分解析方法进行分析。特别在某些模型中,部分变量代表原因,另一部分变量代表结果,这种解析解可以展现事物演化过程的因果关系。求解解析解一般非常困难,实际问题中可采用必要的、合理的简化,或采用半解析-半数值方法。

模拟研究主要包括物理模拟与数值模拟。物理模拟中以模型实验为主。模型实验要遵循相似准则,在难以采用原型、不必要采用原型或其他条件不具备采用原型的情况下,模仿实验对象制作模型,或模仿实验的某些条件进行实验。模型实验在演示实验现象的同时,更应揭示实验现象所蕴含的科学实质。数值模拟也叫计算机模拟或数值实验,是对数学模型进行离散化,通过数值计算和图像显示的方法,达到演示事物变化过程与演化规律的目的。数值模拟结果的正确性可采用与解析模型对照分析,或采用逻辑方法进行验证。数值模拟要特别注意非线性数学模型数值解的收敛性。

项目实施过程中,项目组或邀请相关专家定期、不定期地进行研讨、交流。交流内容包括课题进展、近期成果、研究计划与存在问题、解决思路等。同时课题组成员要积极参加、甚至举办学术会议,参与国内外学术交流;并积极发表学术成果,申请专利等。

4. 审视国家自然科学基金项目的年度报告与成果要求

国家自然科学基金项目的学术成果一般包括学术论文、学术著作、专利、获奖、人才培养的学位论文、学术交流(国内外学术会议论文及报告)、设备研制、成果应用等。其中学术论文、学术著作等学术成果必须标注国家自然科学基金获批的批准号。年度报告中,除了需要填报年度学术成果外,还要填写项目的动态调整情况,如研究内容、研究人员、研究经费等。项目在研究过程中,通过参加学术交流、深入调研、阅读文献等,可以不断地深化研究内容。项目结题时,自然科学基金委要对申请者提供的学术成果予以认定,并进行审核评议。

由于发明专利的审查过程较长,故发明专利宜及早申请。国家自然科学基金项目最好与相关的现场项目相结合,使得国家自然科学基金项目注重现场问题的基础研究或应用基础研究,而现场项目注重国家自然科学基金项目研究成果的应用与验证,国家自然科学基金项目与现场实际项目相互支持、相辅相成。

5. 科学研究中发现新问题

国家自然科学基金项目的另一项隐含成果就是在科学研究中不断提高研究队伍科学素养的同时,不断发现新的科学问题,为下次国家自然科学基金申请提供研究基础。在理论研究、实验研究、应用研究或学术交流过程中,往往会发现大量新的科学问题。如果进一步凝练这些科学问题,可作为继续申请国家自然科学基金项目的题目。发现了新的科学问题,就是国家自然科学基金项目申请成功的一半;如果再对该科学问题完成 20% 左右的前期研究工作,说明该项目具备较强的研究基础,在学术上也具备可行性,使得申请者胸有成竹,申请的成功率就会大大增加。如果能够在该研究方向上持续开展研究,形成系列成果,申请者就可能在该研究方向上有所建树。

6. 不断进行交流总结

完成国家自然科学基金项目,要定期、不断地进行各种形式的学术交流合作,总结现场调研、实验研究、理论研究、模拟研究过程中的成功经验,以利再战;也要将研究中的失误、纰漏甚至"失败"进行归纳,分析原因,引以为戒。特别是在从事国家自然科学基金项目过程中,要经常性地结合项目的技术路线训练研究者的系统哲学思维方式和逻辑思维能力,在知识积累的过程中,使得研究者的科研能力、科研水平、科研素质逐步提升。

7. 把握好研究时间节点和经费

不同类型的国家自然科学基金项目有不同的执行时间。基金项目的主持人应在研究时段内,把握实验研究、理论研究及应用研究之间的联系与衔接。把握年度工作进程,合理分配学术研究、阶段总结、论著发表、成果申请的时间。

经费使用须依据计划任务书的预算,遵循真实、合理、合规、相关的原则进行。

中国科学院院士闵乃本教授曾经说过:"科学研究就是不断修正自己的错误。"也就是不断发现问题,不断研究问题,不断深化创新、循环上升的探索过程。因此,研究者可以在研究计划和技术路线的基础上,不断修正自己的研究方案,把握科学研究的基本规律,才可能无限逼近真理。

1.9 给青年教师科学研究工作的建议

摘要:青年教师从事科学研究,要从做人起步;须融入一个研究团队,要有近期切实可行的研究计划、中期规划与长远的学术战略目标;在搜集、凝练科学问题的基础上,掌握基础研究的基本规律;在学术界广交朋友、融入学术"圈子",重视学术朋友的忠告,不断地表达自己的学术思想,发表学术成果;将开阔的学术视野、宽广的知识面与深入的知识点有机结合,进行深入的思考与反思,将科研兴趣与制度政策有机结合,必定会取得成功。

"师者,所以传道受业解惑也。"青年教师要做到传道、授业、解惑,就必须首先寻求并掌握事物发展的逻辑性与规律性,即"寻道",才能"尊道""依道",进而"传道"。"传道"即传播学理道统,宣扬事物发展变化的逻辑与规律。在科学技术迅猛发展的今天,就是要传播新理念、新思想、新技术;必须拥有技能与学"业",才能授"业";必须在面临未知事物之时,灵活地运用自身的知识、技能而无困顿与迷"惑",才能解"惑"。青年教师是高校人才培养、科学研究、服务社会和文化传承等工作的主力军,是学校发展的后备力量和前途希望,因此青年教师要肩负起工作压力与未来发展的历史责任。但青年教师要坚定信心,具有百折不挠的精神,在科学研究方面要先得"道"、有"业"、无"惑",也就是思维不断地"自省",不断地"创新",不断地"突破",不断地"重组",不断地"超越"。科学研究是在完成中、进行中、准备中、构思中的循环往复,不断行进在做大、做强的过程中。青年教师在接受原有知识的基础上,更应该创造知识,具体可以从以下十个方面考虑。

1. 做科研先要做人

做科研先要做人,转换并摆正角色,做快乐科研。科学研究不仅要遵循传统道德,还要符合学术道德;要做高尚的人,要虚怀若谷,要有宽广的胸怀,要有不懈的追求和远大的战略目标。《孙子兵法》中说:"求其上,得其中;求其中,得其下;求其下,必败。"研究者既要志存高远,又要脚踏实地;正所谓"人无魂,则惰;军无魂,则败"。如果有一个远大的目标与坚定的意志,将自己具体的科学研究与这个远大的目标有机结合,那就会克服千难万险,以苦为乐。在科研中学会做人,在科研中学会科研。实干催人进,虚名误人深。提倡勤勉扎实,力戒急功近利。

哈佛大学的教育理念是,一个人的成长不仅仅在于经验和知识,更重要的在于他是否有先进的观念和思维方式。每一个研究者要改变观念,转变思路,定位好教学与研究的角色,要将人才培养、科学研究、服务社会和文化传承等工作有机结合,相辅相成。既要教好书,又要从事科学研究、服务社会与文化传承。青年教师要从博士研究生、硕士研究生等学生身份转换成传授知识、创造知识的新型教学科研、科学管理、服务社会相结合的复合型教师,做到能文能武,理论与实践相统一。同时要端正心态,科研兴趣与科研事业有机结合,勇于创新。

2. 融入一个研究团队

做科研必须要融入一个研究团队,这不仅是为了培养青年教师拥有协作精神,形成一个良好的学术氛围,更是现代科学技术研究的特征所决定的。现代科学技术研究往往需要团队攻坚,在这个团队中,青年教师要探寻一个有前途的科学研究方向。教师特别是青年教师人人要进入学科,人人要加入科研团队,人人要有稳定的科学研究方向,人人要有创新性的科学问题。很多外校来到新单位的青年教师,没有学科方向站队,没有学术归属感,处于学科团队之外的游离和自由状态。进入研究团队后,青年教师要有团队协作精神,要充分利用团队现有的学术积累、学术声誉、学术资源与学术基础,与同事精诚合作,迈开科学研究的第一步,开启研究进程。对于科研团队,合理的人才结构和团体协作不仅具有规模效应,而且还会加快原创的进程。合理的科研团队,是不同学科、不同科学研究方向的交叉与融合;科学研究的方向与选题往往在不同学科、不同科学研究方向的交叉"跨界"

点上。青年教师在这个团队中,要挖掘团队的"潜力",更要挖掘自己的"潜力",做最优秀的自己。选择、确定并深耕适合自己的、有强烈社会需求的、有发展前途的科学研究方向,形成旗帜鲜明的工程技术领域和与之对应的特色突出、优势明显的学术研究方向。要注重创新,特别是原始创新,即基础研究或应用基础研究,只有第一,没有第二,做到独一无二;坚持不懈地把具体科学问题的研究工作做到极致,精益求精,不要被前进道路上各式各样的浮光掠影所迷惑。同时,在这个团队中,教学与科研相结合,理论与应用相结合,工作与育人相结合,教学相长,科技融合,德智兼修。

3. 有近期研究计划、中期规划与远大的学术战略目标

一般来说,研究团队具有明确的科学研究方向与发展战略目标;团队带头人应该是有理想、有责任、有奉献精神的教师担任;青年教师要在团队带头人的指导下,结合自己的研究基础、研究兴趣与研究团队的发展需要,制订与研究团队相适应的近期计划、中期规划及远期发展战略目标,特别是制订详细并切实可行的近期现场调研、阅读资料、文献分析、实验设计、学术交流、撰写论文、专利申请等计划,才能脚踏实地、一步一个脚印地完成既定的任务。

《道德经》中说:"图难于其易,为大于其细。天下难事,必作于易;天下大事,必作于细。是以圣人终不为大,故能成其大。"老子从哲学的高度论述:在容易之时谋求难事,在细微之处成就大事。天下的难事,一定从简易的地方做起;天下的大事,一定从微细的部分开端。因此,有"道"的圣人始终不贪图大贡献,所以才能做成大事。建议研究者要从简单、细小的事情做起,优化安排各种工作任务与生活琐事,保障充足的科学研究时间。能够坐住"冷板凳"者不一定必然成功,但成功者无一不是长时间在"冷板凳"上勤奋的工作者。研究者要先制订一个有限的、可以达到的小目标,完成这个目标后再制订新的小目标,步步为营,循序渐进,一步一个台阶。研究工作任务要具体,内容要深入,成果要创新。每天、隔天、一周、一旬或一月记录科研体会或感悟,可以是日记、双日记、周记、旬记或月记,总结思考的问题、解决的问题、存在的问题、关键问题及解决方法。也就是研究者要建立一个动态问题库,科学研究就是对这个动态的问题库中"添加一批问题,思考一批问题,研讨一批问题,解决一批问题,发表一批成果"循环往复的过程。

4. 搜集、凝练科学问题

只有正确的问题,才可能得到正确的结论。科学始于问题。科学问题是科学研究的核心。选题是成功的一半。要把握选题关,在选题上下足功夫。科学问题是科学研究中主体与客体、已知与未知的矛盾。科学问题一般分为三种基本形式:即是什么(what)的陈述型、怎么样(how)的过程型、为什么(why)的因果型。科学研究的过程,就是对科学问题做出解答的过程。青年教师最困惑的是科学问题从哪里来,如何搜集、凝练科学问题。一般来说科学问题可以通过以下十种方式获得。

(1)在图书馆阅读图书资料、研究报告、互联网等信息源中广泛搜集学术信息,通过查阅最新的国内外文献,特别是在博士学位论文的文献综述或其他综述性文章里,发现新的科学研究方向或研究课题,所谓"杂志缝里找文章"。

(2)通过各种形式的学术交流、学术争论、学术研讨,发现新的研究动向。不同学科、不同科学研究方向的交流、争论、研讨可以相互启发,在交流、争论、研讨中碰撞出火花,即所谓"与君一席话,胜读十年书"。

(3)熟悉工程、技术,了解现场生产实际、企业运营机制和存在的工程问题。在干中学、学中思、思中升、升中用、用中融、融中新,也就是实践、认识、创造、再实践、再认识、再创造,凝练生产实际中具有共同本质的科学问题,不断拓宽认识的范围,深化思考的内涵,提高认识的水平,由感性认识上升到理性认识,循环往复,螺旋式上升,波浪式前进,无限逼近真理。从生产实际或现实背景中发现新的自然现象,寻求相应的自然规律,提升并凝练科学问题。

(4)研究国家科学重大发展战略,与国家科技发展规划协同一致,将国际学术界研究前沿、研究热点结合中国现实问题进行研究。

(5)了解国内外的学术发展动态,对于国内外研究刚刚起步的研究问题扩展研究领域与研究方向,与时代同行。

（6）了解国际上公认的、有挑战性的学术问题等，通过多渠道搜集、凝练科学问题，采用新理论、新实验、新设备、新方法进行深入探讨。

（7）在理论研究和实验研究过程中，又发现新问题、新现象，需要凝练出新的科学问题，再进行深入细致的研究工作。

（8）从国际性前沿研究与中国现实问题相结合或者对于国际上研究刚刚起步的主题，进行深入、扩展研究。

（9）在不同学科边缘、交叉学科及学科融合中寻求特殊结构、极端环境下的特殊科学问题。

（10）利用现有的科学原理，寻找科学原理的指导下的科学问题，并进行相应的科学研究。

对于从事基础科学研究的年轻学者，要以科学问题中的关键学术问题为主线，在科学概念、科学原理、科学方法上进行创新性地深入研究；对于从事应用基础科学研究的年轻学者，要深入现场一线，掌握工程实际问题的本质内涵，以特定的土木工程、机械工程、电气工程、材料工程甚至管理工程等为背景，凝练出科学问题，在创新深入研究的基础上，最终将所发现的科学原理、科学方法应用到工程实际问题中。

5. 掌握基础研究的基本规律

基础研究或应用基础研究首先要掌握所从事学科的根本内涵和基本规律，透过现象看本质；同时要拥有系统哲学思维，即把认识对象作为系统，从系统和要素、要素和要素、系统和环境的相互联系、相互作用及其演化过程中综合地考察、认识系统的特性。教师特别是青年教师应积极寻求基础研究、应用基础研究及工程应用研究的规律性。要有理论的抽象思维方式，遵循事物发展的基本规律，这个规律就是事物发生、发展的根本"大道"，而这些根本"大道"其实是一些总体原则和逻辑，"大道至简"。爱因斯坦曾说："理论的真理在你的心智中，不在你的眼睛里。"也就是将具体的社会现象、自然现象和思维现象，如工程（或科学、技术、经济、管理、思维等）问题抽象成为学术问题，即通过观察社会现象、自然现象和思维现象，将具体的社会现象、自然现象及思维现象依据相应问题的实质凝练成为学术问题，进而提出科学假设,并模型化;利用实践、实验(或实测)或逻辑方法等进行验证、检验、修正,最终进行结果分析和总结,寻求事物发展的基本规律并归纳为科学理论。基础研究、应用基础研究往往是以学术背景为基础,抽象出科学问题;以该科学问题中的科学概念为逻辑起点与逻辑节点,深入研究事物发展演化的来龙去脉、前因后果;要知其然,更要知其所以然,并在逻辑关系上要互恰。用哲学的语言来说明就是实践、认识,再实践、再认识,直至无穷。因此青年教师必须处理好实践与理论的关系,即在实践中凝练、修正与检验理论,用理论设计、指导与预测实践,理论与实践二者相辅相成、不可偏废。

在解决具体学术问题时,要不断地总结具体问题的具体解决思路与方法。有传统常用的方法,也有特殊结构、特殊环境引发的特殊问题而采用的特殊方法。要不断总结这些方法的规律性,便于在解决其他类似问题时借鉴。

6. 广交学术朋友

青年教师要广交学术朋友、融入学术"圈子"。国家自然科学基金项目申请书一般要具备三点,即点子、本子、面子。有好的选题(点子),写好申请书(本子),还要得到学术界的认可(面子)。面子就是在学术界的地位和影响力。学术界当然首先包括自己的研究团队,其次是本学科领域的国内外相关专家、学者和从事现场实际的工程师等。青年教师要想踏入学术界并广交学术朋友,就必须注重本单位、国内外学术交流,拓宽学术思路;部分教师特别是青年教师具有国际视野,包括到相关的学术机构任职,参加本单位及国内外学术会议,到国内外科研院(所)访问、进修,向科研院所相关专家请教、咨询,深入一线现场实践、调研,与相关专家、学者研讨确定科学研究方向,精心选择科研课题。要在自己的研究领域中,在实践中了解现场,知道现场的实际存在的问题;了解国内、外研究机构和研究进展,与相应的研究人员沟通联系。特别鼓励青年教师,要花5～10年功夫,在学术界广交朋友,形成并融入学术"圈子",并在学术"圈子"中发挥积极作用。

当然,很多专家、学者很"苛刻",在科学研究的研讨中不留情面,往往能一针见血地指出青年教师的问题所在。青年教师不要过分碍于"面子",以免错过与相关专家交流、学习的机会。青年教师要先"聆听",再"思考",后"发言";重视与学术朋友的学术争论与研讨,倾听他们的忠告,虚心接受相关专家、学者的批评、建议,修正已被证明的差错。

7. 不断地表达自己的学术思想并发表学术成果

学术思想与成果表达包括口头表达、图表表达、文字表达等,在表达学术思想的过程中训练自己的系统哲学思维与逻辑关系。青年教师可以从模仿开始,在模仿中突破,在突破中创新,在创新中发展。文字表达就要求青年教师利用科学语言,不断地总结并撰写、发表研究成果,写好申请本子(申请书),反复修改,要记住"好的论文、好的申请书是改出来的"。科研报告与论文、专著既是科研成果的标志,又是科技信息传递、存储的良好载体,同时也是推进科技发展的重要手段。科研成果要用科技论文、专著、科研报告来表述与传播,因此青年教师要在确定的科学研究方向上勤写、多写科研报告与学术论文、专著。学术论文、专著的完成过程通常是出版第一篇,修改第二篇,撰写第三篇,构思另一篇的循环过程。如果不积极、主动地动笔撰写申请书、科研报告及科研论文、专著,很难以成为真正的学者。

基础科学研究、应用基础研究与开发研究等不同研究项目的申请书,各有特色,但必须深刻理解申请书的各个部分的内涵与基本要求,要以所研究的问题为主线,抓住关键科学问题或关键技术问题,书写思路符合逻辑、格式规范、内容可读创新。可以模仿其他申请成功的申请书的写作方法,认真完成一个申请书的撰写。但应在模仿中创新,在创新中发展。国家自然科学基金项目的申请过程,就是申请者从事科学研究、特别是从事基础理论或应用基础理论研究最重要的前期工作,是科学研究的主要环节。选题、申请过程是将前期文献整理、问题思考、问题提出以及达到最终解决问题再创造的必然过程。基础科学研究项目申请书中的科学问题、各个部分之间及每一部分内部均要相互联系,遵循一定的基本规律,即申请书要符合逻辑,形成一个有机的整体。

8. 开阔的学术视野、宽广的知识面与深入的知识点相结合

科学研究的根源是社会实践,而社会实践本身是一个综合性问题。因此,研究者要搞清楚工程背景(科学背景、技术背景、社会背景、管理背景、经济背景、环境背景等)问题与相应的学术问题之间的纵向发展趋势与横向拓延关系;将拥有与之相关的宽广的知识面与深入的知识点相结合。

研究者要具备开阔的学术视野、宽广的知识面与深入的知识点,并要熟练掌握必要的科学研究方法。要具备这些学术能力,就要考虑一些新奇"无用"的问题,多读很多看来"无用"的杂志、书籍、研究报告等文献,要积极地参加看来"无用"的学术活动,要经常深入现场进行"无用"的考察、调研甚至直接操作,要时常与不同甚至不相干学科"无用"的朋友聊一些看来"无用"的话题,听一些"无用"的讲座、有声小说甚至其他音频,写一些看来"无用"的文章,发表一些似乎"无用"的意见,正所谓"百姓日用而不知",哲理在生活中可以处处体现。正是这些看似"无用"的、"浪费"时间的工作很可能会有"大用",也就是"功夫在诗外","无用"之"大用"。这些"无用"的知识、方法,恰恰拓宽人们是视野,不同类型的知识点累积而形成宽广的知识面,奠定了进一步创新的基础,特别是原始性创新是探索性的,无固定程序可循。因此,需要多种学科、多种方法的相互渗透、交叉融合,不同类别的学术思想、学术观点和学术方法相互借鉴、相互撞击、相互启发,才能举一反三、触类旁通,迸发出创新的火花。在特殊结构、极端环境下形成独特的科学问题。这样的例子很多,如一朋友喜欢做菜,他认为做菜与做实验有异曲同工之处,做菜方法对实验方法有很大的启示。又如著名数学家陈景润的成才,起源于中学时数学老师沈元(1916~2004,原北京航空学院院长、中国科学院院士)生动幽默的数学与数学家故事的讲座。

9. 抓主要矛盾,学会深入思考与反思

牛津大学非常注重学术思想,老师们常常挂在嘴边的一句话是"What do you think?"因此,科学研究要学会思考。要想成为科学家、教育家或者任何一个领域的专家,首先要成为思想家。孔子说:"学而不思则罔,思而不

学则殆"，而这种思考必须符合系统哲学的基本原理，研究系统中系统和要素、要素和要素、系统和环境的相互联系、相互作用；要遵循辩证思维、逻辑思维等科学思维方法，并且在科学研究中要抓住创新这个灵魂，从已经确定的科学研究方向开始，要有好的研究项目，采用适当的研究方法，才有可能完成创新研究成果。

不同学科的研究者时时刻刻都在思考所研究领域的学术问题，工学学科学者包括工程、技术等学科背景，管理学科学者包括经济、管理等学科背景及对应的科学问题，特别是关键学术问题。研究者在思考的基础上阐明学习与思考的辩证关系，即要求学习与思考相结合，学习与研究相统一，学习、思考、研究与应用相辅相成、相互促进。思考的过程，可以从其他专家获取某些灵感，可以深化问题的实质，可以将不同的学术思想、学术观点融会贯通，是一个"熟化"的过程，形成学术上的"化合物"，而非"混合物"，可以找到解决问题的办法等。思考的过程，就是一个不断积累、消化、升华的过程，一般经过开悟、感悟、领悟的思变过程，有时百思不解、疑云重重，有时恍然大悟、茅塞顿开；从渐悟的量变阶段达到顿悟的质变状态，最终处于觉悟后的自由王国的思想境界。经常有这样一种情况，起初有一个非常"得意"的想法，但将这个"得意"想法撰写成申请书时，就发现并不是那么胸有成竹、得心应手，而是有更多的细节需要深入思考。因此，作为一个有崇高理想的研究者，要想最终成长为教育家、科学家，就首先要成长为思想家。在思考中深入，在深入中创新，在创新中发展。

科学研究中，要不断地反思自己的信念，反思自己的研究方法，反思自己的科学研究方向，反思自己的研究内容，反思自己的学术环境等。中国科学院院士闵乃本曾经说："科学研究就是不断修正自己的错误"，其内涵就是在从事科学研究的过程中，不断地改进，不断地接近真理。在总结科学家成功经验的基础上，寻求成功的途径。但是由于现有的知识与环境等条件所限，青年研究者经常会遇到挫折，"失败"是科学研究不可避免的人生经历，因此更要深刻地反思"失败者"教训。"失败"的内因是什么？"失败"的外因是什么？为什么研究者在特定的时间段内会"失败"？为什么科学家反败为胜？特别是要思考研究者为什么由胜转败。从"失败"中总结前人失败的经验教训,可避免重犯错误,普及活用失败知识,少走弯路,为我所用。

失败就是做了而没有成功,也就是人们参与了一个行动后出现了不希望见到的结果,或者没有达到预期的目标。研究者要从失败中学习,研究如何与失败相处,寻找自己的成功之路,并不是简单地在失败中保持平和的心态,而是思考避免错误,争取成功。一定意义上说失败乃成功之母。

从更长的时间历程、更大的空间范围来看,作为有理想的研究者,如果能够研究、思考本学科、相关学科、甚至整个人类科学发展史的脉络,就会获得更加长远的战略、更加宽广的胸怀、更加开阔的视野。科学发展有其必然的规律性,而众多科学发现都是在偶然事件中得到的。在所处的学科中,同行们在研究什么? 这些研究的地位、作用、效果是什么? 该学科下一步发展的趋势是什么? 这种发展趋势的影响又是什么? 这些问题的思考在更长时间、更大空间范围对研究者,特别是有志于做出重大科研成果的研究者来说,更具有重大意义。

10. 科学研究的内在动力与外在动力相结合

好奇心与浓厚的科研兴趣是科学研究中创新活动最大的内在动力和可持续创新力。好奇心与浓厚的科研兴趣可能带来不同层次的研究成果、荣誉、利益与精神安慰,大大小小的成功是对好奇心与浓厚的科研兴趣的回馈,会进一步激发研究者更大的科研兴趣与好奇心。研究者要激发、保持科研兴趣与好奇心这种内动力,增加科学研究,特别是申请项目、发表研究成果的积极性。从另一个角度考虑,研究单位(学校)要制定相应的管理制度,设立培育基金并经过严格地辅导、培育;同时引入激励机制,制定相应的政策,加大奖惩力度,使得研究者的科学研究由单位对科研成果需求、市场需求逐渐向研究者的兴趣需求,直至向自觉行动过度。

喜欢听相声并不等于会说相声;喜欢观看体育运动节目并不等于自己是高水平的运动员。对于青年教师从事科学研究来说,行动才是硬道理。

中国科学院院士裘法祖曾经说过:"做人要知足,做事要知不足,做学问要不知足。"这就是做人、做事与做学问之间关系的总结。

1.10 国家自然科学基金资助对学科建设的推动作用

摘要: 辽宁工程技术大学力学学科结合矿山开发中的围岩变形、破坏、失稳及流体的流动现象,形成了矿山环境与灾害力学这个特色研究领域。回顾国家自然科学基金项目资助与力学学科发展过程,国家自然科学基金项目为选取学科发展提供了方向,为开拓新的研究方向提供了研究基础;为稳定、壮大研究队伍和人才的培养提供了研究课题和经费;为矿山工程的应用提供了理论指导;促进了科研条件的改善;为教学提供了案例;为相关学科共同发展提供了支撑;为进行国内、外学术交流提供了媒介。国家自然科学基金项目资助对学科建设、发展壮大起到关键的推动作用,学科的发展又反过来促进科学研究的拓展与深化。国家自然科学基金资助与高校学科建设相互支持,协调发展。[10]

国家自然科学基金用于资助基础研究和应用基础研究,遵循"依靠专家、发扬民主、择优支持、公正合理"的评审原则,实行"科学民主、平等竞争、鼓励创新"的运行机制,充分发挥国家自然科学基金对我国基础研究的"导向、稳定、激励"的功能。国家自然科学基金明确了"筑探索之渊、浚创新之源、延交叉之远、遂人才之愿"的战略使命,强调更加聚焦基础、前沿、人才,更加注重创新团队和学科交叉,全面培育源头创新能力。

国家自然科学基金坚持支持基础研究和应用基础研究,逐渐形成和发展了包括探索、人才、工具、融合四大系列组成的资助格局。探索系列主要包括面上项目、重点项目、应急管理项目等;人才系列主要包括青年科学基金、地区科学基金、优秀青年科学基金、国家杰出青年科学基金、创新研究群体、海外及港澳优秀学者项目、外国青年学者研究基金等;工具系列主要包括国家重大科研仪器研制项目、相关基础数据与共享资源平台建设等;融合系列主要包括重大项目、重大研究计划、联合基金项目、国际合作项目、科学中心项目等。着眼国家创新驱动发展战略全局,自然科学基金委统筹实施各类项目资助计划,不断增强资助计划的系统性和协同性,努力提升资助管理效能。随着国家财政对基础研究的投入不断增长,国家自然科学基金项目资助强度稳步提高,推动我国基础研究创新环境不断优化。

学科建设实质上是对学科发展进行能动性的、有意识的管理。学科管理的关键环节是学科战略管理,即对学科构建及宏观定向的把握,对学科的全面性筹划、全方位决策和根本性指导。学科战略既包括学校(或研究单位)学科发展的总体战略,又包括具体学科的个体发展战略。但无论是哪一层次,学科战略都必须科学地预测学科的发展趋势,进而准确地进行目标定位,并通过中长期规划明确每一发展阶段的具体建设目标和相应的制度安排、资源配置。

学科建设是一个系统工程,涉及教学、科研、社会服务、高层次学位管理、人事管理、设备条件管理、图书资料建设、交流合作等众多方面和环节,涉及大学(或研究单位)管理的各个层次,而各个有关部门和环节又是相对独立的,因而学科建设中的协调工作是不可或缺的。学科建设的关键是提高学科的整体学术水平。而学科建设与国家自然科学基金项目的互馈关系是必须明确的问题,也就是明确国家自然科学基金项目与学科发展方向、科学研究、研究队伍和人才培养、条件环境建设、交流合作等学科建设的主要内容的相互关系。

下面以辽宁工程技术大学力学学科建设为例,说明国家自然科学基金资助对学科建设的推动作用。辽宁工程技术大学是以地矿学科为特色的高等学校。力学学科与地矿类学科的有机结合形成了"矿山环境与灾害力学"这个边缘、交叉的研究领域。国家自然科学基金项目的资助,对力学与地矿类学科建设起到积极的推动作用;而力学学科建设的过程,又促进了国家自然科学基金项目的申请、实施与完成。国家自然科学基金项目的资助与学科建设相互支持、相辅相成。

1. 国家自然科学基金项目为选取学科发展提供了方向,为开拓新的研究方向提供了研究基础

矿业的开发是国民经济发展的基础和先导。但在矿业在发展的过程中,当资源摄取的强度超过地质环境的容量时,地质环境的自然平衡就会被打破,甚至产生对城市建设有显著作用的环境突变。一般来说,矿井在生产过程中相应灾害治理的速度,远小于开采损毁的速度,人类工程活动对环境的控制超过了环境的自然恢复能力。开采伴随地层结构的严重弱化,外界环境作用复杂,灾害频繁发生。地面和地下开采会诱发地下、地面、大气、水环境以及生态环境的严重灾害,其影响面远远超过矿区存在的时间和空间范围。而这些灾害发生的机理本质上均是煤(岩)体在矿山环境(外力、瓦斯、水、温度、化学等因素变化)作用下孕育、发生、发展、爆发及中止的演化过程,学术界一直没有明确定论,是难以解决的重大课题,直接影响了对矿山环境灾害的治理。

力学是研究物质机械运动规律和应用的科学。而自然界中,机械运动是最基础、最简单的运动形式,无时无处不在。因此,力学学科与地矿类学科的有机结合就为广大力学工作者提供了一个极其广阔的研究领域。矿山环境与灾害问题实质上是采矿过程中围岩与外界因素相互作用、相互影响的演化过程,当然力学运动是不可忽视的主要运动形式,贯穿始终。因此矿山环境与灾害的发生过程体现了力学认识世界运动规律理论的基础性、抽象性和科学性,同时体现了力学在各个学科领域应用的广泛性。

因此,对于原来是以地矿类专业为主的大学,如何将力学与地矿类专业有机结合,从力学的角度研究采矿诱发环境灾害,是一个崭新而重要的研究领域。1987年,我国著名岩石力学专家、辽宁工程技术大学力学学科创始人章梦涛教授在多年研究煤矿冲击地压发生过程的基础上,首先申请了国家自然科学基金面上项目"冲击地压的失稳理论";1989年,在充分研究煤体应力和瓦斯联合作用,并与冲击地压发生过程进行比较后,申请到了项目"煤和瓦斯突出与冲击地压统一理论的研究",为辽宁工程技术大学从事矿山环境与灾害力学这一特色研究领域进行了开创性的基础工作,形成力学特色学科的雏形;1992年,又申请到项目"煤和瓦斯突出的工程分析和控制"，进一步巩固了这一研究方向。从此，辽宁工程技术大学力学学科抓住国家自然科学基金连续资助的机遇，集聚人力、物力、财力等研究资源，科学定位学科发展方向，初步确定"矿山环境与灾害力学"这一特色领域，直至现在，以往申请的国家自然科学基金项目仍然作为重要的研究领域，依旧是国内外的研究热点，足见当时学科定位的前瞻性。

从开始的岩石固体结构受外力作用的稳定性问题，到有瓦斯气体参与的耦合作用的岩石结构稳定性问题的研究，须对原来的研究领域进行扩展，到1995年，进一步考虑岩石固体结构、瓦斯气体和水耦合作用的固-流耦合作用问题（煤成气矿藏开采中水-煤成气两相流体渗流理论的研究，1995）及有化学作用参与的力学问题（煤地下气化化学流体动力学通道模型的研究，1998），体现了力学学科在基础理论和应用基础理论方面研究的优势。在随后的研究工作中，研究领域不断扩展，从采矿诱发地下环境灾害，又扩展到地面环境（复杂环境作用下大面积采动地层演化规律研究，2003；与环境协调的煤炭资源开采关键科学问题研究，2004）、大气环境（与环境协调的煤炭资源开采关键科学问题研究，2004）和水环境灾害（煤矸石对土壤-水系统污染的环境动力学行为研究，2003；与环境协调的煤炭资源开采关键科学问题研究，2004）问题；研究手段从以基础理论研究为主，扩展到实验与理论相结合（大型煤（岩）样复杂受力破坏过程的红外信息研究，1999；煤层气赋存和运移的核磁共振成像实验研究，2003），直至工程应用。研究领域进一步扩大，内涵进一步深化。

2. 国家自然科学基金项目为稳定、壮大研究队伍和人才的培养提供了研究课题和经费

1）学科带头人的识别和培养

学科带头人在学科建设及其优势积累中起着举足轻重的作用。一个优秀的学科带头人可以带动一个学科甚至一个学科群的崛起。学科带头人是教学科研的帅才，称职的学术带头人一方面必须是科学家，另一方面必须是社会活动家，是教育家。这样的人才应具有战略眼光，能够指明学科发展的方向，确定每一步发展的目标，并能够充分调动一切可能的资源条件，实现每一阶段的目标，推动学科的持续进步。因此学科带头人应该具有宽广的胸怀,知人善任,善于奖掖人才,能够使学科梯队中的每一个成员最大限度地发挥才能。因而,学科带头人的识别,不仅要观察其学术才能和学术水平,还要观察其学术道德、个人品质,尤其是学术组织和领导能力。学科带头人的培养,必须加强对学术组织和领导能力的培养。因此,在多年的学科发展中形成了以中年教授为学科的领头人,完成了新老交替。

2)学科梯队建设

保持学科队伍的相对稳定性以及梯队结构(包括年龄结构、智力结构、知识结构、职称结构、能力结构等)的不断优化是学科优势积累的基础。学科梯队一旦建立起来,必须保持相对的稳定性。因而,辽宁工程技术大学加强了对学科梯队的监控和评估,一旦出现某一方面的问题,采取有效措施(如人才引进等)予以弥补,形成了老、中、青结合、不同专业协同,理论、实验、现场互补的学术队伍。

国家自然科学基金项目的申请,要经过严格的审批程序,被批准的项目在一定的范围内得到专家的认可,在增加了申请者完成项目信心的同时,也为研究提供了必要的经费。以矿山环境与灾害力学领域为例,国家自然科学基金项目更主要的是为有志研究采矿诱发环境灾害的年轻人提供基地和舞台,稳定、发展和壮大学术队伍。同时,将国家自然科学基金项目的研究内容进一步分解,从采矿诱发环境灾害的孕育、潜伏、爆发、持续、衰减及中止等演化过程和控制因素,确定灾害发生的条件和判据,结合数学描述,实验揭示、验证灾害发生现象,阐明灾害发生机理,总结灾害发生的规律,进而进行预测、预报与工程控制。

3)人才培养

在国家自然科学基金项目研究的过程中锻炼、培养学术研究队伍,形成以老、中、青相结合,以中青年带头人为主的稳定的研究群体。起初,辽宁工程技术大学以国家自然科学基金项目为课题,与东北大学、清华大学等高校联合培养博士研究生。国家自然科学基金项目的研究迫使研究者必须掌握扎实的基础理论和创新思维,不断地发现新的科学问题,想方设法去解决新问题。研究队伍中,不断有新的研究人员进行了该领域研究,并有人获得国家自然科学基金的重大、重点项目资助。

在本科生教学过程中:①以基金项目为案例,定期为本科生开展专题和科学方法论讲座;②学生参加大学生创新创业提供的方向、课题,为学生早进课题、早进实验室提供了机会;③选取适当的题目作为学生的毕业论文,如软件开发、数值模拟、评估评价、预测预报、实验测试等。

30多年来,辽宁工程技术大学力学学科的教师从煤(岩)体稳定性的角度建立的冲击地压的失稳理论、煤和瓦斯突出与冲击地压统一失稳理论在学术界得到广泛认可。在此基础上,以后又相继建立了固流耦合理论、岩石变形破坏的局部化理论、岩石力学系统运动稳定性理论等。在科学出版社、地质出版社等出版了著作《煤岩流体力学》《岩石力学系统运动稳定性理论及其应用》《煤和瓦斯突出固流耦合失稳理论》《资源枯竭城市灾害形成机理与控制战略研讨》《煤矿冲击地压》等,完成大批高水平论文。

3. 国家自然科学基金项目成果为工程应用提供了理论指导

工程实践是国家自然科学基金项目的主要来源之一,但是国家自然科学基金项目源于工程实践,高于工程实践,又应用于工程实践。辽宁工程技术大学在受资助的矿山环境灾害项目方面的研究,提出了矿山环境灾害发生和防治新理论、新思路,揭示了防灾减灾的科学原理,并以建立的新理论为基础,指导煤矿冲击地压、瓦斯突出、采矿地面沉陷、滑坡、水污染等矿山环境灾害的防治。曾在抚顺、阜新、唐山、京西、大同、华丰等矿区进行冲击地压预测、预报、防治工作。如提出了"卸压洞"法防治冲击地压等。在平顶山、淮南等矿区防治瓦斯突出。在阜新等矿区防治地面沉陷、滑坡和水污染治理等,在伊敏、平朔安太堡等露天矿防治露天矿边帮滑坡,取得了良好的效果。进而说明了工程实践是力学学科发展的源泉,力学理论则是工程应用的基础。

4. 国家自然科学基金项目促进了科研条件的改善,为教学提供了案例

科研条件是进行高水平、高质量和高效率科研的基础。国家自然科学基金资助项目与实验室建设、网络建设、图书资料积累、软件的使用和开发等方面相互促进。辽宁工程技术大学在实验室建设中,依据学科发展趋势

和国家自然科学基金项目要求,除了购买大量先进专用设备(如红外热像仪、水射流实验台等),还设计、改进、开发了刚性实验机与岩石失稳实验、煤体瓦斯与水的饱和度实验、岩石蠕变失稳测试仪、瓦斯赋存和运移核磁共振测试仪等,开发了实验设备的新用途,发现了大量的新现象,验证了理论假说,并积累了大量的本领域的图书资料和软件。

同时,在教学的过程中,以国家自然科学基金项目为案例,定期为研究生、本科生开展专题和科学方法论讲座。在掌握力学知识的前提下,提高学生的科研兴趣,增加学生的见识,拓宽学生的视野。并选取适当的题目作为博士生、硕士生及本科生的毕业论文。完成国家自然科学基金项目和教学任务及科研条件建设协调进行、相互促进,形成良性循环。

5. 国家自然科学基金项目为相关学科共同发展提供了支撑

矿山环境灾害研究的对象是煤、岩及其中含有的水、气等天然介质,煤、岩结构复杂;同时,外界作用环境恶劣,如外力、温度变化、降雨、开挖、回填等。环境灾害的发生是煤、岩结构在外界环境作用下孕育、潜伏、爆发、持续、衰减、中止等复杂的非线性演化过程,如何描述、判断、求解、实验验证、预测、预报、评价、治理和控制等,单靠一两个学科不可能完成。但这也为多学科交叉、融合及渗透提供了一个良好的合作机会,也为理论、实验及现场测试相结合的研究方法提供了课题。因此,辽宁工程技术大学力学学科的发展以矿山环境灾害力学研究为主线,不可能离开与采矿学、地质学、数学、计算机科学等学科的广泛合作,也体现了力学学科与其他学科的交融关系。近年来,非线性系统科学的理论和应用为解决矿山环境灾害问题提供了新的方法和思路,从更广泛的角度统筹考虑灾害的演化过程和控制因素,阐明灾害发生的来龙去脉和前因后果。在合作工程中,各学科充分发挥各自的优势,互惠互利,共同发展,形成地矿类学科群。辽宁工程技术大学建立的冲击地压失稳理论、煤和瓦斯突出与冲击地压统一失稳理论、固流耦合理论、岩石变形破坏的局部化理论、岩石力学系统运动稳定性理论等,不仅丰富了传统的岩石力学和矿山压力理论,也为发展相关学科提供了新的研究课题和学术支撑。

6. 国家自然科学基金项目为国内外学术交流合作提供了媒介

"人口、资源、环境"是全球发展所面临的三大问题,国家自然科学基金注重学科发展前沿与国家科学研究战略相结合。对于矿山环境灾害问题的基础理论研究,理应瞄准国际发展前沿,在国家急需和战略发展需要的领域取得一批高水平的科研成果。因此,在学术交流合作方面,通过研究组、学院和校内的研讨,通过国内、外的专家互访,并通过参加学术会议、网络传媒等进行国内和国际学术交流合作,使辽宁工程技术大学的专家与国内、国际上知名的科学家和研究机构之间进行了广泛的交流和合作。辽宁工程技术大学的专家曾申请到多项国际合作与交流项目,就煤成气矿藏开采中水-煤成气两相流体渗流理论、大型煤(岩)样复杂受力破坏过程的红外信息测试、煤矸石对土壤-水系统污染的环境动力学行为研究等项目分别与俄罗斯莫斯科国立矿业大学、日本秋田大学、加拿大多伦多大学、英国牛津大学及南非比勒陀利亚大学专家进行交流合作;并参加在日本、俄罗斯、韩国等国家召开的国际会议。同时与国内的清华大学、东北大学、北京科技大学、中国矿业大学、山东科技大学、太原理工大学、西安科技大学、青岛理工大学、成都理工大学、中国科学院武汉岩土力学研究所、煤炭科学技术研究院有限公司及研究分院等单位的专家进行交流合作,有八位教授曾经或正在中国岩石力学与工程学会、辽宁省力学学会、中国煤炭学会等学术组织中担任学术职务。在积极参加国内会议进行学术交流的同时,辽宁工程技术大学还主办、承办了全国青年采矿科学大会、全国岩石动力学学术会议及国家自然科学基金战略研讨会等,扩大了辽宁工程技术大学和辽宁工程技术大学力学学科的影响。

回顾国家自然科学基金资助与辽宁工程技术大学力学学科发展历程,特别是在原来力学学科人才匮乏、研究方向不明确、科研条件极差的状况下,国家自然科学基金的资助对学科建设的起步、发展壮大起到扶植和推动的重要作用,使学科特色逐渐突出,优势日见明显。

第 2 章　关于科学研究的选题

2.1 工程与技术需求是科学研究的动力源泉

摘要:工程与技术的重大需求是科学研究的动力源泉,因此研究者在科学研究过程中须掌握工程与技术自身拥有的系统与演化特性,了解工程与技术中涌现的现象与本质、原因与结果的对应关系,注重工程与技术中涌现问题的特殊性,寻求工程与技术问题的演化规律。[11]

科学研究的选题有不同的来源,但主要来自三个方面:一是国家的战略需求,二是学术界的研究热点与学术前沿问题,三是工程、技术特别是重大工程、技术需求。国家的战略需求是依据国家发展战略规划要求而确定的研究项目,完成国家的战略需求可以带动大批相关工程与技术、科学与社会的巨大进步和发展;学术界的研究热点和学术前沿是学术界共同感兴趣、共同关注而需要研究解决的学术问题,为研究者提供了一个百家争鸣、良性发展的学术平台。

工程与技术是人类利用自然,有目的、有组织地改造客观世界的实践活动。工程、技术种类繁多,就针对某一具体的工程、技术,当然会拥有自然科学、社会科学及思维科学等众多学科交叉融合形成的复杂问题,而这些工程、技术中的认识对象是由实践的需要来确定的;同时人们的认识是在工程、技术变革对象的实践中发生的。工程、技术中的一切真知都来源于社会与生产实践,实践是一切科学知识的源泉。工程、技术中的实践不断给人们提出新的认识课题,而针对这些课题人们能通过新的实践去发展、认识,并不断给人们提供新的认识工具,是科学研究工作者探求学术问题的动力。工程与技术的重大需求是科学研究的动力源泉,具体可从以下五个方面考虑。

1. 工程与技术的重大需求是人们科学研究的动力源泉

工程与技术是人们改造客观自然界的活动,是为了人类的生存和社会的需要,所以就要运用工程技术的研究手段和方法,按照人们的用途,去选择、强化和维持客观物质的运动为人类造福,并要限制、排除那些不利于人类和社会需要的可能性。工程活动是人类生存和发展的基础,是人类最基本的活动形式之一,是创造能够满足人类所需要的物质基础并提升精神需求的实践活动。工程是利用自然界的物质和能源的特性,通过各种结构、机器、产品等系统和过程以最短的时间和精而少的人力做出高效、可靠且对人类有用的产品,如采矿工程、冶金工程、电力工程、材料工程、水利工程、建筑工程、运输过程、石油工程等。近几十年来,随着科学与技术的综合发展,工程与技术的概念、手段和方法已渗透到现代科学技术和社会生活的各个方面,从而出现了生物遗传工程、医学工程、教育工程、管理工程、军事工程、系统工程等工程领域。

技术是人类为了满足自身的需求和愿望,遵循自然规律,在长期利用和改造自然的过程中,积累起来的知识、经验、技巧和手段,是人类利用自然、改造自然的方法、技能和手段的总和。重大工程与技术的需求,实质上就是人为地、积极主动地遵循自然规律,发挥人类的智慧去利用和改造客观世界。对于研究者,利用和改造世界首先要认识世界;认识世界、掌握自然规律后反过来指导、预测客观世界的发展。

人类在从事工程、技术活动实践的过程中,本身就会衍生或引发大量需要解决的各式各样问题,其中就包括科学、技术难题。对于这些科学、技术难题,研究者在主、客观因素允许的范围内,充分发挥主观能动性,遵循人类认识事物的基本规律,即实践、认识、再实践、再认识这一认识过程,从简单到复杂、从低水平向高水平、从低层次向高层次、从小规模向大规模逐渐地去解决。科学研究始于对工程与技术本身的实践,始于对工程与技术问题的发现,始于对工程与技术现象奥妙的探索。工程与技术本身往往呈现出各式各样、五花八门的表象,研究者首先对工程与技术本身的各种现象分门别类,对某一类外部联系的现象产生感性认识,经过思考、分析与综合、加工升华后,使感性认识上升到对事物本质的理性认识,并能透过现象抓住事物的本质和规律。真理是人们对事物本质及其发展规律的正确认识。由于工程与技术现象的复杂性和认识水平的局限性,往往经过实践、认识、再实践、再认识几个循环才能够逼近真理,也就是认识具有反复性、无限性和上升性,要经过螺旋式上升或波浪式前进。同时,从工程与技术实践活动的认识特征来看,工程与技术的实践活动不仅是正确认识的来源和发展动力,同时是认识正确与否的检验标准,对认识起着决定性决定作用;反过来正确的认识对工程与技术的实践活动具有反作用。正确的认识可以指导、预测工程与技术发展,使得工程与技术获得水平提高、层次提升、规模增大,即在工程与技术实践—认识反复促进过程中,不断无限地逼近事物的本质,揭示事物发展的基本规律,利用和改造客观世界,回归到工程与技术本身。

2. 掌握工程与技术自身拥有的系统与演化特性

一个具体的工程或技术自身就是一个系统,也就是说工程本身可由若干个分项工程组成工程系统;技术本身也可由若干个分项技术项目组成技术系统。工程或技术自身具有系统的结构形式与功能特性。对工程系统或技术系统的认识过程就是解决矛盾的过程。矛盾是事物发展的动力,矛盾着的对立面又统一、又斗争,推动了事物的运动、变化和发展。在具体的工程系统或技术系统中,系统的结构就是事物的内因,是事物内部矛盾和事物发展的内动力。内因即内部矛盾是事物存在的基础,是一事物区别于他事物的内在本质,是事物变化的根据,它规定着事物发展的方向,所以是事物发展变化的根本原因。工程技术结构信息的最大范围就是系统的边界,合理的系统边界选择是工程技术系统分析非常重要的问题。系统的环境是事物的外因,是系统之间或事物之间的相互联系、相互作用、相互影响,是事物变化的条件。外因能够加速或延缓甚至暂时改变事物发展的进程,但它必须通过系统内部结构即内因而起作用,是事物发展的外部动力。工程系统、技术系统在演化过程中,系统结构(内动力)、系统环境(外动力)通过系统的边界单独、联合或耦合作用,这些矛盾的各方相互影响、相互作用和演化过程就会产生相应的系统功能、特性。因此,作为研究者,需要掌握工程与技术自身拥有的系统特征与演化特性,利用系统科学的思路与方法来思考并解决工程、技术活动中所遇到的各种难题。

3. 了解工程与技术中涌现的现象与本质、原因与结果的对应关系

工程、技术中会出现各式各样、五花八门、千变万化的表面现象,但这些现象和发生现象的本质之间有明显的区别。现象是事物的表面特征和外部联系,它是多变的,能为人的感觉器官所感知。本质是事物相对稳定的内部联系,是事物的根本性质,只能靠人的理性思维去把握。工程、技术中呈现同一种表面现象,可能具有不同的本质;反过来说,工程、技术中出现不同的表面现象,可能具有相同的本质属性。例如,房屋建筑工程中的墙体发生裂缝,可以由受力过大或受力不均引起,也可以由温度过高或温度不均引起,当然也可以由其他因素导致。工程、技术中的任何事物都是本质和现象的对立统一,透过现象把握本质是科学研究的基本任务之一。因此,工程、技术中发生的现象,其本质是与现象对应的力学、物理学、化学、生物学或者社会学等科学问题。

工程系统或技术系统中涌现出的各种现象、功能、特性之间往往存在着一定的自然顺序,如时间顺序、空间顺序、因果顺序等。如果工程系统或技术系统中结构(内因)与环境(外因)均已知,最终结构(内因)与环境(外因)相互作用产生的功能、特性、现象、结果等按照演化过程的自然顺序或分布形态,由因推果,可利用已经获得或积累的科学知识认识该类问题事物发展变化规律,属于正问题;但工程系统或技术系统中往往表现出众多复杂现象,而科研工作者研究的任务是要根据工程系统或技术系统中可观测的复杂现象,反过来由现象来探求事物的内部规律或所受的外部影响,即去寻求产生这些复杂现象所涉及的内因、外因和相互作用原理,由表及里,索隐探秘,倒果求因,属于反(逆)问题。工程系统或技术系统中的反(逆)问题面临着众多复杂性,如解的存在性、唯一性和稳定性等不可避免的适定性问题,即工程或技术系统往往存在一因多果或同因异果,一果多因或同果异因。因此,科技工作者不仅要认识、寻求某些因素(因)和一个或一些现象(果)之间的因果对应关系,更重要的是依据已知的工程与技术现象(果),寻找导致这些现象的本质原因(因)与相互对应关系,由果寻因。同时,如果工程系统或技术系统中出现一因多果或多因多果,往往不同学科从不同角度注重与自身学科相关现象-本质关系的研

究,形成不同学科研究领域。由于工程系统或技术系统中特别是反(逆)问题的现象-本质对应关系的不适定性,实际研究中往往要在工程系统或技术系统中的结构分析中提出结构假说,环境分析中提出环境作用假说,在系统的演化过程中提出相互作用假说,甚至综合假说等,验证和检验假说的过程就是科学研究建立科学理论的过程。因此可以看出,正、反两类问题或多角度研究都是工程系统或技术系统中科学研究常见而重要的研究内容。

4. 注重工程与技术中涌现问题的特殊性

工程系统或技术系统中的矛盾,是普遍性与特殊性的辩证统一,即工程系统或技术系统在相互作用和演化过程中,结构内部、环境内部、结构与环境之间相互作用过程等一切事物中,事事有矛盾;而不同的事物中又有不同矛盾的特点,事事矛盾不同。工程系统或技术系统演化中,经历了孕育、潜伏、发生、爆发、持续、衰减直至终止等不同演化阶段,矛盾贯穿于每一事物发展变化过程的始终,时时有矛盾;而同一事物的矛盾在不同的演化阶段各有不同特点,时时矛盾不同。无论结构内部、环境内部、结构与环境之间的相互作用,矛盾皆有双方,而矛盾双方也各有特点。这就是各个工程之间、各种技术之间有相似又有区别的主要原因。对于研究者来说,在注重工程与技术中涌现出普遍性问题的同时,更要关注工程与技术中涌现出的特殊性。

工程与技术中特殊性体现在以下三个方面:

(1)工程、技术中特殊的系统结构。组成工程与技术系统结构的三个要素是组成部分、时空秩序、联系规则。因此,三个要素中的任何一项具有特殊性都体现工程、技术系统结构的特殊性。如果组成部分(子系统)不同,由这些组成部分(子系统)合成的工程、技术总系统肯定不同;组成部分(子系统)相同而时空秩序不同,则也组成不同的工程、技术系统。这个道理如同积木搭接小房子一样,不同形状的几个积木块,通过不同的搭接组合,可以搭接成整体结构不同的小房子。

(2)特殊的环境条件。工程、技术处于特殊的环境条件下,系统结构会呈现出系统相应的功能、特性。例如,很多材料在低温、常温、高温环境下具有不同的性质;万物生长均需要一定的自然条件;在生活中也有很多例子,如平时开车与冰雪道路环境下开车效果就完全不一样。

(3)工程、技术结构与所处环境之间相互作用时,在不同的阶段具有不同的特殊功能、特性。如工程、技术系统在设计阶段、施工(建造、制造)阶段、运行阶段直至终止阶段,会呈现不同的特殊矛盾与特殊问题。而工程与技术中的特殊结构、特殊环境、特殊的演化阶段等特殊性问题的研究,正是体现了研究者科学研究中的特色与优势。

5. 寻求工程与技术问题的演化规律

规律是指客观事物自身运动、变化和发展的内在必然联系。从工程与技术中的基本现象寻求事物发展规律,必须具备以下两个条件:一是在发挥主观能动性、深入实际调查研究的基础上,获取大量的、可靠的工程与技术中的感性材料;二是对工程与技术中的感性材料进行加工、制作、升华。利用系统科学、哲学、逻辑学等思维方法和力学、物理学、化学、生物学、社会学、数学等学科的研究方法,研究工程技术系统的孕育、潜伏、发生、爆发、持续、衰减直至终止等不同演化阶段,从感性认识飞跃到理性认识,这个过程就是创造、创新的过程,透过现象抓住事物的本质和发展变化规律,完成工程与技术认识的根本任务。为此,对于工程与技术领域,研究者要在确定工程与技术中问题学术背景的基础上,凝练该问题所对应的科学、社会或思维问题的实质及学术问题,同时了解该学术问题研究现状和前人没有解决的问题,作为研究者拟解决什么学术问题,特别是研究者拟解决什么关键科学问题或关键技术问题。最终解决具体学术问题的实质。

对工程与技术中问题的探讨,要在遵循认识论的基本规律的基础上,进一步深入理解具体工程与技术的现象与本质、感性认识与理性认识、矛盾的内动力与外动力、原因与结果,矛盾的普遍性与特殊性等问题之间的区别和联系。依据工程与技术的需求,发挥研究者的主观能动性,区分不同类别的问题的特殊性对应的实质问题,透过现象看本质,由表及里,做到认识工程与技术发展的基本规律,并利用所认识和掌握的知识来指导、修正、预测工程、技术的实践活动。

2.2　工程系统演化过程研究内涵

摘要:为了深入研究工程系统演化特性,采用系统科学的研究思路,在分析工程系统的结构、边界、环境构成的基础上,探讨了不同工程系统的不可逆性、非均匀性、非线性、耦合性等特性;分析了推动工程系统结构演化的内动力、外动力或内外动力联合或耦合动力;阐明了工程系统不同演化阶段的不同演化机理及工程系统演化趋向、不同演化阶段的本构与响应关系,描述了工程系统的演化过程与标度,为申请国家自然科学基金项目提供参考。[12]

人类有目的、有组织地改造客观世界的活动形成了各式各样的工程。工程在形成过程及形成后的运行过程中,由各种分项要素、分项工程在时空范围内排列、组合及相互作用组成了工程系统。随着时间的推移,在内部动力、外部动力或内外联合、耦合动力的作用下,工程系统的结构、状态、特性、行为、功能等发生变化,这些变化统称为工程系统的演化。工程系统演化过程中,具有不可逆性、非均匀性、非线性、耦合性等特性。工程系统结构在内动力、外动力或内外动力联合或耦合作用下演化的基本原理就是工程系统的演化机理;工程系统演化机理是工程系统演化研究中的核心问题。本节从系统科学的角度,在分析工程系统的结构、边界与环境内涵的基础上,对工程系统演化过程中不同演化阶段及其对应的响应关系、演化趋向、演化标度等相关问题的研究内涵进行进一步探讨,以利于明确工程系统中的科学问题,有助于国家自然科学基金项目的申请、评审、管理及研究工作。

1. 工程系统的结构、边界与环境

工程系统的结构是指构成工程的各种不同要素或子系统结构、分项工程在时间、空间上排列、组合及相互作用构成完整的、相对稳定的整体构架,是工程系统构成要素组织形式的内在联系和秩序的本质,代表了工程系统的内因。工程系统结构(内因)包括工程的组分、结构形式及其相互作用方式,或者工程系统的三要素即组成部分、时空秩序、联系规则。

在一定时空范围内,研究工程系统的演化行为必须包含足够研究信息所需要的最小界域,该界域就是工程系统的边界。工程系统边界之外的一切事物的总和即为工程系统的外界环境,是工程系统的外因。工程系统的内部结构、外界环境,均可能单独、共同承受如机械(力学)作用、物理作用、化学作用、生物作用、社会作用或综合作用等环境因素的作用。

工程系统从初态到终态,内部结构、边界是一个不断变化的动态过程,并且内部结构、边界的在时空范围内变化率一般不均等;通常工程系统的边界是开放的,外界环境与内部结构通过开放的边界有物质、能量和信息的交换、传递。在内部结构与边界模型分析中,边界的动态演化特性、开放性和非线性需在边界条件和初始条件中体现。

2. 工程系统的特性

工程系统除了具有整体性、层次性、开放性、目的性、稳定性、自组织性、突变性、相似性及支配性等特性外,在演化过程中还包括以下特性。

1)不可逆性

工程系统在初始状态和演化过程中,内部结构在组成部分、时空秩序及联系规则等方面存在差异性或不平衡,随着时间的推移而发生相应的调整和变化,进而工程系统的边界、外界环境也会随之发生变化;同时在演化过程中,工程系统要消耗内部能量,造成结构内部的重新调整;调整后的工程系统结构,一般不可能自动回到系统的初始状态,即属于不可逆过程。

2)非均匀性

工程系统在初始状态和演化过程中,系统内部结构在系统的组分、浓度、强度、温度、内力、顺序或速度等时空范围存在差异,形成初始状态和演化过程的非均质性;或导致同一组分在演化过程中演化速率不同,或不同组分间演化速率差异,甚至发生组分结构间的非连续性。非均匀性发展到一定程度演化成系统内部的对立面,就形成工程系统的内动力,参与系统的演化。

3）非线性

工程系统在形成和演化过程中,非线性包含三方面含义:一是在形成过程中,工程系统的内部结构、边界及外界环境条件随时间均处在不断地动态调整、变化过程中,结构、边界、环境的动态调整、变化体现了组织结构形式上的非线性性质。这种情况最常见的例子就是土木工程中的建筑物的建筑过程。建筑物从地基开始,逐渐建成大楼,这就是一个变结构非线性过程。二是工程系统形成后,在演化过程中系统结构就可能发生结构损伤的累积效应,如大变形甚至破坏。如果系统结构的累积效应范围小、程度弱时,分析时可不考虑结构累积效应引起的系统结构变化;如果系统结构的累积效应范围较大或程度较强时,结构累积效应引起的系统结构调整、变化足以影响系统特性的情况下,分析时必须考虑系统结构的调整。因此,工程系统在形成后,在系统结构、边界、环境等方面显现出演化过程的非线性特性。三是工程系统的结构通过边界与环境相互作用时,一般情况下体现外界激扰与内部结构之间相互作用的非线性响应特性。工程系统结构构成的非线性特性是工程系统复杂性的根源。

4）耦合性

工程系统在形成和演化过程中,耦合性包含四方面含义:一是工程系统结构在构成部分、时空秩序呈现多样性,在演化过程中系统结构内部的子结构间会发生耦合作用。例如,流体与固体组成的流固系统,流体与固体间可产生流固耦合作用。二是工程系统子结构与系统总结构之间会发生耦合作用。例如,露天矿边帮由不同层位的岩层、水及支护等组成边坡工程系统,不同层位的岩层、水及支护等与边坡系统间可产生相互耦合作用。三是工程系统总结构与工程系统环境间会发生耦合作用。例如,边坡工程系统与围岩开挖、大气降雨、温度变化等外界因素可产生耦合作用。四是工程系统内部子结构之间、工程系统子结构与系统总结构之间、工程系统总结构与工程系统环境之间相互耦合作用。

3. 工程系统的演化动力

从作用类别上分析,工程系统的演化动力可分为机械(力学)作用、物理作用、化学作用、生物作用甚至社会作用等各种因素独立或联合、耦合作用；从工程系统的层次性分析，演化动力包括内动力、外动力或内外耦合动力的作用，使得工程系统发生了功能、行为、特性、状态等属性的变化，从而分别形成了内部机制、外部机制与内外耦合机制。

1）内动力

指在同一层次的工程系统中，由工程内部各组分之间由于在组分、浓度、强度、温度、内力、顺序或速度等方面存在差异而引发工程系统内部的合作、竞争、矛盾等相互作用，导致工程结构在规模、组分、关联方式等方面的改变，进而引起工程系统功能或其他性质的改变。例如，岩土工程系统在外力不变时，由于内部结构存在不均匀性，导致岩土工程系统随时间推移而发生蠕变变形，内部结构的不均匀性就是岩土工程结构发生蠕变的内动力。

2）外动力

如果从工程系统的层次性、开放性分析，工程系统高层次子系统间的内部作用，在低层次子系统间相互作用就为外部作用。例如，对一个特定的子系统 A 来说，另一个子系统 B 对子系统 A 的作用就为外部作用。因此，一般情况下，工程系统演化动力多考虑适当层次的外部动力作用，也就是外部环境的改变或环境与工程系统的相互联系、作用方式的改变，引起工程系统内部结构组分、联系方式和规则的广义变化。

3）内外联合、耦合动力

对特定的工程系统，除了内部在组分、浓度、强度、温度、内力、顺序或速度等方面存在差异外，系统同时承受外部机械（力学）作用、物理作用、化学作用或生物作用等环境的联合作用，甚至是内外环境动力相互耦合作用。

4. 工程系统的演化阶段

工程系统从初态到终态，由于内动力、外动力或内外耦合动力等因素作用下，处在不断的演化过程中，经历了孕育、潜伏、发生、爆发、持续、衰减直至终止等不同演化阶段。因此，研究工程系统的演化必须深入了解什么原因,即什么内因(工程系统的结构)与什么外因(工程系统的环境)相互作用并导致工程系统处于哪一个演化阶段。

工程系统从孕育到潜伏、潜伏到发生、发生到爆发、爆发到持续、持续到衰减、衰减到终止等过程中,各个阶段演化特性一般是不同的;各个阶段之间可以发生转化(换),也可能出现终(中)止或突跃。因此,要描述工程系统演化特性,就要在确定工程系统所处的演化阶段的基础上,描述该阶段的演化特性与演化进程中不同阶段的转化(换)、突变或终(中)止条件。

5. 工程系统的演化趋向与过程反馈

在内动力、外动力及内外联合或耦合动力作用下,工程系统演化趋向一般可分为三种,一是工程系统由初始剧烈变化逐渐趋向静态或动态平衡,使工程系统趋于"静止"状态。如果在内部动力作用下,随着时间的推移,工程系统逐渐消除了在组分、浓度、强度、温度、顺序或速度等方面的差异,趋于均衡;在内、外动力共同作用下,工程系统内部结构与外部环境相互影响达到动态平衡,趋向稳态。此时工程系统处处、时时处于稳定平衡状态,此时系统演化处于负反馈过程。二是工程系统处于缓慢变化的过程中,即工程系统发生"量变"或"渐变"。在内部动力作用下,工程系统在组分、浓度、强度、温度、顺序或速度等方面的差异随时间推移变化相对很小,或影响缓慢;在内、外动力共同扰动作用下,工程系统内部结构与外部环境相互影响势能相对较小,导致工程系统变化率加小。此时工程系统可以承受、调节这种扰动作用,处于稳定变化状态,此时系统演化处于负反馈过程。三是工程系统处于从缓慢到快速剧烈变化的过程中,即工程系统发生从"量变"或"渐变"到"质变"或"突变"过程。在内部动力作用下,工程系统在组分、浓度、强度、温度、顺序或速度等方面的差异随时间推移变化相对很大,或影响剧烈;在内、外动力共同作用下,工程系统内部结构与外部环境相互影响势能相对较大,导致工程系统变化率加大。此时工程系统处于非稳定变化状态,在内部或外界扰动下,工程系统出现加速变化状态,能量释放率大,此时系统演化处于正反馈过程,可能发生工程系统失稳。

6. 工程系统演化过程的本构及响应关系

工程系统在内动力、外动力单独、联合或耦合作用下,在不同的演化阶段体现出不同的演化特性。如果工程系统承受机械(力学)作用,须建立工程系统中力学本构及响应关系;如果工程系统承受物理作用,须建立工程系统物理学本构及响应关系;如果工程系统承受化学作用,须建立工程系统中化学本构及响应关系;如果工程系统承受生物作用,须建立工程系统中生物学本构及响应关系;如果工程系统承受社会作用,须建立工程系统中社会学本构及响应关系。

实际工程系统,往往是机械(力学)作用、物理作用、化学作用、生物作用甚至社会作用等几种因素的联合或耦合作用。因此,多因素作用的复杂工程系统,除了研究单一因素的本构及响应关系外,更要研究多因素独立、联合或耦合作用的本构或响应关系。

对于同一工程系统,同一大类例如在机械(力学)作用下,不同种类的机械(力学)作用方式,如拉力与压力、单轴与多轴、静力与动力、高速与低速等,不同的作用历程,如加载与卸载、进程与回程等,不同作用阶段,如弹性与塑性、损伤与断裂等,不同的存在状态,如静态与动态、平衡态与非稳态等特性一般是不同的。与机械(力学)作用类似,不同类型、不同阶段、不同历程、不同状态的物理作用、化学作用、生物作用以及社会作用等各种因素的作用响应也是如此。

7. 工程系统演化的标度与控制变量

工程系统演化过程中,内部结构、对外属性及边界形态均会发生变化,但能否发生根本性变化是衡量工程系统演化趋向的标准。工程系统内部结构的演化标度主要包含组成部分、时空秩序、联系规则三要素的演化,具体指工程系统在组成物质成分、几何尺度、形态、种类、结构顺序、浓度、强度、内部性质等方面是否发生根本性改变;对外属性演化是指工程系统与外界环境包括关联度演化,即在数量、性质、强度、种类等发生的改变,或信息交流量的演化及响应特性演化,即在灵敏度、选择性、稳定性等特性的改变;边界形态演化一般包括工程系统在边界在外形、构型及工程系统轨迹演化的改变。

工程系统演化过程中的内部结构、对外属性及边界形态,在每一个演化阶段,均可能有一个(组)连续、缓慢变化,主宰着工程系统演化进程,决定着工程系统演化方向和演化结果的变量,这一个(组)变量就是控制变量。工程系统的控制变量是工程系统演化标度中最敏感、最主要的影响因素,研究中最终的目的是找到控制变量,寻求控制变量对工程系统的控制作用,掌握控制原理;并通过调控控制变量,达到控制工程系统向人为目的演化的目标。

无论是内部结构还是对外属性及边界形态的演化,可以采用能量守恒方程、广义力平衡方程、质量守恒方程等进行描述,同时采用组分、温度、位移、应力、应变、浓度、强度、温度、顺序或能量、质量等作为变量,利用能量变化率、变量的变化率或变量的变化加速度等对工程系统运行状态进行判别。工程科学问题研究的系统哲学研究思路见图 2.1。

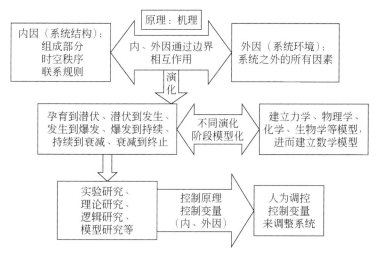

图 2.1　工程科学问题研究的系统哲学研究思路

8. 结语

人类面临的各类工程实质上是非常复杂的巨系统,因此,须用系统科学的研究思路进行分析,即在掌握工程系统的结构、边界、环境构成的基础上,具体分析不同工程系统的不可逆性、非均匀性、非线性、耦合性等特性。工程系统结构在内动力、外动力或内、外动力联合或耦合作用下,不同的演化阶段具有不同的演化机理,须充分了解工程系统演化趋向并建立工程系统不同演化阶段的本构与响应关系与标度,完整地描述、分析工程系统及其演化过程,并在寻求控制变量的基础上,揭示系统的控制原理。

2.3　科学问题与国家自然科学基金项目

摘要:只有选择正确的问题,才可能得到正确的结果。科学研究始于问题的选择,终于问题的解决。在重申自然科学和科学问题概念的基础上,阐述了国家自然科学基金具有基础性、创新性、科学性、前瞻性等特性。提出从重大工程技术和国家重大需求中,实践活动中,实践与理论之间的矛盾、理论与理论之间的矛盾、理论自身的逻辑矛盾中凝练科学问题;同时依据系统科学原理,从系统结构、系统环境、系统演化机理、系统演化理论模型、研究方法或控制原理以及交叉学科中探讨科学问题的来源。[13]

从广义上讲,科学是关于自然、社会和思维的知识体系,是以范畴、定理、定律形式反映现实世界多种现象的本质和运动规律的知识体系。从狭义上分析,科学就指自然科学。自然科学具有理性和证实性、探索性和创造性、通用性和共享性及作为一般生产力等特点。从事国家自然科学基金项目研究,就要依据学术背景,以科学问题为导向,凝练出与学术背景相对应的科学问题。因此,必须对科学问题的相关概念及对国家自然科学基金项目的作用进行深入分析。

1. 科学问题

国家自然科学基金主要资助从事基础理论或应用基础理论的研究。从事国家自然科学基金项目研究,其任务和整个过程是围绕科学问题展开的。从逻辑学的角度来分析,问题是指提出疑问要求回答的思维形式,科学始于问题。科学问题泛指研究中主体与客体、已知与未知的矛盾。根据提出问题的内容、性质和角度的不同,可把科学问题主要归纳为回答"是什么(what)"的陈述型、回答"怎么样(how)"的过程型和回答"为什么(why)"的因果型三种主要形式。科学问题规定着科学研究的内容、方向、途径方法和手段,决定着科学研究的结果和价值。科学研究总是以提出科学问题开始,并以解决科学问题告一段落。只有选择正确的科学问题,才可能得到正确的科学结论。[2,14]

爱因斯坦曾说:"提出一个问题往往比解决一个问题更重要,因为解决一个问题也许仅仅是一个数学上的或实验上的技能而已。而提出新的问题,新的可能性,从新的角度去看旧的问题,却需要有创造性的想象力,而且标志着科学的真正进步。"2005年5月31日,全国人民代表大会常务委员会副委员长、中国科学院院长路甬祥在"科学与中国"院士专家巡讲团报告会上做了题为《百年物理学的启示》的报告。他指出,重大科学突破往往始于凝练出科学问题。在科学的发展中,解决问题固然是重要的,而提出重要的科学问题似乎更重要。提出问题是科学研究的前提,提出重要的科学问题更能昭示科学所蕴含的创造性。有时,一个重要科学问题的提出甚至能够开辟一个新的研究领域和方向。科学家沃纳·海森堡、我国著名的地质学家李四光、科学哲学家尼尔斯·玻尔都曾指出:准确地提出一个科学问题,问题就解决了一半。

科学问题是科学研究的核心。科学研究的过程,就是对科学问题做出解答的过程。科学研究的选题要遵循需要性(价值性、目的性)、创造性(先进性)、科学性(真实性、客观性)和可行性(现实性、效能性)原则。科学研究是运用观察、实验、比较、分析、归纳等方法,把感性材料加以研究,提高到理论水平的工作。[15]科学研究是一个继承与创新的过程,是从自然现象的发现到技术发明的过程,是从原理到产品的过程,是从基础理论研究到应用研究、开发研究的过程。科学研究包括两个部分:一是整理知识,是继承、借鉴,是对已产生的知识进行分析、鉴别和整理,是使知识系统化;二是创造知识,是发展、创新,是发现、发明,是解决未知的问题。国家自然科学基金的资助更注重后者。

2. 国家自然科学基金的基本特性

国家自然科学基金支持科技工作者在资助范围内(自由选题、规定选题),开展创新性的科学研究。要求充分了解国内外科技发展现状与动态,瞄准科技发展前沿或结合国家战略需求,认真构思,自行确定,选定立论依据充分,创新性强的研究方向、研究内容和研究方案,开展具有重要科学意义或重要应用前景的基础或部分应用研究,鼓励开展前瞻性、勇于创新的探索性研究,力图通过研究得到新的发现或取得重要进展。国家自然科学基金具有以下特性:

1)基础性

要求申报的范畴主要是基础理论或应用基础理论,围绕科学问题展开的研究工作,是揭示自然界普遍规律、基本原理和自然现象运动本质的理论性工作。为此国家自然科学基金一般不资助工程技术中具体的技术工艺、规章规范、工程设计及预警手段等问题研究。

2)创新性

基金资助体现在试图解决新问题、提出新概念、论证新定理、发现新规律、验证新理论、解释新现象、采用新方法、设计新实验、得到新结论等在前人工作基础上的具有探索未知事物的基础性研究工作,来揭示自然事物新的属性和新的自然过程,提出新的观点和原理。

3)科学性

体现在选题内容真实可靠,并通过理论、实验、逻辑等研究方法研究得出关于事物的本质和普遍规律的理论知识,在表述方法、书写结构、语言格式等方面符合逻辑、规范。

4)前瞻性

基础研究的性质决定着理论研究的超前性,是对未来的投资。国家自然科学基金注重学科发展前沿与国家科学发展战略相结合。对于基础理论和应用基础理论研究,理应瞄准国际发展前沿,在国家急需和战略发展需要的领域取得一批高水平的科研成果。

5)交叉性

基础理论和应用基础理论研究,往往在不同学科特别是不同的一级学科甚至不同学科门类边缘具有交叉、融合的部分,既高度抽象又具有公共理论的问题;这些公共理论问题,通常可以形成学科科学问题新的增长点。

3. 科学问题的来源

科学问题的来源是与所依托背景的时空条件密切相关的。同一个背景问题,不同的时空范围需要解决的科学问题就不同。科学问题主要来自以下五个方面[3,16]。

1)重大工程技术和国家重大需求中产生科学问题

重大工程技术和国家重大需求中,有许多跨部门、跨学科、跨时空范围的综合性复杂问题。现有的科学、技术手段往往不能满足解决重大工程技术和国家重大需求,而这些问题的彻底解决,就必须要从产生这些问题的根源与本质入手。问题的根源与问题的本质往往就是科学问题。这类科学问题一般是不同的一级学科,甚至不同的学科门类之间多学科的交叉与融合,具有非线性、不确定性等复杂特征,在系统结构、系统环境、系统结构在系统环境下的演化机理及解决方法等方面凝练科学问题。

2)实践活动中产生科学问题

实践活动包括生产实践与社会实践。科学研究中具体的实践活动如现场实际调查与测试、实验室实验研究等,都会在研究新方法,认知新现象,提出新理论,探寻新规律等方面存在不同类型的已知与未知的矛盾,产生大量新的科学问题。

3)实践与理论之间的矛盾产生科学问题

认识过程就是实践-认识、再实践-再认识,循环往复,不断深化的过程。因此,从实践中归纳升华的理论本身,就与实践存在差异。这种差异的解决,就是科学问题不断深化创新的研究过程。因此,实践上升为科学理论的过程就相应产生科学问题。

4)理论与理论之间的矛盾产生科学问题

对于同一自然现象,不同学者从不同学科、不同角度分析就会提出不同的理论,甚至形成不同的学派,所谓"仁者见仁,智者见智";就同一学者而言,在不同的研究阶段,从不同角度也可能会提出了不同的理论。这些理论之间必然在概念、原理、方法等方面存在差异或矛盾。因此,要仔细分析这些理论之间的差异或矛盾来源与实质,从中确定新的科学问题。

5)理论自身的逻辑矛盾产生科学问题

对科学问题的认识是随着相关科学技术的发展而不断深化的,认知的层次是不断提升的。人类文明的进步,正是不断提高认识的起点,不断提出新的探索目标。一个时期建立的科学理论,应与该时期最新的、经过验证的科学概念、科学原理和科学方法等知识体系在逻辑上匹配、互洽,否则在逻辑上就会产生矛盾。因此,解决旧理论自身在概念、原理、方法与新概念、新原理、新方法等方面逻辑上的矛盾,就会产生相应的科学问题。

4. 从系统科学原理来凝练科学问题

从系统科学的角度考虑,系统是由元素/实体通过关系组成,具有某种结构,实现特定功能,达成期待目标的整体。系统工程就是应用系统理论(物质、能量、信息、运动)及方法来分析、设计和控制系统的工程技术。

科学研究的重要任务就是将所涉及的工程问题、技术问题、环境问题、能源问题、管理问题、经济问题、科学问题甚至规章制度问题等研究对象抽象成实体系统、虚拟系统或虚实一体系统,确定科学问题的具体类型,即包括力学、物理学、化学、生物学、经济学、管理学、社会学、数学等基础科学问题。要在分析系统结构构成、边界范围、环境作用等问题的基础上,探讨推动系统结构演化的内动力、外动力或内外动力联合或耦合动力;采用理论方法、实验方法、模拟方法、逻辑方法等不同的研究方法,阐明系统孕育、潜伏、发生、爆发、持续、衰减直至终止等不同演化阶段的不同演化机理、演化趋向及不同演化阶段的本构与响应关系,建立相应的理论模型,描述系统的演化过程与标度等,进一步提出系统的控制原理、控制方法等问题。因此,对应系统科学研究思路,可将科学问题进行新的分类,主要包括以下六类问题。

1)系统结构类问题

系统的结构决定着系统的功能特性,系统结构是研究所有问题的基础。系统结构类问题主要研究系统的三要素组成部分、时空秩序、联系规则如何构成总系统结构。从系统哲学的角度来看,系统结构就是事物的内因,包含系统中物质、能量、信息、运动等交换与传递。常见的有物质的组成、材料科学与技术中不同的材料配方、建筑理论中的不同的结构形态、化学中的不同成分等结构构成、排列组合结构问题。管理科学中的规章制度、文化传统及计算机科学中的软件等均属于抽象(概念)系统。一般情况下系统的结构构成是实体结构与虚拟结构的统一体,结构构成是非线性的,但为了研究方便,在一定的时空范围内,可认为系统的结构是线性的,甚至为一固定结构。

2)系统环境类问题

系统环境包括系统之外的力学作用、物理作用、化学作用、生物作用、经济作用、管理作用、社会作用等所有外界的作用因素。从系统哲学的角度来看,系统环境就是事物的外因。从系统的层次性分析,推动系统结构演化动力又可划分为内动力、外动力或内、外动力联合或耦合动力。一般情况下系统的环境作用均是非线性的,但为了研究方便,在一定的时空范围内,可认为系统的环境是线性的,甚至为常量。系统的环境一般通过边界与系统的结构相互作用,通常用描述边界条件来体现,描述问题的起始点的状态为初始条件。

3)系统演化机理类问题

系统演化机理是指事物的内、外因即系统的结构与环境相互作用原理。系统结构在系统环境的作用下,要经历孕育、潜伏、发生、爆发、持续、衰减直至终止等不同演化阶段;在不同演化阶段,系统的演化机理、演化趋向不同,相应地描述系统结构演化的本构与响应关系也不同。因此需要通过系统演化机理分析,描述系统的演化过程与演化阶段的转化判据,依据科学(力学、物理学、化学、生物学、经济学、管理学、社会学等)问题的类型分析,分别建立不同演化机理、不同阶段的本构与响应模型,包括相应的力学、物理学、化学、生物学、经济学、管理学、社会学等模型,进而建立对应的数学模型。

4)系统演化理论模型类问题

系统中演化理论模型研究,就是要在分析系统结构模型、系统环境模型的基础上,研究系统不同演化阶段的响应,建立系统演化理论模型;重点是寻求支配系统演化进程、演化方向的控制变量,探索系统演化原理,确定系统演化规律。

5)研究方法类问题

无论系统结构类问题、系统环境类问题、系统演化机理类问题还是系统演化理论模型类问题,一般常用的研究方法包括科学归纳法与科学演绎法两大类,具体的研究方法一般包括实验方法、理论方法、逻辑方法、模拟方法等研究方法。

6)控制(调控)原理类问题

通过分析系统控制变量的演化原理分析,人为地调控内因、外因等控制因素,特别是调控控制变量来达到调整系统的目的,建立相应的控制原理,最终用于指导工程的控制措施。

现实实际中,通常人们遇到的不可能是单一的系统结构类问题、系统环境类问题、系统演化机理类问题、系统演化理论模型类问题、研究方法类问题或控制(调控)原理类问题,而是这些问题的组合或综合。同时,与系统的特征类似,科学问题也是分层次的。一个总的科学问题也可分成不同类别、不同层次的子科学问题,并且这些子科学问题之间相互联系、相互依存。随着科学问题的不断演化,不同层级的科学问题有的被部分或全部解决,有的会变大或变小,甚至有的问题会自行消亡或产生新的科学问题,形成科学问题的动态结构。因此,通过对科学问题演化过程的分析,找到新的科学问题。

5. 交叉学科中的科学问题

依据学科发展的历史与特征,学科具有不同的划分方法。学科是指具有特定研究对象的科学知识分支体系,而交叉学科主要是指学科门类以下具有交叉性特征的科学知识子系统。科学知识体系的第一级子系统,称为学科部类。现代科学可划分为哲学、数学、系统科学、交叉科学、自然科学、社会科学及思维科学等七个学科部类;第二、三、四、五级子系统,分别称为学科门类、学科群组、学科系组、基元学科等。钱学森把现代科学划分为自然科学、社会科学、数学科学、系统科学、思维科学、人体科学、军事科学、文艺理论、地理科学及行为科学,共计十大学科部类。[17]我国教育部现行的学科专业目录,一共有 12 个学科门类:即哲学、经济学、法学、教育学、文学、历史学、理学、工学、农学、医学、军事学、管理学,每个学科门类又有若干个一级学科。

自然科学基金委依据自然科学学科特征,将资助领域划分为数学物理科学部、化学科学部、生命科学部、地球科学部、工程与材料科学部、信息科学部、管理科学部、医学科学部八个学部,每个学部又相应划分成若干个不同的学科。国家自然科学基金项目在本学科传统研究范围内进行选题的同时,注重自然科学不同学科之间的交叉与融合。交叉学科是两个以上学科的交集,在这些学科之间有着不同的学术背景,但有共同实质的科学概念、共同的科学原理或者采用共同的科学研究方法,也就是具有共同的科学问题。研究交叉学科的科学问题,必须搞清这些交叉学科所处的学科门类、学科方向,这些学科之间通过什么因素有怎样的联系。这样才能够在掌握学术背景的基础上,说明为什么要选择该科学问题,该科学问题在国内、外处于什么地位,要研究什么,能做什么工作,要达到的主要目的是什么,关键学术问题是什么,如何完成及完成后的特色与创新是什么等问题。

实际工程技术、生态环境、经济管理中,遇到的问题往往是多学科交叉、融合在一起的,因此交叉学科的形成和发展,具有明显的多学科融合的特征。通常工程技术类、生态环境类、经济管理类等应用型学科与力学、物理学、化学、生物学、地学及数学等基础学科的有机交叉和融合,形成新的研究领域或新兴交叉学科。例如,生物学与力学结合,形成生物力学;土木建筑与物理学结合,形成建筑物理学;经济与数学结合,形成数学经济学等。在这些交叉学科范围内,工程、技术、经济、管理等领域中,出现了形形色色、各式各样的现象,产生了许多需要透过现象认识本质的、探求普遍规律的科学问题。

2.4　国家自然科学基金工程科学项目的选题

摘要:国家自然科学基金项目选题范围是科学问题,因此,工程科学中须将工程现象凝练出科学问题。工程科学的选题分为结构类、环境类、机理类、模型类、方法类、控制类、综合类等不同种类,要依据不同类型的工程现象侧重不同选题。[18]

申请国家自然科学基金项目,摆在首位的问题是选题。科研选题是研究者对研究对象充分地考察论证、在科学思维、理论认识与实验判断的基础上,经过升华而凝练出有价值的相关问题,是科学研究的关键性第一步,是直接关系到能否取得成果的前提。科研选题是一种创造,是一个创新的过程。选定研究方向,提出科学问题,是国家自然科学基金科研工作成败的关键。

有关国家自然科学基金项目的选题,吕群燕[19]曾经在《科技导报》就有关研究方向的选择,研究课题的基本类型及特点,形成科学假说及其形成过程以及科学问题的发现、来源、选择、初步评价、分解与定位、表达等内容发表了系列论文;陈越等[20,21]就国家自然科学基金项目科学问题的凝练,面上项目申请的选题等问题进行探讨;车成卫等[22,23]就国家自然科学基金项目申请书撰写的立项依据、研究方案等内容进行阐述。工程科学是自然科学通向工程学与工程的桥梁,探讨国家自然科学基金工程科学类项目的选题范围、类型、注意事项等,不仅有利于工程学中演化规律的深入研究与实际工程的设计优化,而且有利于国家自然科学工程科学类基金项目的申请、评审、实施和结题。

1. 工程、工程学与工程科学

工程是科学和数学的某种应用,通过这一应用,使自然界的物质和能源的特性能够通过各种结构、机器、产品、系统和过程,是以最短的时间和精而少的人力做出高效、可靠且对人类有用的东西。

工程学或工学,是一类应用学科;是通过研究与实践,应用数学、自然科学、经济学、社会学等基础学科的知识,来达到改良各行业中现有建筑、机械、仪器、系统、材料和加工步骤的设计和应用方式的一门学科。同时,工程学研究自然科学应用在各行业中的应用方式、方法及工程进程、改良方案一般规律的一类学科。我国现行高等院校的工学本科专业划分为 21 个小类,包括地矿类、材料类、机械类、仪器仪表类、能源动力类、电气信息类、土建类、水利类、测绘类、环境与安全类、化工与制药类、交通运输类、海洋工程类、轻工纺织食品类、航空航天类、武器类、工程力学类、生物工程类、农业工程类、林业工程类、公安技术类等。

按照钱学森先生的定义,工程科学是现代科学、历史经验、文化、艺术和祖传生存技能的选粹结晶,是科学的重要组成部分。与基础科学研究的主要由个人兴趣和好奇心驱动不同,工程科学是人类社会生存发展的需求所驱动。工程科学几乎涉及生产生活的方方面面,代表性的学科有土建类、水利类、机械类、电工类、电子信息类、计算机技术类、热能核能类、仪器仪表类、化工制药类等。工程科学正从单纯依靠专一学科深化依靠到多学科交叉,从单纯单体工程分析发展到整个系统网络和环境的综合与控制。因此可以看出,工程科学是自然科学通向工程学与工程的桥梁。

2. 工程科学类国家自然科学基金项目选题原则和范围

国家自然科学基金项目的选题需要遵循以下基本原则:一是目的性或应用性原则。即结合国家基础研究发展战略,选择实用性较大、迫切需要解决,或具有广泛应用前景的超前性基础研究或应用基础研究。二是科学性和求实性原则。即以真实、可靠的事实为根据,或者以科学原理、基本理论为基础,将工程问题抽象、凝练成科学问题,而非伪科学或非科学问题,并在表达方式、书写规格等方面符合规范。三是创新性或先进性原则。即从科学本身发展趋势和国家发展规划需求方面考虑,选择尚未解决或未完全解决的、预料经过研究可获得新见解、新观点、新思想、新设计、新概念、新理论、新手段、新成果等一定价值的课题。这些课题一般具有新颖性、探索性、先进性、风险性等特点,是在探索事物发展演化的本质规律。因此,要重视研究科技发展的前沿,寻求科学研究新的生长点、突破点、空白点、无人区等问题。四是可行性原则。即在强调主、客观研究条件可行性的基础上,同时注重现有的科学技术发展水平下完成课题在学术上的可能性。

国家自然科学基金项目选题范围是科学问题,即研究主体与客体、已知与未知的矛盾。对于基础理论研究,申请者选题要以认识自然现象,揭示自然规律,获取新知识、新原理、新方法为主要研究内容的项目,进行自主创新的自由探索。在数学、物理学、化学、天文学、地学、生物学及力学等基础学科及其新兴交叉学科方面尤为重要。对于应用基础理论,要针对具体实际目的或目标,主要为获得应用性原理新知识的独创性研究。

工程科学类国家自然科学基金项目,主要是运用自然规律,对设计和人造系统的工程实践进行应用基础研究。因此,在选题过程中,申请者要针对具体的工程领域,运用观察、比较、分析、归纳等科学方法,将表象上好像没有联系而本质上有必然联系,现象上貌似没有规律而实质上有内在规律的工程现象上升到理论水平而进行的创造性研究过程。或者说是要研究工程实践过程中具有共同自然规律的各种现象而凝练、抽象出来的科学问题,是对工程问题的深化与升华,并非工程实际本身。工程科学本身不仅具有系统结构的特征,而且在工程系统环境的作用下具有孕育、潜伏、发生、爆发、持续、衰减、终止的演化规律,基金申请者应注重发现、掌握这些规律,进而透过工程现象探索本质,提出工程现象的发生原理是什么? 为什么发生? 怎样发生? 对应什么科学问题。因此,申请者要掌握工程形成过程中的工程结构、外界环境及其相互作用过程中不同的演化阶段,即从孕育到潜伏、潜伏到发生、发生到爆发、爆发到持续、持续到衰减、衰减到终止等不同演化阶段的演化机理。不同的内外因条件、不同演化阶段一般具有不同的科学问题,不同科学问题可能采用不同的研究方法并相应得到不同的研究结果。例如,岩土工程中灾害的孕育、潜伏、形成、发生、爆发、持续、衰减及终止在不同的内外因条件、不同阶段的演化原理是不同的,当然不同的岩土工程结构、不同外界环境作用、在不同演化阶段对应着不同的科学问题。

3. 工程科学选题的分类

工程科学类国家自然科学基金项目选题过程中,必须依据工程科学类项目的特征,明确选题与研究内容的一致性。选题的同时就确定了研究内容的重点。因此,依据系统科学原理和研究内容重点的不同,可将基金的选题分为结构类、系统环境类、机理类、模型类、方法类、控制类、综合类等不同种类。

1)结构类

结构类选题是申请国家自然科学基金项目中最常见的一类项目。从系统科学角度分析,系统结构包含组成部分(个体)、时空秩序、联系规则。从哲学的角度来看,系统结构就是研究事物的内因。因此,系统结构中组成部分(个体)或时空秩序发生改变,系统的结构就发生改变;不同的系统结构,就会具有不同的功能特性。

工程系统结构中常考虑结构的组构原理与层次关系问题、结构的尺度选择与分析、结构的设计原理、结构的优化原理、结构的运行原理、结构的演化原理、结构的控制原理、子结构间的相互作用原理等。常见的如材料科学中不同种类的材质组合及其性能、地质学中的地质构造原理、土木工程中的建筑结构原理、化学中的结构化学原理、力学中的结构力学原理等结构问题的研究。

工程系统结构另一类不能忽略的问题就是系统结构时空边界及其边界的约束情况。由于空间边界是系统结构与系统环境的交汇处,系统结构与系统环境是通过开放的系统的边界相互作用、相互影响,进行物质、能量、信息的交换与传递。具体体现在工程系统结构边界的大小、开放的类型、开放度、开放时间、开发阶段等。最简单的例子就是材料力学中的梁结构,均匀受载的梁,在两端简支、一端固支一端自由、一端固支一端简支、两端固支等不同边界支承方案中,某一截面上的内力、应力分布、应力水平完全不同,说明系统边界的约束直接影响系统的特性。

2)系统环境类

系统之外的力学作用、物理作用、化学作用、生物作用、经济作用、管理作用、社会作用等所有外界作用因素称为系统环境。从哲学的角度来看,系统环境就是事物的外因。环境本身也是一个系统,系统的结构作为整体与系统的环境相互作用、相互影响、相互协作。从系统的层次性分析,系统的结构是上一个层次总系统的子系统,又是下一个层次子系统的总系统。因此,系统结构承受着来自内部因素之间的相互作用因素称为内部环境或内动力,系统结构整体与系统外界环境相互作用称为外部环境或外动力。据此原理,系统结构在内动力、外动力或内外联合动力或耦合动力作用下发生演化。

工程系统环境分析,首先要考虑环境的系统特性,即系统环境的组分、组分之间的组成关系等;同时考虑系统环境的随机性、模糊性、非线性等复杂特性。系统环境随时间是不断变化的,因此分析中不能忽略系统环境的演化阶段、演化进程、演化趋向、演化结果与演化规律。

3)机理类

申请国家自然科学基金机理类项目,必须要掌握事物演化的时空规律。从空间范围来看,事物的演化就是事物的内因(系统结构)与事物的外因(系统环境)通过系统的边界相互联系、相互依存、相互作用、相互反馈的过程。因此,对于工程科学问题,相同外界环境作用下不同的工程结构或不同外部环境作用下相同的工程结构演化过程、演化规律、演化结果是不同的。从时间的角度分析,工程系统的演化经历孕育、潜伏、发生、爆发、持续、衰减、终止等阶段,不同阶段的内因(系统结构)、外因(系统环境)一般不同,相互作用的功能、特性也不同。工程系统结构在外界环境作用下,工程结构处在动态的变化过程中,符合量变质变规律,即工程结构表现为由量变到质变,再由质变引起新的量变的反复过程,质变(或突变)时原结构状态发生改变,形成新的结构形态。

机理类项目的实质内涵就是研究事物内因(工程结构)、外因(外界环境)在一定的演化阶段相互作用的原理。工程系统结构演化机理的研究,属于原始创新。因此申请国家自然科学基金机理类项目要明确回答两个问题,一是空间分析,即什么内因(工程系统结构)与什么外因(工程系统的外界环境)相互作用的原理;二是时序分析,即什么时段的内因(工程系统结构)与外因(工程系统的外界环境)如何相互作用,作用的原理是什么,为什么是这个原理。因此,国家自然科学基金机理类项目的申请,注重工程系统的内、外因通过系统的边界、在不同时间空间范围相互作用的原理与过程。

对于工程系统,一般由不同类别的子系统、不同层次的子系统组构而成。在演化过程中,不同类别的子系统,如固体与流体子系统往往具有不同的演化机理;不同层次的子系统,如不同的结构尺度子系统往往具有不同的演化机理。总系统中不同子系统往往处于不同的演化阶段。因此,要考虑系统中子系统不同种类的演化机理及不同演化阶段相互作用关系。

4)模型类

国家自然科学基金项目中,直接研究原型一般存在一定的困难,因此,实际研究中采用模型方法对原型进行抽象。模型就是将研究对象实体进行简化,用适当的表现形式或规则描绘研究对象主要特征的模仿品。原型简化成模型的原则是模型在结构、环境及其相互作用原理上应该与原型相似。因此,模型的准确性最关键的还是对原型结构、环境及其相互作用原理实质内涵的理解和把握。工程科学模型类项目可主要从以下四个方面考虑。

(1)内因模型或工程结构模型。事物的内因或工程结构主要包括系统结构的组成部分、组成部分间的时空秩序与联系规则等三个方面的内容。不同的事物内因或工程结构,特性当然不同,工程系统的结构决定着工程系统功能。从工程结构不同组分,微观、细观、宏观等跨(多)尺度,结构非均质性,复杂结构形态或结构参数演化的变结构、非线性结构等问题是工程结构模型研究的难点和热点问题,如材料科学、工程结构等常常注重结构模型的研究。

边界是系统结构信息的最大范围。工程系统的环境通过系统开放的边界与工程系统的结构有物质、能量和信息的交换、传递。因此,工程系统的边界是工程系统结构的一部分,必须在时空范围建立系统工程边界模型。系统边界模型包括时间边界即工程系统的初始状态、终止状态;工程系统的空间边界条件包括系统的开放、半开放与封闭边界的边界条件等。

(2)外因模型或外界环境模型。工程系统结构之外的所有因素,包括力学作用、物理作用、化学作用、生物作用、社会作用或综合等作用而凝练而成的模型。单考虑力学作用,如各种外力因素包括静力、动力,受力状态有确定还是随机、单向还是多向,受力方向有拉伸、压缩、剪切等。物理作用中包括温度、电磁、光照、波动、湿度、辐射等外因。如果考虑力学作用、物理作用、化学作用、生物作用等相互作用或综合、耦合作用就更复杂。同一工程系统结构,在不同环境条件下,工程系统会展现不同的功能特性。例如,泥土在常温与低温下物理、力学性质不同;钢材在常温与高温下物理、力学特性也不同。复杂环境模型的建立是国家自然科学基金项目申请的发展趋势。如果采用微分方程描述工程系统的演化过程,外因模型或外界环境模型常常是微分方程的右端项和初始条件,而右端项和初始条件的变化往往决定着系统结构的演化趋向与演化结果。

(3)相互作用模型或本构、机理模型。描述内因或工程结构、外因或外界环境相互作用原理的模型。古典、经典理论中,一般的线性理论模型已经建立;现在申请国家自然科学基金项目所探讨的只能是复杂(或非线性)结构与复杂(或非线性)环境相互作用时的各式各样复杂的非线性本构模型与判据。一般依据力学、物理学、化学、生物学等原理,建立相应的力学、物理学、化学、生物学等模型或多种作用的耦合模型;同时,工程结构经历孕育、潜伏、发生、爆发、持续、衰减、终止等演化阶段,必须考虑不同阶段的演化转化条件。通常,用模型方法描述工程结构与外界环境相互作用的原理,就是工程科学问题的机理类项目。当然可以研究不同演化阶段如孕育机理模型、潜伏机理模型、发生机理模型、爆发机理模型、持续机理模型、衰减机理模型、终止机理模型及全过程演化机理模型。工程系统中往往有多种作用,如有力学作用,同时又有温度、湿度等物理作用。因此,应当统筹考虑力学、物理学模型之间相互关联。

(4)综合或组合模型。是由结构(内因)模型、环境(外因)模型或机理模型组合、综合而成的模型。结构模型、环境模型、机理模型或综合模型要用科学语言来描述,特别是利用相应的力学、物理学、化学、生物学等原理进行描述,建立相应的力学、物理学、化学、生物学等模型,进而建立相应的数学模型。

5)方法类

国家自然科学基金方法类项目主要包括理论方法、实验方法及求解方法。理论方法对于工程结构演化的孕育、潜伏、发生、爆发、持续、衰减、终止等不同阶段量变到质变的过程,建立发生判据和各分阶段间的连续性或转化条件,特别是质变的拐点判据。可采用不同的描述方法,如数学方法、物理学方法、力学方法、化学方法、生物学方法等。每一种方法可派生出许多具体的研究方法。

实验方法包括结构的组成部分、时空秩序、联系规则等结构构成实验和同一结构不同外界环境作用的特性实验。一般情况下只是在简单实验环境条件下研究结构的演化特性。方案优化后才进行比较复杂实验环境下结构的演化特性研究。将实验数据进行科学分析、总结演化规律或验证理论结果、确定演化参数等,并且由于复杂的仪器设备、高精度测试技术手段的应用,向微观各层次和复杂结构各层次的深入研究是明显的发展趋势。

求解方法包括解析方法、半解析方法及数值方法等。对于数学模型中的简化或特例,利用解析方法、半解析方法可以寻找控制变量和状态变量之间对应的因果关系,进而得到系统控制变量对状态变量的控制作用和系统的演化规律;但对于大部分复杂的数学模型,只能采用数值方法。利用数值方法进行数值实验,也是一种有发展潜力和前途的研究方法。

6)控制类

广义地讲,因果关系就是原因对结果的控制,因此,大量学者认为把分析因果关系作为控制科学的哲学基础。工程技术中的补偿、调节、校正、操纵等都是控制行为。实际工程中,可通过简单控制、补偿控制、反馈控制、镇定控制、复合控制等方式完成。工程系统的演化过程中,控制变量支配着系统的演化进程、演化方向。因此,为了达到系统既定的目标,人为地调节控制变量就是对系统的控制。系统的控制变量,一般是由系统的主导结构与系统的特殊环境要素等重要或关键因素组成。因此,人为地调控系统的主导结构、特殊环境要素等控制变量,以达到调控系统的目的。

7)综合类

申请国家自然科学基金,大部分属于综合类项目,即申请书中包含了理论研究、实验研究和数值方法及现场应用等研究内容,全面但特色很难突出。在实际完成过程中,在理论研究、实验研究和数值方法研究等方面应各有侧重。

4. 选题注意事项与建议

（1）从事国家自然科学基金项目研究,首先要培养、树立和发扬科学精神,尊重科学,努力探索,将研究兴趣、科学方法与具体工程科学有机结合起来,选择明确的研究方向,掌握学术动态,注重学术积累,培养科学素养。同时多看、多写综述性论文和申请书、结题报告等,多思考科学问题。处理好个人兴趣爱好、基础积累和短期研究计划、长期规划之间的关系;处理好小题精作和大题深作之间的关系;处理好个人选题和参与集体研究的关系。

（2）了解系统科学哲学的基本原理,掌握系统内因(工程结构)与外因(外界环境)相互作用过程中发展、变化的实质与基本规律;同时掌握扎实的数学、物理、化学、力学等基础科学知识。要掌握工程现象发展的来龙去脉、前因后果,要知其然更要知其所以然,这样才能在发现工程中的问题后,抓住工程系统演化过程中的本质,凝练、抽象出具有一定范围内的工程科学问题,并能描述和解决。

（3）创新特别是源头创新具有"第一"的属性,申请者应在自己的研究领域内,寻找发现新问题、提出新概念、研究新结构、探讨新环境、采用新方法、设计新实验、论证新定理、建立新模型、验证新理论、寻求新规律、解释新现象、得到新结果等具有探索未知事物、揭示自然规律的观点和原理。

（4）选题适中,不同类型项目具有不同侧重点。特别对面上项目、青年基金应选择某一类为重点,小题新作,小题精作,小题深作。同时选题与研究内容、科学目标相吻合,形成一个主线,让专家和基金管理者很明确地知道你要研究什么,如何研究。针对当前选题与研究中存在"假、大、空、高、难、远"等问题,提倡"真、小、实、低、易、近"研究方法。

（5）注重交叉边缘科学,寻找交叉边缘学科的结合点,甚至在不同学科门类、不同一级学科之间移植、嫁接、交叉、融合并寻求相关的、共同的科学问题。建立新概念、新理论,采用新的科学方法并拓展新的研究领域。

2.5　工程实际中科学问题的凝练及案例分析

摘要:工程现象中科学问题的凝练须掌握基础科学的科学领域与对应的科学实质。依据科学实质对工程现象进行分类,依据工程需求凝练相应的科学问题,从结构的层次性问题、极端与特殊结构问题、极端环境问题、特别的演化问题、因素间的相互联系问题、控制原理类问题等方面进行科学问题的凝练。

工程特别是重大工程在建设、生产、运营中,往往会出现各式各样的工程现象。在这些现象中,有些工程现象是常见的,有些工程现象是鲜见的;有些工程现象的诱因与发生机理已经解决,而大部分工程现象的诱因与发生机理还不清楚,蕴含着需要深入研究才可能解决的科学难题。为了使工程特别是重大工程合理设计、顺利建设、高效生产、安全运营,需要遵循认识现场自然现象、探索现象的科学实质、凝练科学和技术问题、解决科学和技术问题、应用到现场实际的认识思路。如果把工程研究对象视为系统,就从工程系统和组成要素、要素和要素、工程系统和工程环境的相互联系、相互作用中综合地考察工程系统。工程中科学问题的凝练可以从以下四个方面考虑。

1. 掌握基础科学的科学领域与对应的科学实质

大量的科学研究与实践已经为工程现象与相对应的科学实质奠定了初步的研究基础。在工程现象中,如果某物体处于静止、运动或变形、破坏状态,这些就是典型的力学现象,科学实质就是物体间的相互作用而形成的机械运动。随着时间的推移,两个物体之间或一个物体上的两个不同点位置随时间的推移而发生变化即为机械运动,而力学正是研究物质机械运动的规律与应用的科学。但是导致力学现象的因素可能是力学作用(如力、运动等)、物理作用(如温度、电磁等)、化学作用(如腐蚀、爆炸等)、生物作用(如生长、枯死等),甚至是力学、物理、化学、生物等综合、耦合作用。在自然现象中,如果天空中发生闪电、出现彩虹等现象,这是典型的物理现象。闪电现象的科学实质是云层间正负电荷接触时的放电过程,彩虹现象的科学实质是光与大气(云)的相互作用,而物理学正是研究物质运动最一般规律和物质基本结构的学科,是探索分析大自然所发生的现象,揭示自然界大至宇宙,小至基本粒子等一切物质最基本的运动形式和规律,因此,成为其他各自然科学学科的研究基础。同理,化学现象的科学实质是物质间的相互作用过程中有新物质的产生或原物质的灭失,即判断某个反应是否为化学反应的依据是反应是否生成新的物质,而不是依据化学反应的温度变化、颜色变化、发生沉淀等现象。生物学现象的科学实质是生物体在演化过程中,生物体的结构、功能、发生和发展。无论是力学、物理学、化学还是生物学,都是从物质间的相互作用、相互联系的角度来考虑,除了应用自身学科的理论基础外,还充分地运用数学作为相应学科的工作语言,用来描述不同事物之间相互关联的数量、相互关联的性质及相互关联的程度,并以实验、逻辑等方式来检验理论的正确性。因此,物质之间存在着相互作用与相互联系,相互作用可以是自然界的力学作用、物理作用、化学作用、生物作用或社会作用等基本的作用方式,甚至是它们之间的联合、耦合作用;而相互联系的方式则可用数学等基础科学的理论加以描述。

2. 依据科学实质对工程现象进行分类

要依据工程背景所发生现象的科学实质,将不同工程现象进行归类并分类。工程现象五花八门、千差万别,在充分调研、分析的基础上,要对工程现象进行归类并进行科学分类。从大的范畴来分,工程现象可分为力学现象、物理现象、化学现象、生物现象、社会现象甚至出现这些现象的组合现象。每一大类的工程现象还可以继续细分为较低层级的工程现象,如露天采矿边坡会随时间推移发生变形、破坏,这是典型的变形体力学现象,可以进一步归类为岩体(围岩)中的岩石流变变形、破坏现象。在地下采煤的巷道、采场中围岩均会随时间推移发生变形、破坏,这些工程现象当然也是岩体(围岩)中的岩石流变变形、破坏现象。采矿中另一现象如岩石开挖爆破过程中,相应的露天采矿边坡、地下采煤的巷道、采场中围岩均会发生振动变形、甚至岩石的破坏,这些也是典型的变形体力学现象,进一步归类、划分为岩石振动(或波动)现象导致的岩体变形、破坏。无论是岩石流变变形、破坏现象,还是岩石振动(或波动)诱发的岩体变形、破坏,尽管在露天采矿、地下巷道或地下采场等不同的工程背景中显现,但科学实质是相同的,均是岩体受到外界环境(外力)的作用而导致的岩体变形、破坏。因此,这类岩体变形、破坏的现象可统一用岩体变形体力学理论来描述、分析。这些理论来源于露天采矿、地下巷道或地下采场等不同的工程背景,但经过了高度地抽象;岩体变形体力学理论可以在更加广泛的范围内应用,如公路、铁路滑坡及隧道变形破坏等工程中应用。因此,对于研究者来说,要依据相同的科学实质归类,在此基础上进行科学分类,并根据科学实质进行描述,进而进行相应的理论与实验研究,并最终在实际工程中应用。

对应的工程中的力学现象、物理学现象、化学现象、生物学现象、社会学现象甚至组合现象,相应凝练的科学问题应该是力学、物理学、化学、生物学、社会学甚至这些科学的组合问题。对应这些不同门类的科学问题,采用相应的科学理论与方法来解决。

3. 依据工程需求凝练相应的科学问题

工程需求往往体现的是工程系统外在现象,如岩土工程中滑坡灾害治理、地下采煤瓦斯爆炸的防治、地下采煤顶板灾害的控制等。这些工程中,滑坡灾害、瓦斯爆炸、顶板灾害等均为工程现象。工程现象的科学本质是工程中内部的不同介质、不均质性及外力、水、瓦斯等各种影响因素的相互作用、相互联系;相应的科学问题则是工程系统中各种内、外因影响因素分析及其相互关系的描述与相互作用原理的揭示。

工程现象是工程系统本质的外在表现,是局部的、个别的;工程现象的本质是工程系统内在的根本特征,是工程现象中一般的或共同的属性。不同的工程现象可以具有共同的本质;同一工程本质可以表现为千差万别的工程现象。工程中影响因素可分为工程系统的内因(系统结构)、工程系统的外因(系统环境)、工程系统的内外因相互作用与相互关系等类型。从哲学的观点来看,矛盾是指事物内部或事物之间的对立和统一及其关系,矛盾是事物发展的动力。因此,工程系统演化动力可分为系统内部矛盾引起的内动力,系统外部矛盾引起的外动力及系统内部与外部矛盾引起的内外联合-耦合动力。工程系统的内动力是指工程内部各个组成部分在时间、空间构成上的差异达到最大化;外动力则是工程系统指外部承受力学作用、物理作用、化学作用、生物作用甚至社会作用。

工程系统结构从构成层次上来分,可分为微观、细观、宏观等不同层次;工程系统环境是指外界对工程系统结构的作用因素。从经历的时间历程来看,工程系统结构在工程系统的环境的作用下,经历孕育、潜伏、发生、爆发、持续、衰减直至终止等不同的演化阶段。因此,在充分分析工程现象的基础上,需要从时间、空间的角度来分析各种内、外因影响因素,建立相应的科学假说,揭示工程系统内、外因相互作用原理,并描述内因、外因构成及其联系规律,并最终应用于工程实际。

为了满足工程的需求,人们往往是优化工程系统结构,或调控工程系统环境以适应不断变化的环境条件,或收集工程系统结构演化过程中特性信息来监控工程系统的演化进程。这就相应地形成了工程系统结构优化原理、工程系统环境调控原理、演化原理及特征信息分析等不同的科学问题。

4. 依据工程现象凝练科学问题的案例

通过实际工程现象来凝练科学问题,并归纳、凝练出解决科学问题的原理、方法。为了更加明确地了解工程现象中凝练的科学问题,可从工程系统的内因(结构)分析、外因(环境)分析、内外因相互作用分析及内外因相互联系等方面来进行案例分析。

1)第一类案例:结构的层次性问题

在工程系统的结构(内因)分析中,结构(内因)层次的选择可依据所研究问题的需要适当考虑,以下就是从三个不同层次(尺度)工程结构中选择的实例。

(1)采矿工程中,为了安全、高效、经济地组织生产,需要对煤层瓦斯进行预抽。由于瓦斯吸附、解吸、运移均在煤(岩)体微观层级上发生,因此瓦斯抽采的科学实质是瓦斯与煤(岩)体在微观层级的相互作用,可以从微观、细观或宏观角度分析单元结构尺度(内因)瓦斯在煤(岩)体内的赋存、吸附、解析及运移规律;对应的科学问题是瓦斯在微元体内的吸附-解析运移规律;研究成果可应用于煤层气、页岩气的抽采与瓦斯灾害的治理。

(2)大同等矿区地下采场中,采场顶板为坚硬砂岩。开采后,坚硬砂岩顶板形成很大悬空面积。大面积悬空的顶板一旦突然破断,会造成灾难性后果。因此,坚硬砂岩顶板大面积悬空与破断现象一直是采矿工作者关心的问题。坚硬砂岩顶板破断问题的科学实质是从砂岩颗粒间的破裂开始,最终形成宏观断裂,因此,需要从细观或宏观单元结构尺度(内因)进行分析,对应的科学问题是坚硬砂岩的细观渐进损伤与宏观破裂,研究成果可以应用于砂岩类岩石的变形与破坏。

(3)地下采矿工程中,巷道围岩与支护、采场围岩与支护的科学实质是岩体变形、破坏与支架间的相互作用问题。研究者须从巷道围岩、采场围岩与支护的宏观结构尺度(内因)进行分析,对应的科学问题是围岩变形、破坏与支架相互作用原理,研究成果可应用于巷道、采场围岩及其支护等。

2)第二类案例:极端与特殊结构问题

工程系统结构的另一类内因分析是极端的内因条件或特殊结构。例如,采矿工程中一般研究的大都是水平、近水平或缓倾斜煤层开采,相应的矿压理论相对比较成熟;但采矿工程中也会遇到急倾斜煤层开采问题,而急倾斜煤层开采矿压理论尚处于探讨中。相对水平、近水平或缓倾斜煤层,煤层急倾斜赋存结构就是极端的或特殊的内因条件。不同的内因条件,就会有不同的结构特性。急倾斜煤层开采时的顶板破断问题的科学实质是开采后急倾斜顶板与围岩、支护的相互作用,相应的科学问题是急倾斜煤层开采顶板与围岩、支护作用机理,研究成果可应用于急倾斜煤层开采顶板支护等。

3)第三类案例:极端环境问题

在工程系统环境(外因)的分析中,可以用以下三个极端环境作用实例进行说明。

(1)露天采矿工程中,冬季皮带运输冻土(泥)时,皮带的粘连问题非常突出,冬季极端外界环境通常最低温度达−45℃,这类问题的科学实质是极端低温下冻土与皮带的相互作用,对应的科学问题是极端低温下冻土的粘连机理,成果可以应用于冻土粘连运输皮带、翻斗车等粘连问题。

(2)分析"强震诱发山体滑坡"时,极端的外界环境是强震(超过六级)作用,科学实质是地震力作用下原岩应力与地震附加应力之和超过了坡体的强度,对应的科学问题是强震诱发滑坡机理,研究成果可应用于山体地震滑坡,道路边坡强震诱发滑动或露天矿爆破诱发滑坡等问题。

(3)研究"雨季滑坡"时,雨季滑坡的极端外界环境是长时间雨水作用,科学实质是坡体中水对岩石、特别是软岩的物理、化学作用,坡体强度降低,相应的科学问题是雨季诱发滑坡机理,研究成果可应用山体雨季滑坡,露天矿雨季滑坡,道路雨季滑坡等。

4)第四类案例:特别的系统演化机理问题

在工程系统内、外因相互作用分析中,可以用采矿工程瓦斯爆炸现象来说明。地下采矿工程中,瓦斯爆炸是重大的矿山安全灾害。瓦斯爆炸现象的科学实质是瓦斯(内因)与氧气(外因)的相互作用,对应的科学问题是瓦斯与氧气在一定的条件下发生剧烈的化学反应($CH_4 + 2O_2 \rightarrow CO_2 + 2H_2O$)。事实上,瓦斯爆炸的机理是已经解决了的科学问题,即瓦斯与氧气互为内外因,在火花诱发下发生剧烈化学反应。而采矿工程中瓦斯爆炸的灾难是矿山安全的重大问题,至今尚无完全解决。那么采矿工程中瓦斯爆炸的需要解决的是什么问题呢? 其实需要解决的是与瓦斯爆炸相关的科学问题,即形成瓦斯爆炸的内因如瓦斯的赋存、运移规律,开采与瓦斯的相互关系,瓦斯地质特性等科学问题没有解决;瓦斯爆炸的外因如风流运移规律、通风网络系统规律等科学问题也没有解决;瓦斯爆炸的触发条件如采场温度变化规律,其他气体产生机理,火花产生的条件等科学问题也没有解决。因此,解决瓦斯爆炸机理的问题就相应地转变成了采场瓦斯来源机理、氧气的流动规律与触发条件的研究。

5)第五类案例:因素间的相互联系问题

工程系统科学研究中的另一类重要问题就是需要探讨内、外因相互作用过程中影响因素之间的相互联系及其规律。实质上,数学是其中最主要的描述方法之一,因此,考虑现实世界因素空间形式与数量之间的关系,要采用数学方法进行描述。马克思曾经说过,一种科学只有在成功地运用数学时,才算达到了真正完善的地步。即在重视事物之间相互作用的同时,还要注重事物之间的相互关联与联系,要研究事物影响因素之间相互关联的数量、相互关联的性质及相互关联的程度。因此,工程系统中需要用数学描述事物之间联系的案例不胜枚举,如研究工程系统中的力学现象,就需要在建立力学模型的基础上,要用数学模型来描述力学量与影响因素之间的关系,即建立力学-数学模型;研究工程系统中的物理现象,需要建立物理模型的同时要用数学模型来描述物理量与影响因素之间的关系,即建立物理-数学模型等。其他如化学现象、生物现象、管理现象、经济现象等问题也是采用类似的思路。具体管理学的案例如电厂煤炭采购价格优化问题,就需要考虑煤炭采购中的主要因素之间的相互关系,包括季节价格,煤炭的产地成本、品种、热值,质量指标如含硫量、含灰量、含水量等,运输成本如运输方式、运输时间、运输距离等,不同煤种的配置适合燃烧炉和排污标准,库存最大容量与库存量,煤炭自然发火期等因素。因此,煤炭采购成本优化的科学实质是一个数学问题,需要研究各种影响因素之间的相互关系与规律,最终优化采购方案。

6)第六类案例:控制(调控)原理类问题

系统演化过程中,如何调控系统的演化进程、演化方向、演化速度等调控理论就是控制(调控)原理类问题。控制(调控)原理问题是国家自然科学基金的一大类项目,涉及数学、力学、物理学、工程科学等各个学科。例如,在采矿工程学科中,煤炭自燃是煤矿最常见的灾害形式,不仅浪费煤炭资源,而且可能造成安全事故。因此,控制煤炭自燃技术与技术原理就是煤矿开采中的重要问题。

一般认为煤炭自燃要满足一定的内外因条件,即煤炭本身具有自燃倾向性(煤炭自燃的内因)、连续供氧(煤炭自燃的外因)、热量积聚(煤炭自燃的内外因相互作用)等。研究控制煤炭自燃,就是要研究如何控制煤本身自燃倾向性的原理,如何阻断连续供氧或者如何消散煤炭本身的热量的机理。

第 3 章　关于科学研究方法

3.1 基础科学研究中的组合概念与概念拓展

摘要:基础科学研究中,概念是科学研究的逻辑起点与逻辑节点,须掌握概念的定义和基本特征、基本分类;掌握科学概念的演化、发展与作用;掌握基础科学研究中组合概念与概念拓展以及科学概念的准确内涵;确定科学概念在学科体系中占据的确切位置,厘清概念间的逻辑关系。

科学研究是运用严密的科学方法,从事有目的、有计划、有系统的认识客观世界,探索客观真理的活动过程。根据研究工作的目的、任务和方法不同,科学研究通常划分为基础研究、应用研究及开发研究。基础研究是以认识自然现象,探索自然规律,获取新知识、新原理、新方法等为基本使命,目的在于发现新的科学研究领域,为新的技术发明和革新提供理论前提。而科学理论则是由一系列特定的概念、原理(命题)以及对这些概念、原理(命题)的严密论证组成的知识体系。科学研究离不开科学理论,科学理论离不开科学概念,科学概念是科学问题的逻辑起点与逻辑节点,因此,正确、准确地提出、掌握、运用概念并将概念组合,拓展科学概念的内涵在基础科学研究过程中具有重要意义,具体可从以下七个方面考虑。

1. 概念的定义和基本特征

《术语工作 词汇——第1部分:理论与应用》(GB/T 15237.1—2000)中指出,概念是对特征的独特组合而形成的知识单元。即在认识过程中,从感性认识上升到理性认识,把所感知的事物的共同本质特点抽象出来,加以概括,就形成概念。因此,概念是抽象的、普遍的想法、观念或充当指明实体、事件或关系的范畴或类型的实体。概念是反映对象特有属性或本质属性的思维形式,概念的研究对象是自然界、社会、精神领域的各种事物。概念的属性是事物的性质以及事物之间的关系,也是命题的基本元素;特有属性是只为该事物独有而其他事物不具有的属性;概念的本质属性是决定一个事物之所以成为该事物并区别于其他事物的属性。

概念具有两个基本特征,即概念的内涵和外延。概念的内涵是指概念的本质和含义,即该概念所反映的事物对象所特有的属性,就是回答事物是什么样的;概念的外延就是指这个概念所反映的事物对象的范围,就是回答这类事物有哪些,即概念的量。概念的内涵和外延具有反比关系,即一个概念的内涵越多,外延就越少;反之亦然。因此,概念具有不同层次的内涵和外延。

概念另外还具有抽象性和概括性等基本特征。科学研究中,首先将感知的事物共同本质特点抽象、概括形成科学概念。科学概念包含的内容是开放的、动态变化的。同时在理论系统中,要用已定义的概念,定义未定义的概念;如果在定义项中必须使用认知度较低的概念,就必须先加以定义。例如,在定义"力"和"面积"概念的基础上,就可定义"应力"这个概念。新定义的概念在逻辑上与已有的概念是一脉相承、协调一致的,往往采用最常用的基本概念、最基础的科学概念进行组合,拓宽、延伸概念的内涵的本质与应用范围的外延,也就是在已有的概念中,将本质相同或原理、规律类似的概念加以延伸、拓宽,形成新的概念,甚至新的研究领域。因此,将不同的基本概念按照一定的顺序进行排列、组合,形成新概念,为创造新的知识奠定基础。

2. 概念的基本分类

概念可根据内涵和外延进行分类。不同内涵的事物,本质特征不同,属于不同的概念。根据外延数量的多少,可以把概念分为单独概念和普通概念。单独概念是指外延只有一个对象的概念,例如专有名词太行山、长江等。普遍概念是指外延有两个或两个以上的对象的概念,例如普通名词教师、医生等。根据所反映的对象是否为同一事物个体组成的群体,可以把概念分为集合概念和非集合概念。集合概念是指以事物的群体为反映对象的概念,例如群岛。非集合概念是指不以事物的群体为反映对象的概念,例如岛。根据所反映的对象是否具有某种属性,可以把概念分为正概念和负概念。正概念是指反映事物具有某种属性,例如教师。负概念是指反映事物不具有某种属性,例如非教师。

根据社会科技的迅速发展,人们思维的方向正向更加宽广的范围延伸,思维的水平正向更加深入的层次发展。因此,概念还有很多不同的分类方法,又可分为四类:

①根据概念反映事物属性的抽象与概括的程度,可分为具体概念和抽象概念,并且具体概念和抽象概念具有相对性,如"物质""生物""人""女人""张三"等概念从抽象越来越具体。

②根据概念反映事物属性的数量及其相互关系分为合取概念、析取概念和关系概念。合取概念是根据一类事物中单个或多个相同属性形成的概念,它们在概念中必须同时存在,缺一不可。例如,"毛笔"这个概念必须同时具有两个属性,"用毛制作的"和"写字的工具"。析取概念是根据不同的标准,结合单个或多个属性形成的概念,如"小学生"。关系概念是根据事物之间的相互关系形成的概念,如"大小""高低""好坏"等。

③根据概念形成的途径分为前科学概念和科学概念。前科学概念又称日常概念、直觉概念,是人们在日常生活中通过人际交往和个人积累经验过程形成的概念。科学概念是反映客观事物本质属性的思维形式,是事物区别于其他事物的特有的、基本的性质。

④根据概念的内涵分为实物概念和抽象概念。实物概念是对事物具体形象的概念表征;抽象概念是把具体概念中排除诸多个性,集中描述共性而产生的概念。

从概念的分类中可以看出,概念具有层次性。概念的层次性是指概念有大小范围和隶属关系。对于多个概念,要明确概念大小范围;掌握并列关系还是包含关系;是一级还是二级、三级等不同层级范围的概念。例如,学生是一个一级概念,二级概念包括两个并列关系概念男生和女生。一般情况下,可依据概念的逻辑关系先画概念图,明确概念之间的包含与隶属关系,更好地理解概念的内涵。

3. 科学概念的演化、发展与作用

科学认识的主要成果就是形成和发展概念。概念更深刻、更正确、更完全地反映客观现实,没有定义的概念在人们的大脑思维中,边界往往是不确定的,它会随着思考中所遇到的不同思考场景而发生游移变化。人们对于同一事物的认识往往形成不同内容的科学概念。不同的学科对于同一事物会形成不同内容的科学概念,而在同一学科的不同理论中,对于同一事物也会形成不同内容的科学概念。这反映了人们从不同的角度来观察客观事物。概念总是随着人的实践和认识的发展,处于运动、变化和发展的过程中。这种发展的过程或是原有概念的内容逐步递进和累加,或是新旧概念的更替和变革,也就是说概念的变化和扩大反映了人类对世界的认知和认识的扩展和深化。人类对真理的认识,是一系列概念的形成过程,在概念的不断更替和运动中,在一个概念向另一个概念的转化中实现的,形成科学、技术的发展与进步。

概念在演化过程中向两个方向发展,一是向理论概念方向发展,在不断地归纳、抽象过程中形成科学理论;二是向实际概念方向发展,在不断地总结、应用过程中形成工程技术。概念在不断总结、归纳、抽象的基础上,形成基础科学最基本概念。任何一门学科,从最初的孕育、发展、形成到完善整个过程,均是一系列概念形成、发展,并在此基础上形成科学理论的过程。

科学概念在科学研究中有着重要的、不可替代的作用,主要表现在以下几个方面。

①科学知识具有系统化特征,科学家在不断对自然界以及对人类本身探究过程中,形成了对事物的分类,对事物和事件性质、过程的描述和解释。这些对事物本质特性的归类描述就是概念,而对概念之间联系的正确描述形成了定律、模型和理论。因此,科学概念在找出事物本质共同点的基础上,进行归纳和概括,使得科学知识提纲挈领、分门别类。

②科学概念的形成、发展促使科学家想象和认识更多的新事物、新理论、新方法,把现实世界中的客观对象抽象为某一种信息结构,这种信息结构并不依赖于某些具体实际的工程技术,进而形成概念模型,扩展已有的知识范围,深化已有的知识层次,引导着科学研究的方向、进程,甚至影响研究结果。

③科学概念提出后,科学家可以沿着科学问题所涉及的核心本质共同点,即科学概念形成的主线进行深入的研究,科学概念的形成规范了科学家

进行科学研究的思路和范围,并可构建更加复杂的科学理论。形成概念是人类认知的重要途径,概念是人类知识的基石。

4. 基础科学研究中概念组合与概念拓展

概念组合就是将两个或多个基本概念以词类或以命题进行组合,形成一个新概念的过程,生成的新概念被称为组合概念,利用简单概念可以组合成复杂概念。组合概念方式包含四种类型。第一种是限制式组合(determination),即通过增加概念的内涵以减少概念的外延。通常是一个表达概念的术语与一个或几个表达特征的术语相组合。限制式组合而成的复合概念是原概念的下位概念。限制式组合是最常见的复合概念的构成形式,在科技术语的构成中最常用。一般限制式组合概念中限制词包括名词(如铁＋矿,组成铁矿)、动词(如编＋码,形成编码)、代词(如自＋激,形成自激)、副词(如全＋微分,组成全微分)、形容词(如假＋分数,形成假分数)、数词(如二＋进制,组成二进制)、量词(如倍＋频,组成倍频)、连词(如与＋元件,形成与元件)、专用名词(如胡克＋定律,形成胡克定律)、缩写词(如微机＋硬件,形成微机硬件)、词缀(如反＋问题,形成反问题)、符号(如 X＋射线,形成 X 射线)等。第二种是合取式组合(conjunction),即将两个具有同位关系的概念的内涵相加。例如,陆地坦克＋水上坦克,形成水陆坦克。第三种是析取式组合(disjunction),即两个具有矛盾关系概念的逻辑"或"组合,外延相加。析取式组合而成的复合概念是上位概念。例如,男学生＋女学生,形成学生。第四种是综合式组合(integration),即两个或更多的概念组合后产生一个新概念。综合式组合而成的新概念内涵和外延都不简单等于原来的诸概念之和,例如建筑物理学、生物力学等。因此,组合概念可根据特定的组合法则,运用数学、力学、物理学、化学、天文学、生物学或者社会学、工程技术学等学科概念,将有关基本概念在结构和功能等方面进行有目的的匹配,以满足某种要求,达到人们预期的效果。

具体运用组合概念时,可按照研究目的进行不同类型的概念进行组合,以拓展其内涵。按运用手段来分,概念组合方式有基础科学如数学组合法、力学组合法、物理学组合法、化学组合法、天文学组合法、地球科学组合法、生物学组合法等;按组合对象来分,则有工程组合法、技术组合法、工艺组合法、结构组合法、材料组合法等;按所实现的目的又可分为提高效能或综合性能的组合法、完全多效用的组合法,具有最优性或求最优性的组合法、探索创新的组合法等。在基础科学研究中,充分利用组合概念来拓展基本概念的研究内涵,达到组合或整合创新的目的。组合概念是在原先基本概念的基础上形成的新概念,但不是原有概念内涵与外延的简单叠加与延伸。因此该新组合概念与原概念有联系,但是具有新的内涵和外延。通常将数学结构、变化规律及其描述方法一致的一类问题采用同一个基本概念,通过数学方法,研究数量、结构、变化以及空间模型等演化规律,也就是通过抽象化和因果分析及逻辑推理的使用,由计数、计算、量度和对物体形状及运动的观察中产生。数学家与其他学科的专家相结合,拓展这些概念。数学中解的稳定性为基本概念,在力学中与平衡系统、运动系统等基本概念组合,形成平衡系统稳定性、运动系统稳定性的组合概念。当然平衡系统是运动系统的特例,一般情况下统称运动系统,相应研究运动系统稳定性。运动系统进一步可划分为平衡系统、固体变形系统、流体流动系统、滑块滑动系统、物体滚动系统、物体流变系统、动力系统、多刚体多柔体系统等,并相应地研究其稳定性。稳定性这个基本概念当然可以与其他学科的概念相结合,形成如控制系统稳定性、社会系统稳定性、生态系统稳定性、电力系统稳定性等组合概念。在充分掌握基本概念定义的基础上,深入研究新形成的组合概念的科学内涵。

5. 基础科学研究中科学概念的准确内涵

概念不是永恒不变的,而是随着社会历史和人类认识的发展而变化的。科学研究要准确无误地把握基本科学概念的实质,不能自相矛盾,特别要明确科学概念、工程概念、技术概念、社会概念、民俗概念、口语化概念的区别与联系。例如,岩土工程中往往将"稳定性"与"强度"等两个不同内涵的概念相混淆。又如,塑性力学中的"加、卸载"概念与岩土工程中"卸荷"等概念的区别与联系。同时要掌握不同学科科学概念的准确内涵,如"传热学"与"热力学","动力学"与"系统动力学"等内涵的异同。但在科学研究中,要采用科学概念与科学语言来描述科学问题,不要用文学概念、民俗概念、社会概念、口语化概念等来替代科学概念。注意概念与词语之间的区别与联系,即概念是词语的思想内容,概念的存在需要依赖于词语,词语是概念的表现形式,同一个概念可以用不同的词语表达。同时,概念在不同的条件下有多义性,因此描述科学问题要严密、准确,不要引起歧义。不能混淆概念,更不能偷换概念,或自相矛盾,也不要采用已经废弃不用的概念,以免引起歧义。

概念是不断发展变化的。基础科学研究中,应当在不断总结研究成果的基础上,提出新的概念,或将新概念与旧概念组合,形成组合概念的新内涵,进而发展由此组合概念衍生出的新原理、新方法,形成新的知识体系。

6. 概念在学科体系中占据的确切位置

一个概念体系是由一组相关的概念构成的。每个概念在概念体系结构中都占据一个确切的位置。理想的概念体系应该层次分明,结构合理、内涵明晰,正确反映客观事物的本质,便于下定义和规范指称,也便于协调和容纳不同语言的相应术语体系。

每个相对成熟的学科都有自己特定的概念,并且有些是主要的和基本的概念;在基本概念中又有一个或少数几个最主要和最基本的被称为核心概念。随着学科的发展这些概念不断明晰和深化,逐渐形成学科的概念体系。学科的概念体系通常具有塔式结构、树状结构、层状结构或混合结构,即从一个或几个该学科最基本的核心概念出发,不断分支,构成一个多层次、嵌套式的概念结构体系,这个概念体系的结构也就构成了学科理论的框架。通常学科的概念体系可以分为四个层次:处在最上层的第一层次是核心概念;第二层次是基本概念;第三层次是主要概念;第四层次是普通概念或一般概念。了解了学科概念体系,就抓住了学科的基本线索和纲领,可采用概念图和概念模型,画出概念图以显示概念间的逻辑从属关系,把握该学科的概貌。

大多数概念体系是混合体系。概念体系一般是以属种关系为骨架,在个别地方辅以整体-部分关系、序列关系、因果关系和联想关系等。科学研究中,首先要掌握所研究的概念在学科概念结构中的地位、作用,正确地把握所研究概念的科学内涵,确定所研究概念与其他概念的关联关系,并拓展所研究的概念的科学内涵。科学研究中的创新,首先是概念创新,形成新的概念组合、组合概念或概念拓宽就是理论创新的重要环节,对基础科学研究的原始创新有重要意义。

7. 科学研究中要厘清概念间的逻辑关系

概念之间的关系是各种各样的,存在着多样化的逻辑关系,主要分为相容关系和不相容关系两大类:相容关系是指两个概念的外延至少有一部分重合的关系;不相容关系是指两个概念的外延没有任何一部分重合的关系。科学研究中,掌握概念间的相容关系、不相容关系有助于理解科学研究的内涵。

1)相容关系

根据外延重合的多少,可以将相容关系分为如下三种:同一关系、包含关系和交叉关系。同一关系,也称全同关系,是指外延完全重合的两个概念之间的关系。例如,"应力"和"单位面积上所受的力"这两个概念的外延完全重合,两者之间的关系就是同一关系。包含关系,也称从属关系,是指一个概念的全部外延与另一个概念的部分外延相重合。例如,"力学特性"和"强度"两者就是包含关系。"力学特性"包含"强度"特性。交叉关系,是指一个概念的部分外延与另一个概念的部分外延相互重合。例如,"等腰三角形"和"直角三角形",它们的外延有一部分是重合的。

2)不相容关系

不相容关系也可分为如下三种:全异关系、矛盾关系和反对关系。全异关系,也称并列关系,是指两个概念的外延没有任何重合,而且也没有相同的属概念。比如"功"和"功率",完全没有任何的交集。矛盾关系,是指两个概念的外延没有任何部分重合,而它们的外延之和刚好等于其属概念的外延。比如"静力学"和"动力学",两者构成了"力学"这个属概念的全部外延,不再有第三种可能性。反对关系,又称对立关系,是指两个概念的外延没有任何部分重合,而它们的外延之和小于其属概念的外延。比如"黑色"和"白色"这两个概念,在"颜色"这个属类之中,显然没能涵盖所有的外延。换言之,还存在红色、蓝色、黄色等多种不同的颜色。矛盾关系和对立关系都是一种特殊的并列关系。

3.2　国家自然科学基金项目申请中的重要科学概念

摘要:国家自然科学基金项目申请过程中,必须准确地把握申请项目所涉及的科学概念。但有一些常用科学概念的内涵不易把握,或容易与相近的科学概念混淆,造成误解。从系统科学角度就机理与演化机理及演化规律、系统的结构响应与本构关系、稳定性、耦合、力学与数学模型等概念的基本内涵进行整理、分析、推广与深化,为国家自然科学基金项目的申请、评审及完成提供借鉴。[24]

国家自然科学基金注重基础理论或应用基础理论研究,而科学理论是由概念、公式、模型、定理等知识单元组成、并由逻辑链条有机联系起来的知识体系。基础理论可通过逻辑方法进行演绎、推理等思维方式来构建;应用基础理论研究一般是在实验研究或者现场测试分析基础上归纳自然现象、通过科学抽象升华形成的知识体系。在国家自然科学基金项目申请、评审过程中,有几个常用但又不容易理解的科学概念常常造成误解,或者与相近的科学概念混淆,或者没有深入理解这些科学概念的内涵,使得国家自然科学基金项目申请、评审甚至完成过程中不能准确地把握这些概念内涵,造成不必要的损失。据申请与评审统计分析,国家自然科学基金项目在选题、申请、评审和完成过程中,"机理""规律""本构关系""稳定性""耦合""力学与数学模型"等科学概念的使用率排在前列。有一些重要科学的概念如"机理""演化机理""稳定性"等一般是不应该回避的;有一些重要科学的概念如"本构关系""耦合""力学与数学模型"等在国家自然科学基金特别是工程科学范畴内申请项目的使用率很高且不易完整掌握。很多申请者没有把握这些科学概念的实质内涵,混淆了这些科学概念与相近科学概念的联系与区别而没有申请成功;即使在申请成功的项目中,掌握这些科学概念对于顺利完成国家自然科学基金项目也有重要意义。本节在探讨国家自然科学基金工程科学项目选题[18]，以科学问题为主线申请国家自然科学基金[13]，"机理"类项目研究内涵[25]、"模型"类项目研究内涵[26]、工程系统演化过程研究内涵[12]等问题的基础上，从系统科学的角度对国家自然科学基金项目申请中经常用到的如"机理""本构关系""稳定性""耦合""力学与数学模型"等重要科学概念进行归纳、分析、整理、推广与深化，便于在国家自然科学基金项目选题、申请、评审及完成中掌握与运用。

1. 演化机理与规律

在环境作用下物体会发生演化，而演化过程的发生原理即演化机理（或演化机制）的研究属于原始创新，是国家自然科学基金资助特别重要的类型。通过对多年国家自然科学基金批准资助的项目中的检索分析，含有"机理""机制""原理"等主题词的项目占年度总项目的 20% 左右。在主题词中不包含、而以"机理""机制""原理"等为主要研究内容的申请书就更多，并且逐年增加。因此把握"机理"及"演化机理"的概念、内涵就显得至关重要。

科学研究过程中，通常将所研究的对象视为一个系统。系统内部元素与结构在组分、浓度、强度、温度、顺序或速度等方面存在差异，这种差异达到最大化就是系统的内部环境或内动力；系统之外如机械（力学）作用、物理作用、化学作用、生物作用甚至社会作用等各种因素独立或联合、耦合作用为系统的外部环境或外动力。系统结构与内、外动力的合作、竞争、矛盾相互作用中，在规模、组分、关联方式等方面的改变，进而引起系统功能或其他性质的改变。

系统结构与系统内部环境相互作用的原理就是系统内部发生机理（或发生机制）；系统结构与系统外部环境相互作用的原理就是系统外部发生机理（或发生机制）。考虑到系统的层次性，一个系统既是上一层次总系统的子系统，又是下一层次子系统的总系统。系统在结构形式、连接方式、参数分布及功能性质上的差异表现在该系统对上一层次总系统为内部功能特性，对下一层次子系统为外部功能特性。因此，一个影响因素可以从不同层次视角体现内、外环境的互相转换，可将内部环境、外部环境统称为环境。系统结构与系统环境相互作用的具有普遍意义的基本规律，就是系统发生机理。

在环境作用下,系统的元素构成、结构形式、状态、特性、行为、功能等就会发生变化,这种变化统称为系统的演化。系统演化经历孕育、潜伏、发生、爆发、持续、衰减、终止等过程。实质上,系统从孕育到潜伏、潜伏到发生、发生到爆发、爆发到持续、持续到衰减、衰减到终止等不同演化阶段中系统结构与环境相互作用的基本原理即演化机理是不同的。同时,在总系统中,可以存在力学系统、物理系统、化学系统或者生物系统等不同种类的子系统,当然不同种类的子系统具有不同的演化机理、演化进程;从系统结构的层次性来分析,系统存在微观、细观、宏观等不同尺度、不同层次的结构构成,相应地,不同尺度、不同层次的结构具有不同的演化机理。

申请国家自然科学基金项目,要注意"机理"不是简单的系统结构分析,或环境分析,或实验测试单因素、有限样本的作用分析;必须充分地了解系统演化过程的来龙去脉和前因后果,研究什么样的系统结构与什么样的系统环境在哪一个层次、在哪一个阶段如何相互影响、相互作用,寻求具有普遍意义的演化过程,或系统结构与环境在时空范围内相互作用的普遍原理。

在理解演化机理概念的同时,须对事物发展的规律性有所了解。所谓自然规律,是指不经人为干预,客观事物自身运动、变化和发展的内在必然联系,也称为自然法则。自然规律是事物运动过程中固有的、本质的、必然的、稳定的联系。规律是客观的,是不以人的意志为转移的,它既不能被创造,也不能被消灭。规律是普遍的,自然界、人类社会和人的思维在其运动变化和发展的过程中,都遵循着固有的客观规律。没有规律的物质运动是不存在的。因此,必须遵循规律,按客观规律办事,不能违背规律。一旦违背客观规律,就会受到规律的惩罚。同时,在客观规律面前,人并不是无能为力的,可以在认识和把握规律的基础上根据规律发生作用的条件和形式利用规律,改造客观世界,造福于人类。

自然科学所揭示的规律一般可以分为两类:①机械决定论规律。是指物质系统在每一时刻的状态都是由系统的初始状态和边界条件单值地决定的。由可积的微分方程(组)表达系统的动力学规律,解单值性由系统的初始条件和边界条件所决定。②统计学规律。这种规律具有大量要素组成系统的整体性特征,而系统中的任一单个要素仍然服从机械决定论的规律。统计物理学方程(组)是这种规律性的典型案例,它的解取决于初始时刻系统各要素的相应动力学量的统计平均值。

机理与规律的主要区别在于:机理注重系统的演化过程,是研究事物发展过程中的科学原理;而规律则更强调结果趋势,是事物发展过程中固有的、本质的、必然的、稳定的联系。

2. 系统的结构响应与本构关系

国家自然科学基金项目申请书中,物体材料的本构关系多出现在物理学、力学类相关学科,体现物体结构与外界激扰之间的响应关系。但从更广义的角度分析,系统结构在组分、浓度、强度、内力、温度、顺序或速度的差异等内部环境或机械(力学)作用、物理作用、化学作用、生物作用甚至社会作用等外部环境的激扰作用下,就会以相应的行为、形态、特性、功能等回应这种作用,使系统结构产生响应。系统结构在内、外动力等单独、联合或耦合激扰作用下,用数学表达式来描述系统结构的响应性质,就可建立相应的本构关系或本构方程。常见的本构关系是建立在特征单元或系统特征子结构上的,如弹性力学的广义胡克定律、黏性流体力学的牛顿黏性定律、塑性力学的圣维南理想塑性定律、渗流力学的达西定律等;还有热力学中常用的克拉珀龙理想气体状态方程、傅里叶热传导方程等;电学中的欧姆定律等;化学中的化学反应方程式等。

在建立物质系统的本构关系时,为了保证理论的正确性,必须遵循本构公理。本构理论的基本公理,包括因果性公理、决定性公理、存在性公理、客观性公理、物质不变性公理、邻域公理、记忆公理和相容性公理等。力学理论的本构公理有:

(1)确定性公理,即物体中的物质点在每一时刻的应力状态,完全由组成物体的所有物质点运动的整个历史唯一地确定。

(2)局部作用公理,即假定离开某物质点有限距离的其他物质点的运动与该点上的应力无关。

(3)客观性公理,即物质的性质不随观察者的变化而变化,或者说,本构关系对于刚性运动的参考标架(或参考系)具有不变性。

(4)不变性公理,即本构关系应与坐标系无关。

实际研究过程中,通常分四种情况。一是通常都是建立特征单元或特征子结构的理想状态下简单的或一维的本构关系;对于多维、复杂系统结构,一般采用张量理论进行推广。例如,变形体力学中利用从特征单元建立的弹性本构关系广义胡克定律,在有限元分析中建立单元刚度矩阵,再推广组装成整体刚度矩阵。二是依据简单结构的实验成果和理论分析结果,提出在多种复杂环境联合、耦合作用下的本构假说,并利用实验分析、逻辑关系推理,以及采用得到验证的科学理论为基础进行检验。例如,力学中的材料破坏理论(强度理论),就是在大量单轴实验和少量的多轴破坏实验基础上,结合应力状态分析,建立强度假说,再进行适量的二维、三维实验进行修正、优化与验证。三是对于从孕育到潜伏、潜伏到发生、发生到爆发、爆发到持续、持续到衰减、衰减到终止等不同演化阶段的复杂演化过程,须分别建立不同演化阶段的本构方程,并同时建立不同演化阶段之间状态转换点、相变转换点的连续或间断性条件、转化判据及系统演化趋向判据。例如,流变力学中蠕变位移随时间经历了三个演化阶段,在建立不同蠕变阶段本构关系的同时,还需分别建立第一、第二阶段和第二、第三阶段蠕变位移连续条件和以蠕变加速度为判据的蠕变阶段转化判据。四是对于复杂条件如高速作用、冲击作用、爆炸作用、高温作用、低温作用、周期运动、随机作用等极端、特殊环境作用,或在机械(力学)作用、物理作用、化学作用、生物作用甚至社会作用等单独或联合、耦合激扰作用,须根据具体情况进行具体分析,建立相应的本构关系。

以建立本构关系为主要研究内容的国家自然科学基金项目申请书中,主要存在三个问题:一是将本构关系的概念狭义化,仅仅把本构关系理解为固体力学中的应力-应变之间的关系,特别是对应多种、多相、多过程等复杂演化问题;二是没有遵循本构公理,建立的模型不是真正意义上的本构关系,不能进行广泛意义上的推广;三是不能结合演化过程来进行响应分析,忽视了不同演化阶段及对应不同的响应特性和本构关系。

3. 稳定性

稳定性研究是不同学科的国家自然科学基金项目申请的热点之一。检索统计多年资助的项目,主题词含有"稳定性"的国家自然科学基金项目占项目总数的 3% 以上。稳定性理论涉及各个不同学科领域和研究方向,常在物理学、力学、控制科学、管理科学等学科中广泛应用。

稳定性是指系统在外界扰动作用下,能否保持原来的平衡状态或运动状态的能力;系统在环境的扰动作用下失去原来平衡状态或运动状态的过程,叫失稳;在扰动作用下,系统在平衡点附件发生振荡,出现不稳定现象,系统的不稳定性不一定绝对导致失稳。工程中,常见的如突发事件、量变引起质变、相变等突变均是一种失稳现象。

系统在去掉作用于系统上的扰动之后,能够以足够的精度恢复到初始平衡状态,系统的这种特性称为稳定的系统。系统的稳定性可以分成在大范围内稳定和在小范围内稳定两种。如果系统受到扰动后,不论它的初始偏差多大,都能以足够的精度恢复到初始平衡状态,这种系统就叫大范围内渐近稳定的系统。如果系统受到扰动后,只有当它的初始偏差小于某一定值才能在取消扰动后恢复初始平衡状态,而当它的初始偏差大于限定值时,就不能恢复到初始平衡状态,这种系统就称为在小范围内稳定的系统。在一定范围内处于稳定状态的系统,系统结构的势能最小,此时系统具有一定的抵抗外界的干扰能力和自我恢复能力;反之系统可能局部势能最大,在环境干扰下发生局部失稳。

系统的演化进程常用微分方程描述,因此系统稳定性的问题就转化为研究微分方程解的稳定性问题,即研究当初始条件或微分方程右端函数发生变化时,解随时间增长的变化情况。判定系统稳定性主要有两种方法:一是李雅普诺夫方法,它同时适用于线性系统和非线性系统、定常系统和时变系统;二是基于对系统传递函数的极点分布的判别方法,该方法只适用于线性定常系统。系统稳定性也可用稳定性定义或与微分方程等效的能量泛函分析等方法来判别。

以"稳定性"为研究内容的基金申请书中,主要存在两个问题:一是没有抓住稳定性问题的实质,混淆了强度与稳定性的概念。在工程力学中,强度是指材料抵抗破坏能力,特别在岩土、采矿、水利、隧道等工程中,岩土体的抵抗破坏能力的强度问题与保持平衡状态能力的稳定性问题是有实质的区别。二是可以采用微分方程(组)或能量方程来描述稳定性问题,但在建立数学模型时必须考虑定解条件,即初始条件和边界条件。微分方程右端函数一般描述边界条件,并建立相应的稳定性问题判据。

4. 耦合

在物理学、力学、控制科学、管理科学等学科中,耦合问题的研究是国家自然科学基金申请的热点之一。检索统计多年资助的项目,主题词含有“耦合”的国家自然科学基金项目占项目总数的 4% 以上。把握“耦合”概念的内涵,是申请、评审、完成该类项目的重要工作。

耦合通常是指系统内部各元素(子系统)之间、子系统与系统之间以及系统与环境之间的相互关系,通常是以交互、互动等方式存在并相互依赖、互联作用;系统内各元素(子系统)之间、子系统与系统之间的互联作用为内耦合,系统与环境之间的相互影响为外耦合。耦合作用方式表现在系统内元素、子系统与系统之间以及系统与环境之间的相互影响过程可以是单向的、双向的或随机的。耦合在控制工程、通信工程、软件工程、机械工程等学科中有广泛应用。最常见的耦合例子是火借风势,风助火威现象,火与风两个系统彼此互动,相辅相成,产生互馈作用。因此,系统之间的耦合,一般是通过系统间因素的反馈作用完成的,这种联系系统间因素的反馈参量就是耦合变量。

工程力学中常见的固体中流体流动问题,即流体与固体相互作用组成流固耦合系统。描述流体与固体之间的交互作用,须分别建立固体变形、流体流动两个系统的微分方程组。但在描述固体平衡状态的平衡(微分)方程组中,须包含流体流动压力变量;同时在描述与固体相互作用流体流动的微分方程组中,固体应力状态须包含在流体流动压力中,这样流体流动有效压力就是耦合变量,建立的数学模型就是流固耦合模型。为了分析方便,流固耦合问题在求解过程中通常采用单向耦合方法,即将系统结构体视为定常变形场,忽略结构变形对流场空间的改变,使得求解计算简化。流固双向耦合通常包括两种求解方法,即对弱耦合场的迭代解耦、对强耦合场直接解耦。

申请耦合问题的国家自然科学基金项目,往往存在以下主要问题:一是没有搞清楚场与场之间是如何耦合的,耦合变量是什么,如何描述耦合过程;二是如何测定耦合变量变化规律及其耦合控制作用;三是如何利用解析方法和数值方法求解耦合方程(组)。

5. 力学模型与数学模型

国家自然科学基金项目中的模型,是指为了科学目的对复杂实体进行简化或抽象,是经验、现象或实际过程逻辑化的表述。建立力学模型或选择力学模型是力学类或与力学相关的国家自然科学基金项目申请的基础性工作;而从更加广义的角度深入理解建立数学模型的思路、方法有助于申请者申请和完成国家自然科学基金项目。

系统结构在受到系统内部动力、外部动力的单独、联合或耦合激扰作用下,就会以相应的响应回应这种作用,使系统结构遵循事物发展的基本规律产生机械运动,用数学表达式描述这种机械运动基本规律的过程就叫建立力学模型。一般来说,不同力学模型对应不同的本构关系,相应建立的力学理论体系而形成不同的力学学科,例如,描述刚体机械运动基本规律的科学就采用刚体力学模型,形成理论力学;描述弹性变形体运动、变形基本规律的科学就采用广义胡克定律模型,形成弹性力学等。实际中的力学问题往往非常复杂,通常对研究的工程对象(或系统),依据不同的研究目的,通过实验、观察、分析,抓住问题的本质,提出假设,使问题理想化或简化,从而达到在满足一定精确度的要求下用简单的力学模型来解决实际问题。

对于具体的工程问题,要进行凝练、抽象、简化成科学问题。如果本质的科学问题是力学问题的话,就需要确定力学模型,进而建立相应的描述力学模型中变量与变量之间关系的数学模型。数学模型指反映特定问题或特定的具体事物系统的数学关系结构,是联系一个系统中各变量间内在关系的数学表达。数学模型描述要素、子系统、层次间以及系统与环境间相互关系的数学表达式。数学模型是抽象模型,不能直接反映系统原型的结构,但必须能真实反映原型结构的内在联系,原型中的结构问题在模型中用数学语言描述,能用数学方法分析和解决。系统科学及系统工程主要使用数学模型作为定性、定量分析工具,以得到设计、操作系统所必需的结论。有一类用相关的量,如函数、方程等来表达的数学模型,这种数学模型由两种量构成。一种是反映系统本身变化的量,如输入、输出变量,状态变量等,系统的行为、特性、未来的发展趋势都可以通过它们来刻画。另一种是控制参量,它们一般反映系统与环境的依存制约关系,不能由系统本身获得,这些量可以当作常量(或定量)。由状态变量和控制参量构成的某种数学方程形式称为系统状态方程,是最常用的数学系统模型。代数方程不含时间变量,用作静态系统的数学模型。动力学方程,主要是微分方程和差分方程,是动态系统的数学模型。状态方程的主要功能是能描述系统状态转变的规律。

数学模型包含的主要内容:

(1)对实际问题的凝练,即将实际问题凝练成科学问题,进而简化科学问题,提出基本假设。

(2)提出状态(控制)方程进行描述。

(3)建立本构关系及其状态变量的拐点、极值点、转化或转换点(处)判据。

(4)确定定解条件,一般包含初始条件及边界条件。

(5)求解模型并验证。

国家自然科学基金项目申请中,建立力学模型并用数学模型进行描述,是科研过程中的重要环节。当然如果所研究问题的实质是物理学、控制学等学科问题,则首先要建立相应的物理模型、控制模型,然后再建立与之对应的数学模型。因此,需要对系统的结构特性、环境特性及演化过程及其特性进行深入分析。通常是建立与系统演化过程相匹配的非线性、随机、动态等复杂过程的数学模型,以便从更深的层次揭示事物发展的基本规律。同时,要区分力学模型、物理模型、控制模型与对应数学模型的概念差别和联系,并且在数学模型描述中,不能缺失系统演化阶段转化或转换点(处)或系统状态变化的拐点、极值点的判据。

3.3 科学研究中的特征结构法

摘要：系统结构是系统内在联系的特质，研究系统结构问题，必须掌握系统结构构成的最小单元或基本元素，注重研究系统组成部分的新生、变化与消亡。注重系统构成元素自身在总系统中的地位与属性，深刻认识组成系统结构的三要素，注重基础科学研究中的特征单元的选取。特征结构在管理科学中的成功运用就是工作分解结构。

科学研究中，有一大类问题是需要对研究对象进行分析，即要研究系统结构问题。只有清楚系统的结构特性，才可能研究系统结构与系统环境的相互作用原理及其演化规律。如何研究系统结构，从何处入手来研究自然规律就摆在科研工作者的面前。

系统结构是系统的构成元素（子系统结构）在时间、空间上连续的排列、组合及相互作用的方式，是系统构成元素组织形式的内在联系和秩序质的规定性。构成系统结构的三要素包括系统的组成部分、时空秩序和联系规则。系统结构是事物的内部联系与存在方式，即系统的内部环境。系统结构的构成元素及其结构形态决定着系统的功能特性。因此，要掌握系统构成的功能特性及其在内、外环境作用下的演化规律，就必须先掌握系统结构的构成元素及其结构形态，具体可从以下六个方面考虑。

1. 系统结构构成的最小单元或特征结构

系统结构构成的基本元素是系统三要素中的"组成部分"，这是构成系统具有普遍基本特性的前提与基础。没有系统，也就无所谓元素（组成部分）；反之，没有组成部分（元素），就不可能有系统三要素中的联系规则和时空秩序，也就没有系统。如果将构建一个系统的过程比作搭积木，那么组成部分就是每一个积木块,是系统结构构成的最小构件,称为基本单元或基元、特征单元,该基本单元的特征是在研究相应问题时不能再分割。组成部分一方面要有上、下限等适当的边界范围,要与研究对象即系统总体结构相匹配;另一方面组成总系统结构的组成部分就像积木块一样可以有不同的种类。组成部分超出边界范围的基本单元就会形成另外一个系统结构的概念范畴。例如,一个班级由学生组成,一个学生就是一个班级的基本构成单元(或因素、元素),对于一个班级这个系统来说,最基本的组成单元,即一个学生就不能再划分。如果研究发动机,基本单元就是每一个不同零件或零件组成的构件。对研究发动机这个系统来说,每一个零件或构件就不能再分解。如果一个零件再划分,从材料的组成成分、微观结构角度考虑,就是材料科学要研究的范畴了;研究材料特性与研究零件(或构件)的特性是有联系的,但有本质上的区别。

另外,系统基本单元的属性是系统总体所赋予的。例如,一个成年男子可能是家庭系统中儿女的父亲,可能是父母的儿子,兄弟姐妹中的哥哥或弟弟;在工作单位系统中该成年男子可能是单位的职工。说明系统的因素是具有多面性,同时系统元素影响系统,部分牵动整体,系统元素在系统中的作用可大可小,但不是可有可无。

例如,在各种语言中,一个单字、词语或成语、俗语、惯用法、固定用法、固定的名词或名称、标点符号等,均可能为基本元素或特征单元,用基本语言单元组成语言体系系统,这个基本语言单元称为"语素"。如果将句子视为一个系统,须用单字或单词作为句子的基本语义元素,"语素"是不可再分的基本单元;单字或单词等组成部分可以划分为若干个字母或笔画,是一种符号系统,但字母或笔画没有语义,不是构成句子的最小元素。因此,相对句子系统来说,单字或单词等组成部分就为不可再分的基本单元,不能超出单字和单词组成部分要具备的上、下限边界范围,形成另外一个符号概念的范畴。

社会是由人组成的,当然人具有社会属性;研究社会系统构成就可以以一个人作为组成社会系统的基本单元。如果研究医学,可以以人的细胞(或基因)为元素作为生物学系统的组成部分,细胞之间具有生物学、化学、物理学的功能作用,但细胞没有社会系统的社会属性,只能作为生物学系统的元素,而不能作为社会系统所需要的元素属性。

科学研究中如何选择研究对象的特征单元,就成为科学家需要思考的重要问题。特征单元不仅有大小范围的区别,还有种类、属性、特征与地位的不同,甚至有新生、变化与消亡。因此,必须深入研究特征单元的内涵。

2. 系统组成部分的新生、变化与消亡

物质系统都有物流、能流、信息流在不断地运动,系统本身都有生命周期,都有一个从孕育、产生、发展到衰退、消亡的过程。系统的这种运动、发展、变化过程就是系统的"动态性"。系统的演化是一个动态过程,在这个过程中,为保证总系统处于有序稳定的状态,系统的基本元素(特征单元)就会发生不断变化,有生有灭、有大有小,即系统内的一个(批)基本元素(特征单元)处于不断地变化状态,一个(批)基本元素(特征单元)灭亡了,又有另外一个(批)基本元素(特征单元)被复制出来,形成动态的系统结构。系统基本元素(特征单元)具有自身的基本功能特性,这种基本功能特性决定了特征单元的自复制过程,是总系统自生长的主要原因。例如,任何一个系统随着时间的推移从小到大,从弱到强,最后又由强转弱,最终消亡。在这个过程中,起重要作用的就是系统的基本组成单元的基本功能特性。

3. 系统构成元素自身在总系统中的地位与属性

系统构成元素(特征单元)在总体系统中的作用或贡献是不同的。在一定的时空范围内,一些系统元素对系统的整体结构和性质起主导和关键作用,这些系统元素就是系统的要素。系统要素一般又可划分为基本要素与关键要素。基本要素在系统的演化过程中一直起到主要作用,如生态系统中的太阳、生命系统中的空气;关键要素是在某些特殊的时间段或空间点起到主要作用,时间序列中如起始点、终止点、极值点、间断点等,空间分布中如门锁的钥匙、瓶颈、关卡、开关、保险丝等,超过特定的时空范围后,主要作用就自然消失。

系统结构中往往有一个或几个要素支配着整个系统的演化特性、演化方向甚至演化结果,这些要素就称为核心要素,或叫控制因素、控制变量或关键子系统。如果核心要素是系统的子结构,则该子结构就为主导子结构。系统的核心要素引导、控制着一般系统元素;当然一般系统元素对系统核心要素有反作用,并且系统的要素随着系统演化进程是动态变化的,系统核心要素可能变成系统的普通元素,系统普通元素也可能变成系统核心要素,如煤在燃烧过程中氧气的含量就为核心要素或控制因素之一。

根据要素在系统中的功能作用划分,除了核心要素外,系统中还有为系统提供能源的动力要素,如动物的心脏和机械中的发动机;为系统提供支撑"骨架"的基础要素,如建筑物的梁柱及其框架、人体的骨骼肌肉等;为系统提供"新陈代谢"和生命特征的自复制要素,如生物体的遗传基因等;为隔离和联系其他系统的边界要素,如动物的皮肤、国家的边界等;为系统内传递物质、信息、能量的传输要素,如动物体内的神经系统、血液系统等;为系统内外物质、信息、能量的吸收、排泄、处理作用的转换要素,如生物体内的消化系统等。

4. 组成系统结构的三要素

系统结构组成的三要素包括系统的组成部分、时空秩序和联系规则。任何一个系统,都是由两个或两个以上的构成元素(子系统结构)所组成的。也就是必须考虑系统是由哪些部件(元素)构成的? 这些部件(元素)通过什么样的相互关系来构成系统整体? 元素和它们之间的关联对系统整体性有什么影响?

因此,在研究构成系统的组成元素的基础上,进一步研究系统结构的时空秩序。系统结构的时空秩序是指系统构成元素之间在结构形状、结构顺序或结构分布上合乎一定方式的时空分布、逻辑顺序、构筑法则及其变化规律。关联是结构的基础,系统的整体构架就是由各种关联按照一定的方式组成的。系统元素联系规则应从结构元素之间、结构元素与系统之间的关联数量、关联性质、关联强度等方面来考虑。联系规则可分为简单联系、时序联系或因果联系等。即便是非常简单的元素,通过一定的关联法则也可以组成非常复杂的系统。例如,常用的 80 多个化学元素,通过不同形式、不同规则的排列组合,组成如此复杂的物质世界;英语中仅仅有 26 个字母和 12 个常用的标点符号,但由一个字母或由字母组成的一个单词、一个词组、一个专用词汇或一个惯用法等作为一个组成部分,通过一定的语言结构规则组成句子,再由句子按照相应的规则形成复杂的英语语言体系;十进制中计数采用十个不同的数字进行计数,形成复杂的数字世界;而计算机技术中编码广泛采用二进制数制,利用开、关或用 0 和 1 两个数码来表示丰富多彩的世间万物。

构成系统必须有三个条件:①要有两个或两个以上的构成元素(特征单元)才能构成系统;②构成元素(特征单元)之间要相互联系、相互作用,按一定方式形成一个整体;③构成元素(特征单元)之间的联系和作用,必须产生整体功能,并且整体的功能是其构成元素(特征单元)或部分所没有的。在最简单的二元结构中,组成部分(特征单元)分别是不同元素 A、B,可以组成二元系统 AB,也可以组成 BA。但 AB 与 BA 结构时空秩序、联系规则不同,功能作用当然也不同。如"牛"与"奶"两个系统组成元素,可以组成"牛奶"或"奶牛",但"牛奶"与"奶牛"是完全不同的两个概念,有天壤之别。即使化学成分都是碳,而结构形式不同的金刚石、石墨和石墨烯,属于典型的同素异形(构)体。金刚石内部的碳原子呈"骨架"状三维空间排列,石墨内部的碳原子呈层状排列,而石墨烯只有一个碳原子厚度的单层结构。金刚石、石墨和石墨烯在硬度、导电性、导热性等物理性质方面差别巨大,关键在于它们的内部结构存在很大差异。当然有碳的同素异形体包括金刚石、石墨、富勒烯、碳纳米管、石墨烯和石墨炔;磷的两种同素异形体,红磷和白磷等。

构成系统的另一个要素就是系统因素的联系规则。系统因素依照一定秩序、状态、规律在形状、结构或分布上构成总系统的存在方式就是系统的联系规则。如金刚石、石墨、富勒烯等都是碳元素的同素异形体,是碳原子呈不同状态的排列方式。

5. 注重基础科学研究中的特征单元的选取

科学研究中,系统结构基本元素往往就是特征单元。特征单元是指系统结构中抽象出来的、具有普遍意义的共性元素。基础科学研究中,特征单元是一个理想的模型,特征单元选取的成败往往决定着科学研究的方向和研究结果。对于一个特定的系统结构,系统结构的特征单元存在着尺度大小、性质差异等多级性和模糊性。实际系统结构一般是由多个不同的特征单元以特定的联系规则组成。因此,须仔细分析系统结构构成元素,选取适当尺度的结构作为特征结构,既不能太大,也不能太小。将组成系统结构的特征单元和时空秩序进行分类,研究这些特征单元相应的基本性质,如力学性质、物理性质、化学性质、生物学性质甚至耦合性质等,同时要将这些特征单元之间相互联系、相互作用的种类、强度、方式等进行分类。例如,结构力学有限元分析中,组成系统结构的特征单元可划分为杆单元、梁单元等,杆单元主要承受拉(压)力、梁单元以承受横向力和剪力为主;特征单元之间连接(联结)"节点"的连接方式可划分为铰接、固接;边界支座的支护类型主要划分为铰支、固支等。非常复杂的结构系统就可通过分别分析两种特征单元的单元刚度矩阵、两种连接方式组装成整体刚度矩阵,再通过两种约束支护方式来建立结构力学的平衡方程进行分析。当然力学中的有限元分析方法也是从选择特征单元分析开始,最终分析物体整体平衡,与结构力学具有同样的研究思路。

　　实际问题研究中,整体思路是以描述特征单元的特性为基础,进而以一定的法则研究特征单元本身、特征单元之间以及特征单元与整体结构之间的联系,最终确定整体结构的特性。例如,在刚体力学中,质点就是一个特征单元体。质点不考虑物体的大小、形状,只考虑物体简化为质点后的受力状态、位移、速度、加速度及运动状态的改变;同时多个质点组成质系,分析质点间的相互作用与相互联系。在连续介质力学和以连续介质力学为基础的弹性力学、塑性力学、流体力学、渗流力学、岩体力学等学科研究中,选择能够代表"连续介质"的特征单元体,这个特征单元体是一个概念模型,在宏观上无限小,微观上无限大。特征单元是连续介质力学中的"基因"或基元,通常包括:①变形几何方程;②运动方程;③物质的守恒;④本构关系与状态变化判据;⑤定解条件;⑥问题的求解与验证。以特征单元为基础,为连续介质力学的形成、发展提供了统一的研究思路和研究方法。

6. 特征结构与管理科学中的工作分解结构

特征结构方法与管理科学中工作分解结构(work breakdown structure, WBS)有类似的思路。WBS 是项目管理重要的专业术语之一。创建 WBS 是把项目可交付成果和项目工作分解成较小的,更易于管理的组成部分的过程。以可交付成果为导向对项目要素进行的分组,它归纳和定义了项目的整个工作范围每下降一层代表对项目工作的更详细定义。WBS 总是处于计划过程的中心,也是制定进度计划、资源需求、成本预算、风险管理计划和采购计划等的重要基础。WBS 同时也是控制项目变更的重要基础。

创建 WBS 是指将复杂的项目分解为一系列明确定义的项目工作并作为随后计划活动的指导文档。WBS 的创建主要以自上而下的方法为主,即从项目的目标开始,逐级分解项目工作,直到参与者满意地认为项目工作已经充分地得到定义。该方法由于可以将项目工作定义在适当的细节水平,对于项目工期、成本和资源需求的估计可以比较准确。WBS 的分解可以采用以下三种方式进行:按产品的物理结构分解、按产品或项目的功能分解、按照实施过程分解。

系统的元素与结构构成决定着系统的功能特性,因此,基础科学与应用基础科学研究中的结构分析方法特别是特征结构分析方法是一个基本的研究方法。只有把特征结构研究清楚,才有可能继续研究系统元素之间的联系规则、时空秩序,进而研究系统整体的演化特性。

3.4　科学研究中的非线性问题

摘要:实际工程中遇到的问题都是非线性的,因此,要在认识线性与非线性问题的本质区别与联系的基础上,掌握非线性问题的基本特性,确认工程系统中结构和工程环境中的非线性问题的来源并进行描述,进而掌握工程系统演化过程的非线性问题及科学研究中的非线性问题的演化结果,关注非线性科学的兴起。

工程系统中遇到问题均是复杂的,各种影响因素之间呈现非线性关系。在描述工程问题的数学模型中,变量之间的数学关系不是直线、平面而是曲线、折线、间断线或曲面、折面、间断面甚至不确定的属性。与线性相比,非线性更接近工程性质本身,是量化研究认识复杂工程的重要方法之一。自然界中凡是能用非线性描述的关系,通称非线性关系。

实际工程中,各种内部因素之间、外部因素之间或内外因素之间相互作用、相互联系、相互制约、相互促进,形成复杂的工程系统。如何正确认识工程系统,描述工程系统演化进程,寻求工程系统的演化规律并利用该规律来调节、控制以致干预工程系统的演化,就需要从根本上认识工程系统结构构成、相互作用与相互联系。掌握线性、非线性的概念、原理、适用条件与范围,不仅具有重要的科学意义,而且可以为解决工程实际问题提供坚实的理论基础。

实际中的工程系统,无论是系统构成、系统环境还是系统结构与系统环境的相互关系均体现非线性特性,因此,分析工程系统应从工程系统的结构构成、工程系统的边界、工程系统的环境、工程系统结构与环境相互作用及其演化过程等方面考虑各种因素之间的相互作用与相互联系。针对工程系统中的线性、非线性演化问题,可以从以下六个方面展开思考。

1. 线性与非线性问题的本质区别与联系

线性与非线性问题有着质的差异和不同的特征。线性是因素之间最简单的关联方式,除了常量外,线性是因变量随自变量成比例地递增或成比例地递减关系,因此,线性关系就是不同比例系数下的同一种函数表达,符合叠加原理,与演化顺序、路径等过程无关或者说是一个可逆过程。能够用线性代数方程、线性微分方程、线性差分方程等线性数学模型描述的系统就为线性系统。线性系统的输出响应特性、状态响应特性、状态转移特性均符合叠加原理。分割、求和、取极限等数学手段都是处理线性问题的有效方法。

非线性则是因素之间最复杂的关联方式。非线性的因变量随自变量呈现非比例变化关系,因此,非线性关系不符合叠加原理,与演化顺序、演化路径等演化过程有关,演化过程是不可逆的。能够用非线性数学模型描述的系统就为非线性系统;非线性系统的输出响应特性、状态响应特性、状态转移特性至少有一个不满足叠加原理。非线性现象表现为从规则运动向不规则运动的转化和跃变,带有明显的间断性、突变性。从系统对扰动和参量变化的响应角度来看,非线性系统在一些关键时空节点上,参量的微小变化可导致运动形式质的变化,出现与外界激励有本质区别的演化行为,形成和维持空间规整性的有序结构。非线性系统函数在某点满足连续、光滑性要求,就可以在该点附近看作弱非线性将函数展开成多项式,略去非线性项,划为线性系统模型函数来分析,可获得非线性模型函数在该点局部特性的近似线性描述。因此,线性问题是非线性系统函数在某点满足连续、光滑性附近的一阶近似;同时,非线性特性在微小的时空增量范围内可用线性特性表达;从时空全局范围来说,分段线性也是一种非线性表达方式。因此,线性是非线性的局部、简化模型或特例。

非线性有强弱之分,一般来说如果非线性项弱到可以忽略的程度,则工程系统为弱非线性;如果非线性项强到不可忽略的程度,则工程系统为强非线性。弱非线性的工程系统通常可用线性系统来描述,即工程系统中的线性系统描述了非线性的工程系统的大部分主要特性,为非线性系统的线性主部。

2. 非线性问题的基本特性

非线性问题的基本特性主要表现为：

(1)变比特性，即因变量随自变量呈现非比例变化关系，不遵守叠加定律。

(2)饱和特性，即单调递增或递减的函数在一定范围或达到一定阶段后逐步趋向与或保持某一常数值。

(3)非单调特性，即函数在某区间内一定的范围或条件下，递增(或递减)，在另一范围或条件下发生递减(或递增)，往往在该区间内存在极值。

(4)振荡特性，即函数呈现规则或不规则的曲折、起伏或波动性质。

(5)多值性，即随单一自变量变化，而因变量呈现多值性。

(6)循环特性，即事物周期性地变化导致的非线性特性。

(7)间断特性，即自变量在某点甚至某区间内函数发生突跳的特性。

(8)失灵特性，即在自变量一定区间内函数值为零的特性。

(9)折叠特性，即自变量在某点函数连续，而其导数发生不连续的变化而发生折叠特性。

(10)滞后特性，即自变量对函数的影响发生在自变量的增量之后发生的特性。

非线性问题通常可采用增量法分段线性近似描述，增量范围的大小决定着近似程度；增量范围越小，近似程度越高。因此，非线性问题的全程、全量分析法注重于始态与终态，而增量法注重全程变化过程。

3. 工程系统中结构非线性问题

工程系统的结构是指组成工程结构的各个子结构和各种要素之间的一切联系方式的总和。从时空关系上分析，工程系统一般可分为空间结构与时间结构，其构成包括工程系统的组成部分、时空秩序和联系规则三个方面。工程系统的结构构成元素是多种多样的，一般来说每一个子结构的元素构成均有差异，在组成上时常不均匀；在时空秩序的排列、组合和联系规则上一般呈现非线性的关联关系，例如，工程进程与运营过程中的变结构、动态结构构成均属于结构非线性,最典型的如土木建筑、地下工程、水利工程等结构的构筑过程、破坏过程与拆除过程及机械设备的装配与拆装过程等都属于动态变结构;同时,组成工程系统的子结构之间、工程系统总结构与子结构之间的相互关系也是非线性,如工程系统结构体的基本形式如叉状结构、丫状结构、弧面(线)结构、扇状结构、瓦状结构、丁字结构、绳状结构、链状结构、环状结构、层状结构、树状结构、网状结构等规则或其他不规则结构形式,甚至是规则与不规则结构组成的复合、组合、混合等复杂非线性结构。因此,结构非线性问题是系统功能特性复杂性的根源,都会引起工程结构系统的内部矛盾,是导致工程系统演化的内在动力。

工程系统结构无论在组成部分、时空秩序和联系规则等任何一个方面存在差异均会导致结构的非线性性质;而不同的工程系统结构需用不同的模型来描述其结构构成与结构特性,一定的结构构成对应相应的结构特性。例如,建筑工程结构、岩土工程结构就可利用刚度矩阵来描述相应的结构特性,运动系统可用阻尼矩阵来描述系统的运动结构。动态建筑工程结构、动态岩土工程结构可通过增加刚度矩阵的维数或调整刚度系数的方法来描述相应结构的非线性性质。工程系统的边界是工程系统结构的一部分,工程结构的非线性必然导致工程系统边界的非线性。具体体现在工程系统结构的时空范围、开放类型和开放程度等。

4. 工程环境的非线性问题

工程环境是指工程系统结构体之外的各种因素对系统的作用,一般包括机械(力学)作用、物理作用、化学作用、生物作用等各种环境因素的单独、联合或耦合作用,是系统演化的外部动力。分析工程系统必须分析工程系统处于何种工程环境,工程环境对工程系统有什么影响,同时要分析工程系统如何回应这种影响。从工程系统的层次性来分析,一个工程系统既是上一个层次系统的子系统,同时又是下一个层次系统的总系统。因此,工程系统内部各个子结构或者系统结构与子结构之间的相互作用就形成了内部环境,即内部矛盾;工程系统结构与外部的相互作用为外部环境,即外部矛盾。无论内、外环境或内、外矛盾均是工程系统演化的动力,内、外环境分别形成了工程系统的内部动力和外部动力。一般情况下各种环境因素的作用是非均匀、非连续、动态甚至是随机不确定的。如环境为静力、动力等力学作用，或环境为温度、湿度、辐射等物理作用，或环境为氧气、二氧化碳等引起化学腐蚀、酸化作用，或环境为微生物引起的发酵、腐烂等生物作用。特别要强调的是工程系统结构内部的非均质、各向异性、非等温、非饱和及结构的演化损伤等因素都是工程系统的内动力，都会引起工程系统的进一步演化。边界是工程系统结构与工程系统环境的界限，因此，描述工程系统环境作用的数学模型一般是复杂的非线性边界条件。

5. 工程系统演化过程的非线性问题

工程系统的演化是指工程系统在时间空间上的变化。工程系统演化的动因是内、外因素特别是非线性因素的相互作用，包括工程系统内部子结构之间、工程系统结构与内部子结构之间及工程系统结构与工程环境之间的相互作用。工程系统处在不断地演化过程中，经历孕育、潜伏、发生、爆发、持续、衰减直至终止等不同演化阶段。

工程环境通过开放的边界作为输入因素对工程系统进行作用，工程系统结构就会相应地产生响应及演化，包括输出响应、状态响应、状态转移等特性，而这些特性一般是非线性的，例如，岩土工程系统结构在地震、放炮等工程环境作用下就会发生坍塌、变形、破坏等现象，这些现象的发生大部分是非线性响应的结果。

由于工程系统、工程环境及其相互作用的非线性特性，工程系统与工程环境相互作用与演化过程、演化阶段、演化顺序等密切相关。例如，物体在承受持续外力作用过程中，一般经历线弹性后，可继续经历非线弹性（硬弹簧或软弹簧特性）、塑性、破裂等非线性过程。在进入非线性阶段后，就与加载顺序、开挖顺序、回填顺序及破坏顺序等过程特性有关。

描述演化与响应特性，古典或经典的线性本构理论模型如刚体力学中的牛顿定律、弹性力学中的胡克定律、电工学中的欧姆定律、渗流力学中的达西定律等已经成熟，并且在工程系统中广泛应用；而部分常见、常用的经典非线性理论也已经有大量研究成果，如材料破坏的塑性破坏理论、黏性流体力学的基本理论等。但大部分的非线性问题尚需要进一步探讨,包括非线性结构、非线性环境、非线性演化与响应等复杂问题,如复杂或动态结构及其边界、材料结构的时空多尺度问题、介质的连续-非连续性问题、复杂或极端环境作用问题、动态作用问题、复杂演化过程问题、多场及耦合作用问题、多相共存与作用问题、随机与模糊作用问题、稳定性与能量突变问题、多刚体-多柔体相互作用问题、多种方案比较与优化问题及复杂本构关系与响应问题。非线性的描述方法可依据工程系统的需要,采用线性化近似法、分段线性近似法、相平面法、描述函数法(又称谐波线性化法)、李雅普诺夫法等进行分析。

6. 科学研究中的非线性问题的演化结果

任何实际的工程系统总是在各种持续或偶然环境的干扰下运动或运行的。因此,当工程系统在工程环境的干扰下能否保持预订的运动轨迹或者工作状态,即工程系统能否保持稳定性是工程系统需要研究的重要问题。工程系统的稳定性包括平衡稳定性问题和运动稳定性问题。利用系统稳定性理论,给定的工程系统运动稳定性可变换成相应的平衡点稳定性问题,使得工程系统的运动稳定性问题得以简化。工程系统平衡点的稳定性可从局部的一致稳定、渐进稳定、一致渐近稳定、渐进稳定和全局渐进稳定等方面进行分析。工程系统演化过程中,线性系统只能有一个平衡点或无穷多的平衡点;但非线性系统可以有一个、二个、多个以至无穷多个平衡点。同时在线性系统中,系统的稳定性只与系统的结构和参数有关,而与外作用及初始条件无关。而非线性系统的稳定性除了与系统的结构和参数有关外,还与工程环境作用及初始条件有关,特别是混沌系统对初始条件非常敏感,所谓的"蝴蝶效应""一步赶不上,步步赶不上"等都是混沌现象的典型案例。在寻找平衡点的同时,寻求控制工程系统演化进程、演化方向的控制变量及其控制作用、控制原理也是工程系统分析的重要任务之一。

无论是结构非线性、时空边界非线性、环境非线性还是相互作用的演化特性的非线性,只要是非线性问题就对应着复杂性,这是自然界非线性系统的典型性质之一。正是由于系统非线性的相互作用,使得自然界如此丰富多彩、绚烂多姿,形成了物质世界的无限多样性、丰富性、曲折性、奇异性、复杂性、多变性和演化性。近年来,各种非线性系统的分析方法的发展为解决工程系统的演化提供了新的手段和思路。除了传统的一般系统科学如系统论、控制论、信息论外,还有非线性科学如耗散结构论、协同学、突变理论、超循环论、混沌动力学、分形理论、神经网络理论、重正化群方法、细胞自动机模拟方法、云计算等非线性分析方法有机结合,形成广义系统科学的理论体系,研究各类系统中非线性现象共同规律,并形成各自的非线性学科分支,越来越成为科学研究的热点,为解决复杂的非线性工程系统问题提供了新思路、新方法、新理论,具有广阔的发展前景。

3.5 基于假说的国家自然科学基金项目

摘要:科学研究中提出科学假说是创新性的一个重要方面。在分析科学假说的特征、原则与作用的基础上,从系统结构初始状态与结构假说、系统环境假说、系统与环境相互作用原理及其演化过程假说及综合假说论述科学假说的内涵,并分析了国家自然基金项目申请中科学假说的检验方法。[27~29]

国家自然科学基金自由申请的项目,申请书是函评专家打分以及会评专家投票评审的主要甚至是唯一依据,即对国家自然科学基金项目的评审在某种意义上是对"申请书"的评审,申请书撰写质量的高低决定了项目的资助与否。

很多项目申请失利的主因是"创新性"不足,尤其是对工程科学类。创新性一般体现在对自然现象观察、分析的基础上,形成新理念,发现新问题,提出新概念;从系统科学的观点出发,就是要在研究系统结构、系统环境的基础上,建立系统结构与系统环境相互作用的新原理;然后设计新实验,采用新方法,建立新模型,论证或验证新理论,进而寻求系统演化的新规律,解释新现象,得到新结果等过程。科学研究最终是要探索未知事物,揭示自然界事物发展的规律。探求事物发展的规律,就要以自然现象为背景,以科学本质和相应的科学知识为基础,提出与之对应的新问题,经过缜密的综合分析之后,提出相应问题的假说并进行严密的论证。

关于科学假说的研究,以前的学者大部分是从科学思维、认识论的角度进行论证,例如,孙伟平[30]从科学思维的角度对科学假说的形成过程、方法及原则进行探讨;雷社平[31]研究了科学假说的证实性;王桂山[32]对假说的形成进行了辩证分析。绝大部分指导撰写申请书的文章很少涉及从"科学假说"的角度探讨国家自然科学基金项目的申请。作者曾经从系统科学的角度,分析了国家自然科学基金工程科学项目选题[18]、科学问题[13]、"机理"类项目研究内涵[25]、"模型"类项目研究内涵[26]等。

1. 科学假说

科学假说是指"根据已有的科学知识和新的科学事实对所研究的问题做出的一种猜测性陈述。它是将认识从已知推向未知,进而变未知为已知的必不可少的思维方法,是科学发展的一种重要形式"。在以假说为背景的创新性方面,现有的申请书存在的不足主要表现在:一是科学问题研究中忽视提出相应的科学假说,对前人的研究成果没有产生怀疑,没有发现新的矛盾,即对学术背景没有认识到应该认识到的新问题;二是正在进行的科学研究,没有意识到所研究的内容就是"假说",因此,没有依照科学假说的思路和方法进行更加深入的研究,特别是对关键学术问题缺乏深化探讨;三是不知从何处着手提出、凝练科学问题并开展科学假说的研究工作。

科学假说在科学发展史上起到重要作用,恩格斯曾经指出:只要自然科学在思维着,它的发展形式就是假说。许多重大的科学发现就是依据一定的科学事实,提出"假说",论证"假说",形成理论直至应用。因此,需要以科学假说与系统科学思维为基础,从科学假说及其特征、原则、作用与系统结构假说、环境假说及系统与环境相互作用原理及其演化过程假说的角度,就国家自然科学基金项目申请中科学假说的论证、检验等问题进行探讨,有助于国家自然科学基金项目中科学问题的深入理解,有利于国家自然科学基金项目的申请、评审、管理及研究工作。

2. 国家自然科学基金项目申请中科学假说的特征、原则与作用

科学假说一般来自生产实际和科学实验的发展,或者根据已知的科学知识和有限的科学材料,出现了已知的科学理论无法解释的新事实、新矛盾。还有经过广泛的观察、实验和论证,使有关的理论和科学材料成为比较完整的系统化理论。科学假说是形成科学理论的前提和基础,预示着提出新的问题,或从新的角度去看旧的问题,产生新的可能性。科学假说一般有两个特点,一是假说是对自然奥秘的有根据的猜测,它是人类洞察自然的能

力和智慧的高度表现,以一定的科学事实和已知的科学知识为依据,具有科学性。因此,国家自然科学基金项目申请书必须建立在以工程背景、管理背景、科学背景等为事实依据的基础上,采用科学抽象、逻辑推理等科学方法,升华为科学假说,同时采用科学语言进行描述。一般来说,科学事实和已知的科学知识是有限的,因此,创造性思维对科学假说的产生发挥着非常重要的作用。二是假说带有一定的想象、推测的成分,具有或然性。因此,科学假说的或然性表明国家自然科学基金项目在研究过程中,可以全面、部分或分阶段地完成科学假说的证实性工作,甚至证实所提出的假说不成立。

从科学假说的基本特点来看,提出科学假说须遵循解释原则、对应原则、简单性原则和可检验性原则四条方法论的原则。这就要求申请书中提出的科学假说不能和研究对象范围内经过检验的事实相冲突,不能同原有理论中经过检验的真理成分相矛盾,但必须包含或解释原有理论无法解释的事实;并且科学假说在逻辑上以尽可能少的初始假定或公理,符合客观对象在观察和实验或经验上检验科学假说的科学性。

科学假说具有两方面的作用,即科学假说在科学观察和实验中的先导作用及科学理论形成和发展过程中的桥梁作用。因此,在广泛的文献收集、调研、观察等过程的基础上,研究者要发挥想象力,大胆地质疑先前的假说,超前性地提出新的科学假说,遵循质疑并提出问题—提出假说—自我否定—探索修正—讨论完善的过程,直到至少自己认为是新的观点,再做研究方案。

科学的发展总要通过观察或实验发现新的现象,而这些新现象往往是原有理论不能解释的。好奇心促使人们产生疑问,通过思维创立新理论;这种新理论又发现一些尚未揭示其本质的新现象,等待人们通过观察或实验去验证。如是继续分析,称之为一个阶段性发现过程。许许多多的"发现过程"汇总成整个科学发展的大过程。

3. 国家自然科学基金项目申请中科学假说的研究内涵

科学研究中,可采用系统科学的思维方式进行分析。研究对象即事物的内因就是系统结构,研究对象之外的作用即事物的外因就是系统的环境。

实际系统中,有的系统结构信息、系统环境信息是已知的,有的是部分已知的,有的是未知的;系统结构与系统环境相互作用的原理大部分是未知的。依据系统结构已知结构信息、环境信息及相互作用的规律作为基本事实,从事物发生、发展的内因(系统结构)、外因(系统环境)及内外因相互作用原理和演化过程等方面来探讨未知的自然现象和科学规律。因此,在区分结构信息、环境信息及其相互作用和演化信息的基础上,一是要发现问题,通过观察或实验,发现新的、不是原有的理论所能解释的现象,即寻求系统结构、系统环境及其相互作用和演化过程中那些不了解却感兴趣的问题;二是梳理问题,即把系统结构、系统环境及其相互作用和演化过程中存在的问题逻辑化并从中归纳出可供研究的科学问题;三是提炼问题,即对系统结构、系统环境及其相互作用和演化过程中抽象出具有科学研究价值并可能解决的"科学问题",建立相应的结构假说、环境假说及相互作用原理和演化过程假说。激励人们通过思维创立新理论,预见一些尚未发现的现象,等待人们通过观察、实验或采用其他方法去验证。

1)系统结构初始状态与结构假说

研究对象的内因(系统结构)是事物发展的根本,系统结构决定着系统的功能特性。因此,可先深入研究系统的结构,掌握系统结构三要素,即组成部分、时空秩序、联系规则等方面的全部已知信息,以已知系统结构三要素的科学原理和科学事实为基础,对结构三要素未知的自然现象及规律性做出科学猜测,提出系统的结构假说,即组成部分假说、时空秩序假说、联系规则假说,或者系统结构三要素之间的组合假说。当然,系统时空边界变化假说也可包含在结构假说中。

系统结构中往往有一个或一组子结构支配着整个系统的演化特性、演化方向与演化趋势,该(组)子结构称为该系统的主导结构。主导结构是系统中的"主角",因此,在申请书中可以充分论证系统结构构成,建立主导结构及其主导控制假说。

在初始状态和演化过程中,系统结构的三要素会发生缓变、持续变化甚至突变。系统结构的检测标度具体体现在系统的组分、尺度、浓度、强度、温度、顺序、形态、位移或速度、加速度及变化势能等方面。在同一外界环境作用下的同一系统结构,在不同层次或不同尺度子系统特性一般是不同的;同时,在不同演化阶段,系统结构特性也会不同。因此,一般可从初始状态、不同演化阶段对系统结构内部整体结构或整体结构下的不同层次、不同尺度进行系统结构组分、结构形式及其相互联系方式系统研究。在已知系统结构理论的基础上,进一步对不同层次、不同尺度、不同演化阶段等方面提出新的系统结构内部初始状态结构组分、结构形式及其相互作用方式的科学假说。

2)系统环境假说

系统环境是开放的系统之外所有因素,是事物演化的外因;系统结构内部、系统环境因素之间及系统结构与环境之间的任何差异是系统演化的原动力。一般来说,系统环境作用包括机械(力学)作用、物理作用、化学作用、生物作用及社会作用等各种外界环境单独或联合、耦合作用。每一项环境作用,还可细分为许多不同的分项。如机械(力学)作用,还可分为静力与动力、单向与多向、拉力与压力、确定与随机等。从系统的层次性、开放性分析,系统环境包括内部环境和外部环境;相应系统演化的原动力分别为内动力、外动力及内、外动力联合、耦合作用。子系统之间的外部作用,在更高层次总系统就为内部作用,因此,系统的环境可以统称为外部环境作用。

实际研究过程中,环境作用的精确测量和准确描述是很困难的,甚至是不可能的;当然,有时在研究过程中重点考虑系统结构假说,没有必要对外界环境作用进行精确测量和准确描述。因此,在已知系统环境作用的基础上,提出新的系统环境作用假说,包括如机械(力学)作用、物理作用、化学作用、生物作用、社会作用等各种外界环境单独或联合、耦合作用。在研究过程中,有些环境作用是复杂非线性的或联合、耦合作用,难以直接描述,如物理作用、化学作用、生物作用等耦合作用,就可采用等效机械(力学)作用,提出相应的等效广义力学作用假说。

3)系统与环境相互作用原理及其演化过程假说

系统结构与系统环境如机械(力学)作用、物理作用、化学作用、生物作用、社会作用等各种外界环境单独或联合、耦合相互作用,通常经历孕育、潜伏、发生、爆发、持续、衰减、终止等不同演化阶段,在孕育到潜伏、潜伏到发生、发生到爆发、爆发到持续、持续到衰减、衰减到终止不同演化阶段中,一般可从三个方面进行考虑。

(1)演化过程中结构变化。系统结构在演化过程中,系统结构的三要素包括组成部分、时空秩序、联系规则可发生量变的积累直至质变,如同一组分在演化过程中演化速率不同,或不同组分间演化速率差异,甚至发生组分结构间的非连续性,即在演化过程中系统结构随着演化进程而改变,出现结构非线性。如果系统结构状态发生突变,实质上是系统原结构的消失并同时诞生新的系统结构。系统结构突变的描述通常是非常困难的,此时须建立系统结构的演化进程与突变假说。

(2)系统环境如环境的强度、烈度、作用方式等随着演化进程而发生变化,一般来说,在很短的时间增量内,如果系统环境发生微小改变,可以认为环境为常量;如果环境发生较大甚至重大变化,即必须考虑系统环境随着演化进程的非线性关系,此时须建立系统环境的演化进程假说。

(3)系统结构演化特性随着演化进程的不同而变化。可在不同演化阶段分别建立本构或响应关系,即建立系统结构不同演化阶段的特性假说。

在系统的演化过程中,有一种特殊因素需要引起重视。在不同层次间的影响因素,可能是上一总系统的内动力,同时又是下一子系统的外动力,从不同层次体现内因、外因之间的互相转换和相互影响,该动力因素就为耦合因素;在数学模型的描述中,称为耦合控制变量,可建立耦合假说模型。

4)综合假说

系统演化过程中,系统结构构成及系统环境的非均匀性、非线性、随机性、非稳态等特性是系统演化过程及其演化特性复杂性的根源,不可能一步到位而彻底地解决系统演化规律。在复杂系统研究中,同时提出系统结构、系统环境及系统与环境相互作用演化过程研究中两项以上对自然奥秘有根据的猜测,也就是提出综合假说。例如,在论证系统结构假说的基础上,提出了系统环境假说及系统与环境相互作用演化过程假说,或者在确定的系统结构基础上,论证、预测系统环境假说及系统与环境相互作用演化过程假说,提出更加复杂的综合假说。

4. 国家自然科学基金项目申请中科学假说的论证

构成假说的基本要素通常包括事实基础、背景理论、对现象、规律的猜测，推导出的预言和预见等，这类问题一般属于反问题。国家自然科学基金项目的选题与论证，可根据已有的科学知识和科学事实，对所研究的系统结构、系统环境及其相互作用演化过程的原理做出猜测性陈述，提出相应的结构、环境或相互作用原理的科学假说。确定了选题后，申请书应从不同角度，以所选择的科学假说为主线，进行科学论证和验证。

立项依据中，学术背景分别为系统结构现象、系统环境现象及其对应的相互作用现象。系统结构现象如覆岩的层状结构、建筑物的钢架-桁架-网架组合结构等；系统环境现象如冲击环境、高（低）温环境等；系统结构与环境相互作用现象如岩体的突然破坏、煤自燃等现象。分别对应的科学问题就是结构构成问题（假说）、环境作用问题（假说）和本构原理问题（假说），并要在研究现状评述及存在拟解决的问题、科学意义、研究思路及应用前景等方面论述为什么要选择相应的科学问题及其对应的科学假说。

研究内容，要深入地、有创新性地从理论研究、实验研究、模型研究、方法研究、机理研究及规律研究等方面回答对相应的科学问题对应的科学假说具体要做什么；研究目标，回答科学问题对应的科学假说解决后达到的科学目的；关键科学问题，回答解决科学问题对应的科学假说研究过程中的难点、重点和瓶颈问题。

研究方案，回答对科学问题对应的科学假说具体怎么做才能完成研究工作，包括采用的具体、细致、创新性的研究方法，可行的实验方案、实验手段及关键实验技术、方法技巧等；技术路线，应当说明完成科学问题对应的科学假说的研究内容的步骤、途径、方法与研究内容上的逻辑性；可行性分析，就是要回答完成科学问题对应的科学假说所具备的主、客观条件特别是完成关键科学问题和关键技术问题在学术上的可能性。

项目特色和创新之处，可参考选题和关键科学技术问题，回答整个项目在学术上的独到之处及对科学问题对应的科学假说在系统结构构成、特殊环境作用、相互作用原理、模型建立、实验或数值方法等学术上的特点和创新。

　　申请书在论证过程要利用基础科学的基本概念、方法、手段,掌握事物发展(演化)的来龙去脉、前因后果,知其然,更要知其所以然。使得相应的科学假说在论证过程中前后呼应,符合逻辑。

5. 国家自然科学基金项目申请书中科学假说的检验

　　国家自然科学基金项目获得批准后,申请书中提出的系统结构假说、环境假说、相互作用和演化假说及其综合假说等研究内容,须通过实践、实验、科学理论或逻辑分析等方式进行证实、验证、判定、解释、预测性检验,一般采用三种检验方式。

　　(1)在大量已有文献基础上,通过与科学假说相对应、匹配的科学实验、现场实测等进行实践性检验;甚至选择一些关键性的实验,对两个彼此对立的假说进行判决性实验。实践性检验多适用于结构构成假说、结构特性假说的检验。假说是观察、实验的结果,又是进一步观察、实验的起点。没有目的的实验,不思考归纳,很难完成实验性检验。由此可见,实验与思考是相互促进的,二者不可偏废。如果对两个彼此对立的假说科学性进行判定,还可以选择一些关键性的实验进行"判决性实验"。

　　(2)采用科学理论来检验创新性的科学假说。科学理论是经过实践验证的,正确地反映客观事物的本质联系及其演化过程的系统化知识体系,由概念、原理以及按照一定的逻辑关系导出的推论组成的思想体系,因此,由科学理论检验的科学假说具有牢固的基础。

　　(3)利用逻辑思维方法对科学假说进行检验,即分析假说在逻辑结构上是否具有逻辑的自洽性、简单性和完备性;逻辑检验的系统性能否保障实践检验的客观性;逻辑分析能否确定检验的重点和方向。

　　针对某一个科学问题,不同学者可以提出不同的假说,并且都具有一定的科学性,或多或少地从不同侧面能够证实部分现象,回答部分问题。因此,得到证实的科学假说,能够表达丰富的、高精度的、符合事实内部逻辑规律的、并能经得住时间考验的科学内容,使得科学假说最靠近真理或比较靠近真理,最终形成由概念、公式、模型和定律等组成的认识系统和由科学概念、命题判断和命题系统组成的理论体系。

6. 结语

提出科学假说是科研工作者发挥想象力、激发创造力、探求新规律的有效研究方法。申请者须经过确定要研究的科学问题，通过观察、思考和积累提出假说，安排实验验证所提出的假说，分析实验数据，讨论结果并得出结论，将研究结果用学术论文、科研报告等形式发布并与同行进行交流。申请书的撰写可以从系统结构假说、系统环境假说、系统与环境相互作用演化过程假说及出综合假说等方面为研究思路，突出重点；同时申请者要以科学问题中对应的科学假说为主线，从为什么选择，选择后做什么并达到什么科学目的，研究工作怎么做，研究工作的重点或难点及学术特点，学术上的可行性等方面进行论证，并在获得资助后的研究工作中，进行实践性、创新性、逻辑性检验，以证实科学假说。

3.6 国家自然科学基金项目申请中的反问题

摘要:实际工程与技术中,存在大量已知现象而需要探求发生原因与演化规律的反问题。在讨论工程、技术中的存在的正问题与反问题基础上,探讨了反问题采用的因果分析法、类比法、激扰法、示踪法、试凑法、反(逆)推法、综合分析法等分析方法,提出了国家自然科学基金项目申请中存在的反问题,分析了反问题的描述及其解法,为国家自然科学基金项目申请、评审及研究提供借鉴。[33]

国家自然科学基金项目申请中,一类问题是已知原因而求结果,这类问题属于正问题;而另一大类复杂问题是已知事物最终发生的现象或结果,需要反过来寻求事物发生的原因和演化规律,这类问题就是反问题或逆问题。正问题与反问题在逻辑上有本质的区别,在研究思路与研究方法上是不同的。反问题在不同学科的研究中均有不同程度的涉及,如地震学学科和力学学科。而绝大部分国家自然科学基金项目的申请者并没有区分这两类不同性质的科学问题,一般把反问题也采用正问题的研究思路和研究方法,致使反问题没有按照反问题的特征进行研究,导致研究内容不深入,甚至引起错误,造成不必要的损失。

1. 工程、技术中的正问题与反问题

工程、技术中的重大需求,是自然科学研究中项目的主要来源之一。工程系统或技术系统中涌现出的各种现象、状态、功能、特性之间往往存在着一定的逻辑顺序,如思维顺序、时间顺序、空间顺序、因果顺序等。如果工程系统或技术系统中结构(内因)与环境(外因)均已知,最终结构(内因)与环境(外因)相互作用产生的功能、特性、现象、结果等按照演化过程的逻辑顺序或分布形态,由因推果,可利用已经获得或积累的科学知识,认识该类问

题事物产生原因与发展变化规律,这类问题属于工程技术系统中的正问题;但工程系统或技术系统中往往表现出众多复杂现象,而科研工作者研究的任务是要根据工程系统或技术系统中可观测到的复杂现象,反过来由现象来探求事物的内部结构与所受的外部环境影响因素,即去寻求产生这些复杂现象所涉及的内因、外因和相互作用原理,由表及里,索隐探秘,倒果求因,这类问题属于工程技术系统中的反问题。例如,在岩石力学研究中,将特定的岩石试样单轴或多轴加压,就可测定岩石受压的全程应力-应变特性,这属于正问题;反过来,有一组全程应力-应变特性曲线,去寻求岩石试样与载荷作用因素,就属于反问题。就固体力学来说,对于特定的固体,充当原因的量可能是:广义的力学作用(如力、力矩,静力、动力,单向作用力、多向作用力等)作用,物理作用中的温度、湿度、辐射作用,化学作用,生物作用等。而充当结果的量可以是变形、破坏、断裂、应变、位移、速度、加速度、波、势能、电势、原物质的消失与新物质的产生、动植物的生长与消亡等,一般由前者原因引起后者的结果为正问题;而已知后者的结果反求前者原因就为反问题。

工程系统或技术系统中的正问题是由因寻果,要认识、寻求某些因素(因)和一个或一些现象(果)之间的因果对应关系与演化规律。正问题的复杂性体现在一因多果,或同因异果,或多因多果,或多因耦合,或因果互馈;体现所研究问题复杂的、不可逆的非线性演化过程与演化特性。而工程系统或技术系统中的反问题是依据已知的工程技术现象(果),寻找导致这些现象的本质原因(因)与相互对应关系,以果推因。反问题面临着存在性、多解性和稳定性等不可避免的解的适定性问题,即工程或技术系统往往存在着一果多因或同果异因、多果多因等对应关系的复杂性。对于同一类工程技术现象,不同学科从不同角度注重与自身学科相关现象-本质关系的研究,形成不同学科研究领域。反问题广泛地出现在如地理、医学、地学、物理学、力学、成像技术、遥感、海洋声学层析、无损检测、航空航天等学科领域中,是在数学、物理学、力学、化学、生物学等学科中存在最多、最重要、最复杂和最难研究的一类问题。因此,注重工程技术中的反问题的深入研究,具有重要的科学意义和实用价值。

2. 反问题的研究方法

实际工程技术中,绝大部分的反问题都非常复杂,通常是在因素逻辑分析的基础上,采用因果分析法、类比法、激扰法、示踪法、试凑法、反(逆)推法、综合分析法等分析方法,提出科学假说,论证与检验科学假说,最终形成科学理论。

在研究具体工程技术问题时,首先要分析所研究问题的影响因素,建立由各种不同因素组成的因素空间,分析可能的影响因素,明确哪些因素是可能的内因,哪些因素是可能的外因,哪些因素既是可能的内因又是可能的外因;哪些因素之间无关联,哪些因素之间相关联并寻求这些关联因素之间关联的程度及其相互联系、相互作用的规律。模型简化过程中,哪些因素可以忽略,哪些因素必不可少;哪些因素是基本影响因素,即"基因"或基本单元体,哪些因素是核心影响因素,哪些因素是关键影响因素或控制因素,从而明确所要研究问题中的基本影响因素和关键影响因素。

在所确定的因素空间中,依据事物发生、发展的逻辑关系,可采用不同的方法进行研究。

(1)采用因果分析法,以结果作为特性,以原因作为因素,逐步深入研究和讨论研究对象目前存在的深层次问题。因果分析法可绘制因果分析图,即可利用因果排除法,排除绝对没有联系的非关联因素;也可利用因果关联法,确定绝对有影响的必然因素和关键因素,甚至是唯一因素,并最终寻求这些因素之间相互作用原理及其演化规律。

(2)采用类比法,即由一类事物所具有的某种属性,推测与其类似的事物应具有类似属性,同时类比的结论必须由实验来检验。类比对象间共有的属性越多,则类比结论的可靠性就越大。

(3)采用激扰法,即输入已知的激扰信号,确定结构的响应;并将响应结果与现有的现象信息进行比较,找到差异并调整输入激扰信号。如此反复,直至与现有的信息类似或相同为止。

(4)采用示踪法,利用示踪剂的力学、物理学、化学、生物学等特性进行跟踪,由示踪结果确定研究对象的部分或全部时空结构特征,进而研究结构与环境相互作用原理。

(5)采用试凑法,利用已有的经验,结合逻辑分析方法,将主要现象与次要现象相结合,利用主次现象综合分析法,确定影响因素之间的相互关系。

(6)采用反(逆)推法,即从问题本身着手,利用各因素和未知条件,根据各因素之间的逻辑关系,找出所要研究问题的必要条件,使未知的条件不断转化为由已知条件来描述,一直到待求的结论所需要的条件与题设条件(已知)相符合为止。

(7)采用综合分析法,即将上述因果分析法、类比法、激扰法、示踪法、试凑法、反(逆)推法等两种或两种以上的方法组合使用,综合分析,充分利用各种合理的先验信息对反问题做适当形式的转换,合理地解决反问题。

实际工程技术中的反问题,部分或全部的现象、特性已知,系统的结构因素、环境因素、结构与环境相互作用原理及其演化过程均处于未知状态。因此,对于与已知现象可能有联系的"疑似"因素需要深入研究,由表及里,确定这些因素本身及其相互作用规律。疑似因素可以是系统的结构因素、环境因素、结构与环境相互作用及其演化过程产生的因素,分别建立结构因素假说、环境因素假说、结构与环境相互作用及其演化过程假说或者综合假说,采用实验方法、现场测试方法或逻辑分析方法等相关因素综合分析,验证并证实这些假说的可靠性,在这些科学假说的基础上建立科学理论。

3. 国家自然科学基金项目申请中的反问题

国家自然科学基金项目申请中,各个学科如力学、物理学、化学、天文学、地球科学、生物学、经济学、管理学、工程科学、医学、军事学、环境科学、遥测科学、控制科学、通信学、气象学等领域均面临众多时空范围由果探因的反问题。国家自然科学基金项目申请中,申请者往往没有认真考虑所研究的问题是正问题还是反问题,而是一并采用正问题的研究方法、研究思路来分析。如果所研究的问题正好是反问题,就必须采用反问题的研究方法、研究思路进行研究。因此,在研究过程中,必须首先了解这些领域中所遇到问题的学术背景,搞清楚该问题属于正问题还是反问题等学术属性。确定为反问题要定量地探求两方面的问题:一是在已经观察到的现象背后的动因究竟是什么;二是对于期望达到的目的和效果而言,应当预先施加何种措施或控制。一般来说,反问题的数学模型都存在非线性和不适定性等特性,因此,反问题在数学上着重研究问题的理论和方法,求解方法比正问题更复杂、更困难。

如果将所研究的对象视为一个系统,国家自然科学基金项目研究中反问题的申请可以依据观察到的现象,从系统的结构构成、系统的环境影响、系统结构与系统环境相互作用及其演化过程进行分析。相对应地归纳为以下四种情况:

(1)建立系统的结构假说,即反求内因或反求系统的结构特性。这一类问题是要根据所观察到的现象,反求系统的组成部分、时空秩序以及联系规则,特别关键的是要确定影响系统主要特性的主导结构。

(2)建立系统的环境假说,即反求外因或反求系统的环境作用。环境的作用可能是内部环境、外部环境或者内外部环境共同、联合甚至耦合作用,一般从力学(机械)作用、物理作用、化学作用、生物作用甚至是社会作用等因素的单独作用或复合、耦合作用进行考虑。当然力学(机械)作用、物理作用、化学作用、生物作用及社会作用等几种作用还可以细分为不同的作用类型或作用方式,如力学(机械)作用可能是拉力、压力作用,可能是单轴、多轴作用,可能是弯曲、扭转作用,可能是静态、动态作用等,甚至联合或耦合作用。物理作用可能是声、光、电、热、磁、波等。化学作用、生物作用或社会作用等因素的作用方式也是多种多样。

(3)建立系统结构与系统环境相互作用及其演化过程假说,即反求内、外因相互作用的原理与演化过程,或者说反求系统的结构与系统环境相互作用、相互影响的基本规律。

(4)建立综合假说,即建立结构假说、环境假说、结构与环境相互作用及其演化响应假说形成的组合假说。不同的系统结构、不同的系统环境组合相互作用,就会有不同的演化过程和演化规律。因此,通过研究演化过程与演化规律,反推系统过去的演化过程状态或参数辨识,以便为预测的目的服务。

对于结构假说、环境假说、结构与环境相互作用及其演化响应假说需要采用逻辑方法、实测方法、实验方法或经实践检验正确的理论来证实,而不能采用未经检验的理论来证实。

4. 反问题的描述及其解法

从工程系统或技术系统中凝练的科学问题,如果结构因素已知,在已知环境因素作用下,来寻求结构与环境相互作用原理及其演化过程,属于正问题。简单的单一影响因素作用形成的一维问题,可用解析方式表达结构或者环境因素影响后所产生的响应。该响应可以是某一物理量、力学量或者其他工程技术中遇到的变量,也可以是这些变量的变化率等。对于多个影响因素作用问题,可用解析方式表达系统结构或者系统环境作用所产生的结果。

工程系统或技术系统中,如果系统的响应已知,但系统的部分或者全部结构因素、环境作用因素未知,要确定这些结构、环境作用因素及其对应关系,这就是工程系统或技术系统中反问题所要解决的实质。由于工程系统或技术系统中反问题的现象-本质对应关系的不适定性,实际研究中往往要在工程系统或技术系统的结构分析中提出相应的结构假说,环境分析中提出相应的环境作用假说,在系统的演化过程中提出相应的相互作用假说等,验证和检验假说的过程就是科学研究建立科学理论的过程。可以看出,正、反两类问题或多角度研究虽然研究路径不同,但都是工程系统或技术系统中科学研究常见的、重要的研究课题。

通常工程系统或技术系统中反问题采用微分方程进行描述。反问题首先要假设单一"原因"作用,求解得出微元所引起结果的基本解;进而将这些单一"原因"引起的结果叠加,即求和或积分,得到多个"原因"引起的结果。但是正、反问题最大的不同在于:在正问题中,已知整个内因、外因等原因的分布,因此是对一个已知函数积分,求其积分结果。而反问题中,不知道整个内因、外因等原因如何分布,但是已知最终的总体结果,因此,反问题是对一个未知函数积分,得到一个已知函数,目标是要求出那个未知的被积函数。此时就变成了一个积分方程,即积分号下含有未知函数的方程。

实际工程系统或技术系统中的反问题,结果是存在的。但是描述反问题的数学模型得到的解的存在性、唯一性及稳定性是困扰研究者的难点问题。如果模型中解虽然存在,却不唯一,有几个甚至无穷多个。这是因为收集到的信息不足,没有足够的约束条件,不足以确定解的性态。对大多数反问题,真解只有一个,这就要从许多解当中,依据限定条件进行挑选。同时,由于实际的接收响应中不可避免地含有噪音,计算过程也有累积误差,许多的反问题因为微小的误差会导致反演结果出现病态性质,影响结果的稳定性。

反问题分析中,常常进行必要的实验室实验或现场测试。一种情况是测试所得到的结果往往不能满足解决问题所需要的信息量,出现信息缺失;另一种情况是得到的结果信息太多,数据间出现矛盾信息,出现信息泛滥。同时测试中不可避免地产生信息的误差。针对这些问题,一般采用解决线性不适定问题的正则化方法。该方法的主要思想是:利用对解和数据误差的先验估计可以将问题的求解限定在某个较小范围内,对问题的提法进行适当的改造后,原本不适定的问题就可以转化为适定的最优化问题求解,而且先验估计表明在一定精度下用正则化方法求得的解是合理的。

5. 结语

科学研究中的反问题无论是研究方法还是研究手段都尚在探讨之中。在申请国家自然科学基金项目时最为关键的是要正确区分正问题与反问题的不同实质,进而对具体的反问题采用符合项目要求的解决思路与研究方法,这样才能抓住反问题的科学本质,有利于国家自然科学基金项目的申请、评审与结题。

3.7 国家自然科学基金项目中的因果关系与统计规律

摘要:科学研究实质上就是要探求事物间的因果关系。在分析因果关系、特点及其形式的基础上,阐明因果分析法和统计规律的基本内涵,进而论述统计规律与因果关系之间的联系,探讨了科学研究中如何把握因果关系与统计规律。

国家自然科学基金要求科学研究工作者利用各种科学研究方法,探讨组成事物的因素之间、因素与事物之间及事物彼此之间的相互作用、相互联系的原理与关系,也就是说,必须研究事物及其组成事物各种因素之间的因果关系。但是研究事物及其组成事物各种因素之间的因果关系,有的相对简单,容易获得;但绝大多数研究事物及其组成事物各种因素之间的因果关系复杂,不易获得。因此,科学研究中通常采用统计分析的方法获得与事物相关联的信息关系,而这些信息能否反映事物及其因素的相互作用、相互影响的实质规律,就成为科学研究工作者必须思考的重要问题。要澄清因果关系、统计分析及其规律的特征,在科学研究中的地位、作用、联系等问题,就需要对因果关系、统计规律等概念、适用范围等问题进行探讨,以利于国家自然科学基金项目的顺利申请、研究与结题。

1. 因果关系、特点及其形式

原因和结果是揭示自然界与人类社会中普遍联系着的事物具有先后相继、彼此制约的一对范畴。因果关系是各种自然现象和社会现象之间一种内在的必然联系。现实世界中的任何现象的出现总是由另一现象引起,引起后一现象的现象称为原因,被引起的现象称为结果,二者之间的关系就是因果关系。原因是指引起一定现象的现象,结果是指由于原因的作用而引起的现象。

因果关系具有以下特点：

(1)因果关系的客观性。因果关系作为客观现象之间引起与被引起的关系，它是客观存在的，并不以人们主观意志为转移。

(2)因果关系的特定性。事物是普遍联系的，为了了解事物发生的单个的现象，就必须把它们从事物普遍的联系中抽出来，孤立地考察这些现象，一个为原因，另一个为结果。

(3)因果关系的时间序列性。原因必定在先，结果只能在后，二者的时间顺序不能颠倒。在科学研究中，只能从导致事物结果发生以前的影响因素中去查找原因。

(4)因果关系的条件性和具体性。因果关系是具体的、有条件的，即在事物演化过程中，影响因素能引起什么样的演化结果，没有一个固定不变的模式。因此，查明因果关系时，一定要从事物发生现象、行为的时间、地点、条件等具体情况出发做具体分析。

(5)因果关系的复杂性。客观事物及其影响因素之间联系的多样性决定了因果联系复杂性。

因果关系形式包括以下五种：

(1)一因一果。这是最简单的因果关系形式，指一个因素直接地或间接地引起一个结果。科学研究中，这种因果关系形式比较容易认定。例如，"摩擦(因)生热(果)""无风(因)不起浪(果)"等。

(2)一因多果。一因多果是指一个因素可以同时引起多种结果的情形。在一因素引起的多种结果中，要分析主要结果与次要结果、直接结果与间接结果，这对于科学研究有重要意义。例如，外力对物体的作用可导致物体不同部位的拉伸变形、压缩变形与破裂等多种结果。

(3)多因一果。多因一果是指某一结果是由多个因素同时作用造成的，最常见如外力、温度、水甚至生物(植物)等单独或同时共同作用均会引起物体发生变形。

(4)多因多果。多因多果是指多个因素同时或先后引起多个相应的结果，如外力、温度、水甚至生物(植物)都可引起物体不同部位的拉伸变形、压缩变形、破裂等现象。

(5)互为因果。互为因果是指原因和结果相互联系、相互转化,也就是互为因果是一个反馈系统,在系统循环过程中原因导致结果,该结果又为系统循环过程中的原因,彼此相互反馈、相互促进。科学研究中,需要找出事物发生的原因,进而寻求这些原因导致的结果,如此反复,由因到果、由果到因,相互制约、互为条件,推进事物的发展。如常说的"教学相长""祸兮福所倚,福兮祸所伏""相辅相成""恶性循环"等。物理学中温度高容易导致可燃物的燃烧,燃烧可以使物体温度升高,高温的可燃物更容易燃烧。高温和燃烧是相互促进、互为因果关系,既表现为原因和结果的相互转化,又表现为它们之间的相互作用。

2. 因果分析法

科学研究中,要掌握事物形成、演化的前因后果、来龙去脉。使用因果分析法,要在分清因果地位的基础上,注意因果对应关系。任何结果由一定的原因引起,一定的原因产生一定的结果。因果关系常常是相互对应的,不能混淆;进而要循因导果,执果索因,从不同的方向用不同的思维方式去进行因果分析,这也有利于发展多向性思维。按事物之间的因果关系,知因测果或倒果查因。因果预测分析是科学研究中预测分析的基础。

因果关系用数学语言来描述,两个影响因素可用两个变量来描述,两个变量之间一个变量的变化是另一个变量的变化所引起的,这两个变量间的相互关系称为因果关系。对于多个因素相互影响、相互作用,也同样可用对应的多个变量之间函数描述,其因果关系也类似。因果关系一般可分为函数关系、相关关系、因子推演关系等不同的类型。

(1)函数关系。是指各种因素中几种现象之间存在着确定的数量关系。常用的方法有直线回归模型、二次曲线模型、指数曲线模型等预测方法。

(2)相关关系。指两种或两种以上的事物现象间存在着相互依存关系,但在数量上没有确定的对应关系。在这种关系中,对于自变量的每一个赋值,因变量可以有几个数值与之对应,表现出一定的波动性、随机性,但又总是围绕着因变量的均值并遵循着一定规律而变动。相关关系与函数关系是性质不同的两类变量间的关系。变量之间存在着确定性数量对应规律的称为函数关系,可以用数学函数式表达;变量之间不存在确定性数量对应规律的要用统计学的方法来研究。统计学上研究有关自然、社会和经济现象之间相互依存关系的密切程度称为相关系数。相关分析可以得到一个表明相关程度的指标,称为相关系数。统计学方法对于不能在实验室用实验方法分析的自然、社会和经济现象显得特别重要。通过相关分析,可以测定和控制预测的误差,掌握预测结果的可靠程度,把误差控制在一个预设的范围内。

（3）因子推演法。即根据引起某种事物现象变化的因子来推测某种现象变化趋势。

（4）因果（特性要因）图示法。事物的特性总是受到一些因素的影响,通过找出这些影响因素与对应的特性之间的关系,按相互关联性整理而成的层次分明、条理清楚,并标出重要因素的图形就叫因果（特性要因）图。由于因果（特性要因）图形状如鱼骨,因而又叫鱼骨图。因果（特性要因）图示法也是一种透过现象看本质的分析方法。

3. 统计规律

统计是将信息抽取出来进行计算分析,对数据进行定量处理的理论与技术。统计学是应用数学的一个分支,主要利用概率论建立数学模型,收集所观察系统的数据,进行量化分析、总结,做出推断和预测,为相关决策提供依据和参考。统计学被广泛地应用于自然科学、社会科学及思维科学的各个领域。统计分析,常指对收集到的有关数据信息进行整理归类、挖掘处理并进行解释的过程。统计规律是对大量偶然事件整体起作用的规律,表现这些事物整体的本质和必然的联系。随着数字化的进程不断加快,人们越来越多地希望能够从大数据中总结出相应的经验规律,从而为科学研究、科学管理和科学决策等研究提供一些依据。

自然界、人类社会和思维过程中的现象是多种多样的,按每一单个现象是否具有必然性来划分,可以归结为两大类:一是单个客体的行为既是必然的,又是偶然的,单个客体运动的必然性通过偶然性表现出来,在一定条件下必然发生或必然不发生而言,是确定性的现象;二是单个客体的运动和状态是偶然的,而在大量重复中则表现出必然性,在一定条件下可能发生也可能不发生,是非确定性的随机现象。随机现象是在总体上相同条件下以一定频率出现的非确定性现象。统计规律是随机事件的整体性规律,它不是单个随机现象的简单叠加,而是事件整体系统所具有的必然性。

概率是反映随机过程的本质特征,表征一个随机事件发生的可能性的大小,即该事件在过程的多次重复中出现的频率。统计规律所反映的是大量随机事件在过程的多次重复中的概率分布特征,反映着各种随机过程和随机变量的相关函数关系,这就是统计规律的主要特征。统计规律的理论和方法在现代科学中得到了普遍的应用,形成了统计力学、统计物理学、统计生物学、统计经济学等许多新的学科或学科领域。

4. 统计规律与因果关系之间的联系

科学研究的终极目标就是寻求事物发生发展的前因后果,掌握自然规律,改造自然,与自然协调共处。而反映随机性现象规律性的统计规律与反映确定性因果关系的动力学规律有本质的不同,二者不能互相取代或互相归结。同时,统计规律与动力学规律也有联系。在特定的情况下,可以把动力学规律近似地看作是统计规律的特例。

从统计规律的角度研究自然科学、社会科学和思维科学,本身就反映了人类在认识因果关系的道路上具有明显的局限性和对发生偶然性事件的探索性,也反映了人类在这种局限性的约束下对自然科学、社会科学和思维科学认识的一种努力。即在偶然性造成的纷乱无序的状态下,尽量从中找出一些虽然不完善,但具有规律性的事物发展变化的特质。

统计方法一般是从事物的外在数量表现上去研究问题,通过对数据的深入分析,揭示事物发生、发展的规律性,而不涉及事物质的规定性。也就是说,统计分析从观察和实验资料来看事物是怎样的,而不能说明为什么会这样。例如,统计结果显示,抽烟者患肺癌的比例高,这体现了抽烟者与肺癌患者数量之间的相关性,但并没有揭示为什么抽烟与肺癌之间的因果关系,也就是说并没有揭示抽烟为什么会导致肺癌,怎样导致的。医学上还有一个著名的例子就是反应停事件,统计分析孕妇服用反应停后导致婴儿畸形数量增加,而反应停的药理是什么并没有解决。再举一个例子,统计结果显示,大约 80% 以上的露天矿边坡、铁路(公路)边坡等斜坡滑坡与地下水、地表述或降水等水的作用有关,但并没有揭示滑坡与水之间的因果关系,也就是说并没有揭示水为什么会导致滑坡,怎样导致的。

在以发现自然现象、认识自然规律为目的的基础科学研究中,研究目标就是要探求事情的来龙去脉与前因后果,当然不能停留在事物表面现象上,要透过现象看本质;而事物的本质深藏不露,难以揭示,但可以通过统计分析与本质相关的某些数量之间的联系及其规律性,这种联系与规律性往往露出事物本质的冰山一角,有助于探求事物的实质。许多重大的发现都是先通过观察或实验积累数据,进行统计分析,通过数量上的分析揭示事物表面关联的规律,其结果和结论给予研究者有益的启示,指出了思考与努力的方向。因此,统计规律未必蕴含因果关系,这是统计方法的本性而非缺陷。寻找因果关系是各类专门学科的基本任务。统计方法是一种科学研究有效的工具,在寻求事物因果关系这种复杂的科学难题中担当不可替代的重要作用。抽烟与肺癌的相关性、反应停与婴儿畸形、水与滑坡的相关性等统计结果为研究者提供了思考与研究方向。肺癌就要研究烟中的何种因素与细胞如何作用导致何种基因突变;反应停的药理是反应停可选择性地作用于胚胎,对胚胎的毒性明显大于母体,对胎儿的致畸作用高达 50%～80%,如在妊娠第 3～8 周服用,后代畸形发生率高达 100%,对人胚胎的致畸剂量为 1 毫克/千克。水致滑坡则需要研究的是各种不同种类岩石、不同结构形态的边坡与水相互作用的力学、物理学、化学等方面的原理。

5. 科学研究中如何把握因果关系与统计规律

实际科学研究中,要发挥因果关系与统计规律分析方法各自的优势,协调一致,相互补充。因此,需要掌握因果关系与统计规律的概念、特征、形式及其分析方法。因果关系具有一因一果、一因多果、多因一果、多因多果、互为因果等多种形式;而统计规律是对大量偶然事件整体的本质和必然的联系。在科学研究中,统计分析所寻求的统计规律,未必是因果关系,但至少为掌握事物及其影响因素之间的因果关系提供有益的思路与方向。

因果分析与统计分析离不开相关分析、回归分析等具体分析方法,但必须掌握这些方法的基本概念与适用条件。在统计学中,相关分析是指现象之间是否相关、相关的方向和密切程度,不区别自变量或因变量,一般相关关系不等于因果关系。根据变量间相互关系,相关可分为单相关和复相关,正相关和负相关,线性相关和非线性相关及不相关、完全相关和不完全相关等种类。而回归分析则是指确定两种或两种以上变量间相互依赖的定量关系的一种统计分析方法。回归分析要分析现象之间相关的因果关系,并用数学模型来表现出原因与结果之间的具体表达式。

相关分析的方法很多,包括快速发现数据之间的关系,如正相关、负相关或不相关;还可以对数据间关系的强弱进行度量,如完全相关、不完全相关等;还有将数据间的关系转化为模型,并利用模型对事物未来的发展趋势进行预测。相关分析具体方法如图表相关分析(折线图及散点图)、协方差、相关系数、信息熵与互信息等。下面分别介绍四种分析方法。

(1)回归分析方法。回归分析按照涉及的变量的多少,可分为一元回归分析和多元回归分析;按照因变量的多少,可分为简单回归分析和多重回归分析;按照自变量和因变量之间的关系类型,可分为线性回归分析和非线性回归分析。在大数据分析中,回归分析是一种预测性的建模方法,它研究的是因变量(预测目标)和自变量(影响因素)之间的对应关系。这种方法通常用于预测分析,时间序列模型以及发现变量之间的因果关系。回归分析是对具有因果关系的影响因素(自变量)和预测对象(因变量)所进行的数理统计分析。只有当自变量与因变量确实存在某种因果关系时,建立的回归方程才有意义。因此,作为自变量的影响因素与作为因变量的预测目标是否有关,相关程度如何,以及判断这种相关程度的把握性多大,就成为进行回归分析必须要解决的问题。进行相关分析,一般要先求出相关关系,以相关系数的大小来判断自变量和因变量的相关的程度。

相关分析是回归分析的基础和前提,回归分析则是相关分析的深入和继续。相关分析需要依靠回归分析来表现变量之间数量相关的具体表达形式,而回归分析则需要依靠相关分析来表现变量之间数量变化的相关程度。只有当变量之间存在高度相关时,进行回归分析并寻求变量间相关性具体表达式才有价值。如果在没有对变量之间是否相关以及相关方向和程度做出正确判断之前就进行回归分析,很容易造成"虚假回归"。

(2)因果图示逻辑关系法。要依据因果分析法,找出事物与影响因素之间相互影响、相互作用的逻辑关系,画出因果(特性要因)图,分析事物及其影响因素存在的结构形式与发展来龙去脉,掌握事物演化的脉络规律。因果分析中,"因"包含事物的内因和外因,"果"是事物的内外因相互作用的结果或现象。事物的存在、发生、发展是在一定的时空范围内进行的,并且再复杂的事物在一定的条件下也会有发生、发展的规律性。因此利用因果(特性要因)图示的逻辑方法,以事物的某个概念、基本结构或影响因素为逻辑起点,按事物及其影响因素之间的相互作用关系为逻辑主线,界定事物的时、空范围;确定事物的内因,包括事物的基本结构、整体结构与层次结构;明确事物的外部作用因素,进而分析基本因素、重点因素、关键因素;明确内部因素之间、外部因素之间、内外因素之间的相互作用的现象、结果、原理与特性;明晰内外因素与事物之间的时空逻辑关系或因果关系,知因测果或倒果查因。利用事物及其影响因素的特性值,按照事物及其影响因素相互关联性整理而成层次分明、条理清楚并标出重要因素的图形,透过现象寻求本质。

(3)统计分析中的要求与条件。一方面统计分析中数据的采集方式必须严格符合要求,才能用作统计分析的基础信息,不然就会产生较大的误差甚至错误,引起误导;另一方面是要有足够的样本数量与实验规模,以减小偶然性影响导致的实验误差。科学研究特别是实验研究中,实验的样本个数往往对实验的结果甚至结论都有重大影响。从理论上说,样本越多,实验结果就越可靠。受到人力、物力、财力及研究时间、研究条件等因素的影响,实际实验的样本是有限的,但实验样本必须有一个下限值。不同种类的实验对最少样本数量的要求不同,标准就是必须能够消除偶然性因素导致过大、不合乎逻辑的误差。当然要对偏离"规律"信息进行具体、深入地分析,是什么原因导致数据的偏离,如果确定是"噪音"就应当剔除;如果是突变、偏离点,则应当进行多次重复实验,并在突变、偏离点附件加密测点,也可能预示着新的结果或结论。因此,实际实验研究过程中,除了要遵循实验各种条件外,还要有足够的样本。不能不顾条件限制,采用较少的实验数据就进行"统计"分析。

(4)因果分析与统计分析相结合。由于事物存在形式与演化过程的复杂性,统计规律常以"某些事物之间有关联"的形式出现,即研究事物相互之间发生牵连和影响。这种关联性可以是因果关系,也可以是非因果关系。例如,黎明时分公鸡会打鸣,但天亮与公鸡打鸣并没有因果关系。当甲、乙两个事物有关联时,可能甲为因、乙为果,或乙为因、甲为果;也可能没有因果关系,而是甲、乙二者都受到某一或某些尚不了解的因素的影响而产生关联。由此可见,须将事物的"关联"性进行深入的剖析。

事物是由各种因素组成的整体系统,因此可进行因素分析。事物的联系或关联指组成事物的内部因素之间、因素与事物整体或事物与其他事物(包括外界环境或表面现象)之间相互连接、相互依赖、相互影响、相互作用、相互转化等相互关系。事物系统结构有不同的存在形式,如链式结构、树状结构、层状结构、板状结构、网状结构、组合结构等;同时,事物系统结构还有不同的层次。事物的联系具有普遍性,即任何事物都具有内在的结构,都不能孤立存在的,是相互联系的统一整体;事物的联系具有多样性,即分析事物的联系可考虑内部联系与外部联系、主要联系与次要联系、偶然联系与必然联系、直接联系与间接联系、本质联系与非本质联系等。同时,事物内部因素和事物之间存在状态改变和演化。

研究事物的关联还包括事物的存在状态与演化过程,须进行状态分析。对于客观存在的事物,需要研究一定时空条件下的事物的存在与演化状态,分析相应的量变状态与趋势。当然要先确定事物的时、空范围。一般来说,不同的时、空边界范围,事物整体结构就有不同的存在状态与存在方式,当然就成为不同的事物。进而要分析并确定事物的组成因素、组成因素的时空排列组合方式、秩序与层次性,形成事物系统的总体结构。分析中,系统的总体结构可以是实体结构、抽象(概念)结构。实体系统和抽象(概念)系统两类系统在实际中常结合在一起,以实现一定的整体功能。实体系统是概念系统的基础,而概念系统又往往对实体系统提供指导和服务。如计算机的硬件系统、软件系统相结合,人们的行为与文化内涵相统一等都是实体系统和抽象(概念)系统的统一。

因果系统是输出完全决定于输入的系统,因果系统必须是个开放系统,如信号系统、记录系统、测量系统等。但由于系统结构的多样性、复杂性和层次性,系统的输出与系统的输入之间的对应关系也出现复杂性,就要依据系统的具体情况,分析输出与系统的输入之间的对应关系,辨析是否存在一因一果、一因多果、多因一果、多因多果或互为因果等形式。

采用定性与定量相结合分析方法,进行多层次分析、趋势分析时,对于比较简单的问题,一两个层次就可以把问题分析清楚。对于复杂问题,需要进行多层次分析,层层解剖,才能找到问题的本质和规律。趋势分析就是排除短期偶然因素的影响,使动态数列呈现出长期因素所造成的长期趋势,以揭示事物发展规律,并以此规律预测未来。趋势分析的方法既有数学模型法,如趋势线配合法,也有非数学模型法,如时距扩大法、移动平均法等。

3.8 从材料破坏的强度假说探析实验研究方法

摘要：材料力学中，利用常用、基础的实验，分析实验现象和实验结果，经过分析、归纳、总结，抽象材料破坏的本质，建立材料破坏的假说；再通过多次验证与修正强度假说模型，最终建立强度理论或强度假说。材料力学建立强度理论的过程，为通过实验研究建立科学理论提供了有益的思路。

在材料力学中，如果低碳钢材料处于单向应力状态，可直接做试件的拉伸或压缩实验，采用屈服或破坏载荷除以试样的横截面积得到的屈服或极限应力，即选取屈服极限或强度极限等参数作为判断材料屈服或破坏与否的标准。但对于材料在复杂应力状态下是否屈服或破坏，采用简单的实验就不可能进行判别，因此力学工作者以材料的单轴拉、压实验或纯剪为基础，建立了复杂应力状态下材料的破坏强度理论。强度理论的建立过程，为实验研究与理论研究相结合提供了有益的思路与借鉴。

1. 透过现象看本质来建立强度理论

材料力学实验中，最基础的实验是试件的单向拉伸（压缩）实验、三点弯曲实验或扭转实验。如何通过常用、简单的实验来建立材料破坏的理论是非常困难的。材料力学的实验研究经历了四个阶段。第一阶段是通过单向拉伸（压缩）、三点弯曲或扭转实验简单实验，测试材料的变形、强度特性。这一阶段可分别看到拉伸（压缩）、三点弯曲或扭转实验相应的变形、破坏现象。第二阶段是分析实验数据和简单应力状态、复杂应力状态的相互关系。在单向应力状态下，材料内破坏点处的第一主应力不为零，第二、第三主应力为零。此时建立了材料破坏的第一、第二强度理论。第一强度理论又称为最大拉应力理论，该理论认为引起材料断裂破坏，特别是脆性破坏的因素是最大拉应力,无论什么应力状态,只要构件内一点处的最大拉应力达到单向应力状态下的极限应力,材料就要发生脆性断裂破坏。第二强度理论又称最大伸长应变理论。该理论认为最大伸长线应变是引起材料断裂的主要因素,无论什么应力状态,只要最大伸长线应变达到单向应力状态下的极限值,材料就要发生脆性断裂破坏。第一、二强度理论一般都适用于材料的脆性破坏。

然而在二向应力状态下,材料内破坏点处的第一、第二主应力不为零;在三向应力状态下,通常三个主应力均不为零。在二向、三向复杂应力状态下,不为零的主应力分量在不同应力水平下有无穷多个组合;材料在如此复杂的应力状态下不能、也不可能、更没有必要用实验逐个来确定材料破坏的强度。由于工程实际的需要,必须在简单实验的基础上,确定复杂应力状态下材料破坏判据准则。200 多年来,对材料破坏的原因,科学家们提出了各种不同的材料破坏假说,这些假说都只能被某些破坏实验所证实,并不能解释所有材料的破坏现象。这些材料破坏假说统称为强度理论。

第三阶段是验证与修正强度假说模型。研究发现,材料在外力作用下,一般有两种不同的破坏形式:一是在没有显著塑性变形时就发生突然断裂,称为脆性破坏;二是因发生显著塑性变形而不能继续承载的破坏,称为塑性破坏。因此,科学家主要是通过对材料试件的单向拉伸(压缩)、三点弯曲或扭转进行实验,依据材料的变形破坏现象和结果,分别又进一步在第一、第二强度理论基础上建立了不同的强度理论。第三强度理论又称最大剪应力理论或特雷斯卡屈服准则。该理论认为最大剪切应力是引起屈服的主要因素,无论什么应力状态,只要最大剪切应力达到单向应力状态下的极限剪切应力,材料就要发生屈服破坏。第四强度理论又称最大形状改变比能理论。该理论认为形状改变比能是引起材料屈服破坏的主要因素,无论什么应力状态,只要构件内一点处的形状改变比能达到单向应力状态下的极限值,材料就要发生屈服破坏。对于材料的塑性变形破坏,常用的是第三、第四强度理论。

第四阶段是建立完整的强度理论与推广应用。对于材料采用何种强度理论来进行判别,要具体情况具体分析。塑性材料也可能发生脆断,就要采用第一、第二强度理论;其他材料如低碳钢的低温脆断,对于含有裂纹的高强材料的断裂破坏,就须采用格里菲斯(Griffith)强度理论。岩石材料更适合用修正后的德鲁克-普拉格(Drucker-Prager)强度理论。因此弹性、塑性、流变等不同的本构模型,区分不同的力学理论。从强度理论形成过程中可以看出,实验研究上升为科学理论的过程都要经历由较简单实验开始,分析实验现象与本质关系,提出初步理论模型,多次实验验证与修正模型,最终形成比较完整理论的过程。形成完整的强度理论与推广应用还在不断发展。

2. 实验研究

对于自然科学来说,实验研究是科学认识的一种最基本的方法。实验研究是指经过精心的设计,并在高度控制的条件下,通过操纵某些因素来研究变量之间因果关系的方法。实验研究通过一个或多个变量的变化来评估它对一个或多个变量产生的效应。实验研究的主要目的是建立变量之间的因果关系,一般做法是在预先提出一种因果关系尝试性假设基础上,通过实验操作来检验。自然科学如力学、物理学、化学、生物学等学科的发展就是建立在实验科学基础之上的。

实验研究可分为不同类型。根据对变量的控制程度以及实验设计的严格程度,实验分为纯实验与准实验。纯实验是指实验研究人员能够随机地把实验对象分派到实验组或控制组,可以对实验误差来源加以控制,使得实验结果能够完全归因于自变量改变的实验。准实验是指实验研究人员无法随机分派实验对象到实验组或控制组,也不能完全控制实验误差来源的实验。根据实验的实施场所不同,实验分为实验室实验与实地实验。实验室实验是指在有专门设备的实验室中进行,并对实验的条件、控制以及实验设计都有严格规定的实验。实地实验是指在实际情境中进行的实验,也称现场实验。根据实验研究深度的不同,实验分为试探性实验与验证性实验;根据实验研究进程的不同,实验分为预实验与真实验等。还有一种常用的实验方法就是模拟实验。模型实验又分为物理模拟实验、数值模拟实验与功能模拟实验。物理模拟实验要遵循相似准则,在难以采用原型、不必要采用原型或其他条件不具备采用原型的情况下,模仿实验对象制作模型或模仿实验的某些条件进行实验。数值模拟实验是依据数学模型,采用计算机编程进行的多种方案比较与优化。功能模拟实验则以黑箱(灰箱)系统理论为基础,从系统的功能特性方面进行对比优化。

实验研究通常随机选择实验对象,组成实验组,同时设立一个或几个控制组,以比较实验组和控制组的行为。实验者对实验组做各种实验,控制组不参与,然后分析实验组与控制组之间的差别。实验研究要求实验结果可被重复实验所验证。由于新材料、新方法、新技术、新理论、新设备的不断发展和应用,实验研究也在不断发展。

实际实验对探索未知有三个基本功能:第一,能简化和纯化自然现象,排除偶然因素,从而提炼出简单、确定的方面,使自然过程表现得最确实、最少受干扰;第二,实际实验可以强化实验对象,使之处于某种极限状态,有利于揭示新的自然规律;第三,实际实验为人们模拟某些受客观条件限制而不能直接观察的自然现象提供了条件。然而,实际实验的这些功能要受到实验技术和实验误差的制约和影响。

3. 实验研究中的结果与结论

实验一般采用直接测量或间接测量的方式进行。直接测量如时间、几何尺度等;间接测量则要通过测试的信息进行转换。实验过程通常是在展现实验现象。实验现象是研究对象实质特性的外在表现,是在实验过程中,人的感官可以直接感受到的信息,如力学中物体运动状态、变形或破坏、断裂等现象;物理学或化学中物体形态、颜色、气味、气体生成、温度变化或者沉淀生成等变化现象。爱因斯坦曾经说过,一个现象只有被理解了才能观察到。因此实验中不能错过任何细节现象。例如,岩石力学单轴压缩实验中,有的试件破坏会发出很大的声音,有的则不会,为什么? 研究发现出现较大声音的试件一般是相对较硬的岩石试件,这类岩石容易发生脆性破坏,具有明显的冲击倾向。实验结束后的最终信息、实验现象叫实验结果,实验结果是用实验获得第一手资料,主要指实验获得的力学、物理学、化学、生物学相关的数据等信息。将实验数据进行科学分析、总结演化规律或验证理论结果、确定演化参数等,分析实验结果,目的是分别从力学、物理学、化学、生物学不同学科的角度揭示实验现象对应的力学、物理学、化学、生物学等科学实质。同时,需要列出实验数据和观察所得到的所有信息,并对实验误差加以分析和讨论,为提出相应的力学、物理学、化学、生物学等发生机理和分别建立力学、物理学、化学、生物学等模型提供基础。

实验结论是指对实验现象和实验结果进行概括、分析、推导得出的一个普遍事实或普适规律。实验的最终目的是透过现象看本质,探索实验现象所蕴含的科学实质,建立变量间的因果关系,揭示事物发展变化的本质规律。一般来说,通过简单地曲线拟合是不能够全面地反映事物的本质内涵,而是要经过推理、判断、归纳等逻辑分析过程而得到学术总观念、总见解。

4. 实验研究中的再思考

从实验研究与材料力学实验中建立强度理论进一步分析,对于一般实验到理论要经过四个阶段。第一个阶段是实验目的、设备、方法、原理、步骤、过程及方案等相关问题的讨论,这个阶段以实验现象、实验结果描述为主,这是实验的第一个过程。第二个阶段从实验现象、实验结果中分析事物发生的本质,提炼出来部分理论,寻找因果关系,称为唯象理论。此时要初步归纳现象背后的本质规律,建立科学假说,这是从现象到本质认识的第一个过程。第三阶段是将所认识的唯象理论进一步通过实验验证、理论修正,抽取其中的精华,确定因果关系,验证假说,形成理论架构,是再实践、再认识的过程。第四阶段,将形成的理论架构,建立力学(物理学、化学、生物学)模型及相应的数学模型,描述因果关系并进行应用,是形成科学理论的过程。

在实验研究中,特别是工程科学实验研究中包括:

(1)结构组成研究,结构组成包括组成部分、时空秩序与联系规则。不同尺度如微观结构、细观结构、宏观结构、多尺度结构等结构之间的联系与推广与时间尺度推广问题。

(2)环境问题研究,如力学作用环境、物理作用环境、化学作用环境、生物作用环境、综合作用环境等。同一结构不同环境体现结构的本质特性就不同。

（3）结构响应特性研究，特性包括力学特性、物理学特性、化学特性、生物学特性、综合或组合特性等，如微观层次结构的特性、细观层次结构的特性、宏观层次结构的特性、多尺度结构的特性等各种尺度结构特性之间的联系问题。

实验研究是科学研究中最常用的重要的实践活动，而理论研究是揭示实验现象本质规律的过程。科学研究中的实验研究与理论研究相结合的研究方法是实践、认识、再实践、再认识这一认识路线的具体体现与有机结合。实验过程展现事物的表象，理论研究是探究实验现象的内在联系。因此，科学家把在实验中获得的认识和经验加以概括和总结所形成的学科领域的知识体系就是该学科的科学理论。科学理论是从客观实际中抽象出来，经过升华和深化又在客观实际中得到了证明，正确地反映了客观事物本质及其规律。

创新是实验研究中的灵魂，实验研究要避免低水平重复。解决新问题、提出新概念、设计新实验、认识新现象、采用新方法、发现新信息、揭示新规律、建立新模型、得到新结论、验证新理论及进行新应用等都是实验创新性的具体体现。设计新结构、赋存新环境、得到新的演化特性等也是实验研究的另一种创新思路。

3.9 科学研究中的学术思想与思想实验

摘要:科学研究中,学术思想非常重要。在分析学术思想的概念、特征及来源的基础上,介绍了思想实验的基本内涵,讨论了思想实验对训练逻辑思维、建立学术思想的启示。

国家自然科学基金项目申请中,常说要具备"点子""本子""面子"三个方面。科学研究中的"点子"的内涵是什么?其实就是选题或者学术思想或学术观点。"本子"就是要提供高质量的申请书;"面子"就是在学术界要有一定的影响。而"点子"是国家自然科学基金项目申请或者科学研究的起点,"点子"是"本子"和"面子"的基础,对科学研究来说非常重要。因此,就有关学术思想与思想实验及其对科学研究的影响进行探讨是非常重要的。

1. 思想

从哲学的角度来看,意识运动的引起是为思,思是意识的顺向运动;目的性的意识行为是为想,想是意识的逆向运动。"思想"具有不同的含义,主要包括:(1)哲学意义上的思想(thought)。客观存在反映在人的意识中经过思维活动而产生的结果,是人类一切行为的基础,如"学术思想"。(2)想法(idea),心里的打算。(3)意识形态的、观念的(ideological)。如"思想活动"。

哲学范畴的思想,是客观事物在意识中的反映形式;思想不仅是了解世界,也包括进一步认识世界并在实践中改造世界。思想概括了原有认识的经验成为解释客观现象的原则。从更广义的角度理解,人的意识、意志、想法、认识、感情、思维、顿悟等都可以称为思想。从狭义的角度理解,思想是人们创造性地进行认识、研究、分析与评价的活动及其得出的结论,其中,创新是思想的根本属性。

科学研究中所关注的"思想",主要是学术或哲学意义上的内涵。思想的本身是意识运动形式的表达,是意识的主体在意识形态里进行的意识的运动行为,是以某一问题为起点的直线意识的运动形式,思想的作用有助于进行意识的引导,是思想直线运动形式的存在特征。

按照信息论的观点,思想就是一种信息的交换与传递。不同信息表现出不同思想。一定量的各种系统性信息的知识储量,加以思考,便得到思想。

思想可以通过一个或一系列概念的联系,概括地说明现象的本质和规律的理论原理,也可以表现为观点的综合的理论体系。思想是在实践的基础上对客观存在的反映,并通过实践进行检验。凡是经过实践检验证明符合客观实际的思想是正确的思想,不符合客观实际的思想就是错误的思想。思想对客观现实的发展有强大的反作用,正确的思想一旦为人们所掌握,就会变成改造世界的巨大的物质财富与精神力量。

思想主要是用言语和其他符号来表达的,而致力于研究思想并且形成思想体系的人就是思想家,主要是解决自然界、人类社会、思维体系中遇到的重大问题,因此,思想家一般是指影响力巨大的哲学家。渊博的知识固然可贵,但思想的价值才是至高无上的,思想家有国界,但思想没有国界。思想的受益者是全人类。思想会使生活更有意义,使人与自然更和谐,使世界更美丽,这就是思想的价值。思想家是真理的发现者,是思想的解放者,是文明的启蒙者。

2. 学术思想

《辞海》把学术定义为:"较为专门、有系统的学问。"即学术是指对高深知识的传授与研究。因此,学术思想就是人们学术范围中的意识活动,这种意识活动包括两种行为:一种是对外界信息的加工,由外而内所谓思;另一种是以意识去影响外界,由内而外所谓想。从信息论的观点理解,学术思想是对事物一系列具有共性的意识点构成的意识流。

学术思想具有明显的特征:一是主观性。学术思想是对自然界或客观世界的反映,是人的意识主观产物,具有明显的主观性。二是抽象性。学术思想不是一种有形的物质,而是一种具有高度抽象的意识。三是系统性。学术思想是一系列的学术观点的有机组合,具有一定的系统性和结构性。四是新颖性。学术思想需要提出独到的见解和看法,具备一定的创新性或前瞻性。

学术思想与学术观点是有区别的。学术思想往往是指相对完整的理论体系,是整体上很难被更改、比较成熟的认识;而学术观点一般是指对学术问题具体看法,包含在学术问题中某一点或某一些具体的认识,并会随着各种新的发现而被改变。学术思想是整体上的大局观,而学术观点反映在局部问题上。学术思想往往由一系列的学术观点组成,学术观点则在不断累积后,由量变导致质变而形成学术思想。

科技工作者还要处理好学术与思想的关系,即科技工作者不仅需要有思想的学术,还要具备学术的思想,学术与思想并重。内生的思想源自于学术土壤,学术是缜密思想的基础,学术丰富和提炼了思想;思想梳理了学术的方法与路径,思想深化和指引了学术。

学术思想的来源是多方面的,主要体现在:

(1)来自学术实际中。人类社会、自然界及现场实际充满了各式各样、形形色色的社会和自然现象,这些现象需要经过研究者的"思想"加工,经过抽象归纳,得到独到的系列观点,即形成相应的学术思想。

(2)来自学术实践中。学术实践包括提出科学概念、原理与采用相应的科学方法来证实所提出的概念、原理是正确科学的知识体系,经过一系列的学术实践来凝练学术思想。

(3)来自科学理论中。科学理论是经过实验、实践或逻辑等方法证实的正确的知识体系,因此,在原有的科学理论基础上继续深化、创新,提出相应的、更加新颖的学术思想。

(4)来自国家科学技术的重大需求中。国家科学技术的重大需求是由国家主导,组织科学家依据国家战略需求论证的科学技术难题,当然包含系列关键科学技术问题。通过解决国家科学技术的重大问题,就可能提出相应的学术思想。

(5)来自学术交流活动中。学术交流活动中,不同年龄、不同学术经历、不同学术专长甚至不同专业的学者可以相互补充、相互启发,就可能迸发出思想火花,产生或完善学术思想。多数科学家的学术思想都是有意识或无意识地通过读文献、聆听会议报告,或者与同事、同行及学生们讨论中综合了很多学者观点集成得到的

(6)来自学科交叉与融合中。不同学科的交叉与融合,解决相关学科共同关注的学术问题,就可能产生新的学术思想,进而可能发展成新的研究领域,甚至形成新的学科。学术思想可以更加理性地思考,为新学科做出有前瞻性和有洞察力的贡献。

3. 思想实验[34,35]

思想实验是指科学家用想象力去进行的实验,是在现实中无法做到或现实未做到的实验。思想实验是在人的头脑中进行的理性思维活动,这种思维活动按照实验的格式展开,是科学家在头脑中设计和构造出一套纯粹的、理想化的仪器设备和研究对象,并进行纯粹的理想化的实验操作和控制,使与实验对象的某些因素以绝对简化、纯化,以被设定、限制的形式表现出来;通过对这种理想化对象的感知和描述,发现和获取科学事实与自然规律的思维活动。思想实验和想象一个实验是不同的。如果想象一个力学、物理学、化学、生物学等实验的过程一般来说不算是思想实验,因为实验者缺少某些没有办法在想象中观察到的现象。当然,思想实验和心理学实验也是不同的。思想实验需求的是想象力,而不是感官,因此人们也称为"抽象实验""假想思想"等。

思想实验最初主要从物理学中发展起来。思想实验在中国古代就有思维的萌芽。《庄子·天下篇》中就有"一尺之棰,日取其半,万世不竭",论证物质的无限可分。科学的思想实验从伽利略开始,17 世纪是科学的思想实验的发源时期。伽利略并没有从比萨斜塔上同时抛下两个铁球来证明自由落体运动,大多数通过思想实验来验证。

到了近、现代科学时期,思想实验得到了高度综合和充分发展,如爱因斯坦有关相对运动的著名思想实验,这在现实或暂时是做不到的。很多科学原理,如惯性定律、测不准原理以及相对论的发现等,都与思想实验密切

相关。一些著名的科学家,如伽利略、爱因斯坦、玻尔、海森堡等,都曾通过思想实验取得了高水平的研究成果。在科学技术知识已成体系的现代社会里,人们的认识活动越来越远离日常的直观经验和直觉,具备了高度抽象能力和逻辑思维能力。科学研究活动所需的仪器设备日益纯化、理想化,物化实验有时无法满足科学发展的需要,运用思想实验进行科学研究就成为一种必然。

理想实验有别于理想模型。理想模型是通过高度抽象建立起来的描述理想客体的模型。自然科学领域所探讨的现象,很多是理想化的客体,如质点、绝对刚体、绝对黑体、理想流体、理想溶液等,这些理想客体模型可以回归到原型。理想实验排除了物化实验中无法排除的干扰,使得研究的问题达到高度的理想化。理想实验的结果虽然可以无限接近客观事实,但在实践中永远无法实现。卡诺热机循环实验、P. 朗之万设想的"双生子佯谬"实验等都是思想实验。而思想实验是指在特定的条件下,依靠科学原理,通过逻辑推论在头脑中实施的实验活动,它按物化实验的要求展开,主要过程和结果均以逻辑的形式表述。

思想实验具有许多特征:一是理想性。思想实验不管是在实验对象、实验条件、还是从实验结果来讲,同物化实验比较起来都有一定的理想性。二是逻辑性。逻辑推演是思想实验的基本方法,离开逻辑,思想实验无法进行,也不能得出科学的结论。思想实验与纯粹逻辑不同,它与客体相联系,把逻辑放在具体的实践活动中,语言、数学和思维,通过逻辑联系在一起,促进整个思想实验的顺利开展。三是启发性。思想实验对新理论的产生具有启发作用。四是革命性。思想实验在科学革命的过程中起着推动作用。

思想实验并非脱离实际的主观臆想,它是人类在探索自然过程中,对大量的科学事实做深入的抽象分析和想象概括,从而使被研究对象和实验过程理想化、抽象化,采用逻辑推演方法,科学地推导出支配被研究对象的规律。思想实验具有不同的类型,主要包括以下三种。一是批判型。批判型思想实验又可称为否定性思想实验。这种实验针对已有理论进行思维性论证,通过证明与反驳,揭露现行理论错误和问题,直至否定该理论。二是变革型。变革型思想实验又可以称为建设性思想实验。通过这种实验,人们能在扬弃、变革旧理论的基础上,产生质的飞跃,创建新的理论。三是综合型。综合型思想实验又可以称为完善性思想实验。这种实验来自横向的多学科概念、原理、方法的综合,通过选择、提炼、重组等多种方法的运用与分析,运用逻辑法则从中探寻新的理论和科学解释。

思想实验的检验就是为了检验思想实验的过程是否符合逻辑,结论是否符合客观规律,但因思想实验自身的特殊性,检验方式与一般实验有一定的区别。对于思想实验的检验,不仅仅只是简单重复逻辑推演过程,而且要接受逻辑分析和物化实验的双重检验。

思想实验的结果直接得出了一些抽象的概念、理论和规律。思想实验同物化实验一样,也由实验者(主体)、被研究对象(客体)和作为终结的实验仪器设备等三部分构成。思想实验须借助于经验表象,通过概念和逻辑与客观世界的本来面目相联系。

4. 思想实验对从事国家自然科学基金项目的启示

从事国家自然科学基金项目的研究,无论是申请、评审,还是在研、结题,一般来说大部分的国家自然科学基金项目并不采用思想实验方法。但仔细思考,思想实验还是给研究者提供了很多启示。

一是深刻理解思想实验的实质。思想实验作为一种创造性思维,体现了形象思维和逻辑思维的有机结合。它一方面要对研究的"过程""对象"所具有的"状态"形象地进行创造性的联想和想象,另一方面又要运用现有的科学知识及逻辑和数学手段,对可能结果做出预计、分析和解释。思想实验中的逻辑推理不是单纯地从概念到概念的抽象推理,而是需要把推理置于具体的"思想实验"之中,经常把实际、具体的情形在思想上重演,即需要经常依靠实验事实。思想实验通过设想的实验过程来进行推理,既包括形象的推理,又包含合乎逻辑的想象。它是一种把推理和想象有机地融为一体的思维方法,这个方法既具有严密性又富于创造性,能激发科研灵感,导致新的发现。

科学研究中,无论是理论研究、实验研究还是模拟研究,均离不开对所研究问题严密性、逻辑性、合理性、规范性的深入思考,包括所涉及的科学概念是否具有精确性,逻辑结构是否具有一致性,是否能得到已有科学理论和科学事实的支持等。

二是思想实验对建立学术思想的启示。思想实验需要运用理论分析、逻辑证明、猜测推断,甚至有时是实验者个人的偏见来完成。批判型思想实验即否定性思想实验,针对已有理论进行逻辑思维论证,通过证明与反驳,揭露现行理论错误、缺陷和问题,直至否定该理论。思想实验中的逻辑分析,是从一些已确认的理论出发,通过规则的推理来论证另外一些判断的可靠性或实验的可能性。同时,思想实验能简化、纯化自然现象,强化实验对象,排除干扰,抓住主要矛盾或矛盾的主要方面。利用思想实验具有的探索功能、发现功能、论证功能与先导功能,为研究者建立创新性学术思想提供了新方法、新思路、新的思考平台。通过这种思考,研究者可在扬弃、变革旧理论的基础上,深入思考学术思想是什么、为什么、怎么样,产生思想上质的飞跃,创建新的学术思想。

第4章 关于国家自然科学基金项目申请书

4.1　国家自然科学基金"机理"类项目研究内涵

摘要：系统的演化机理与控制机理，是国家自然科学基金项目重要的一类研究项目。在论述机理内涵的基础上，讨论了"机理"类项目的类别、研究方法与内容，分析了演化机理与防治机理的区别与联系，以利于国家自然科学基金"机理"类项目的申请、评审及实施。[25]

国家自然科学基金在国家创新体系中的战略定位是支持基础研究，坚持自由探索，发挥导向作用。国家自然科学基金主要资助从事基础理论或应用基础理论的研究。基础理论或应用基础理论是以认识自然现象，探索自然规律，获取新知识、新原理、新方法等为基本使命。因此，审批的国家自然科学基金项目中，以研究物质运动、发展等演化机理（或机制、原理）类项目占据了一定比例。通过对多年国家自然科学基金批准资助的项目中的检索分析，含有"机理"主题词的项目占年度总项目的 9% 左右；检索含有"机制"主题词的项目占年度总项目的 11% 左右；含有"原理"主题词的项目占年度总项目的 1% 左右。当然以研究"机理""机制"和"原理"为主要研究内容、但在主题词中没有出现"机理""机制"和"原理"等检索词的基础研究、应用基础研究项目就更多，"机理"类研究的资助率总体上逐年增加。因此，探讨"机理"的内涵对申请、评审和完成国家自然科学基金项目具有重要作用。同时，从广义系统科学的角度统筹考虑系统演化的孕育、潜伏、发生、爆发、持续、衰减、终止等过程和控制因素，可了解物体发展的来龙去脉和前因后果，有利于预测、预报、评价、治理等重大问题的进一步研究。

1. 演化与演化机理

从系统科学分析，系统是由相互联系、相互作用的要素（部分）组成的具有一定结构和功能的有机整体。系统分为实体和虚拟系统。将所研究的对象、物质、事物、概念、组织、规章等看作系统,就可利用系统科学的研究成果统一思路进行分析。

国家自然科学基金项目的任务和整个过程是围绕科学问题展开的。科学问题泛指研究中主体与客体、已知与未知的矛盾。科学问题一般名为"是什么(what)"、"怎么样(how)"和"为什么(why)"三种主要形式。但无论哪一类科学问题,本质上要揭示系统发生、发展、变化过程的规律,该过程中系统内在性质发生的任何变化,即是系统的动态演化。

系统的动态演化原理是指一切实际系统由于内、外部联系复杂的相互作用,总是处于无序与有序、平衡与非平衡的相互转化的运动变化之中的,任何系统都要经历一个系统的发生、系统的维生、系统的消亡的不可逆的演化过程。也就是说,系统的存在本质上是一个动态过程,系统结构不过是动态过程的外部表现,而任一系统作为过程又构成更大过程的一个环节、一个阶段。

系统的有序是指系统要素在时空范围的有规则的联系,无序则是指系统要素在时空范围的无规则的联系。系统秩序的有序性首先是指结构有序。例如,类似雪花的晶体点阵、贝纳德花样、电子的壳层分布、激光、自激振荡等空间有序;行星绕日旋转等各种周期运动为时间有序。结构无序是指组分的无规则堆积。例如,一盘散沙就是空间无序。原子分子的热运动、分子的布朗运动、混沌等各种随机运动为时间无序。此外,系统秩序还包括行为和功能的有序与无序。平衡态与非平衡态则是刻画系统状态的概念。平衡态意味着差异的消除、运动能力的丧失。非平衡意味着分布的不均匀、差异的存在,从而意味着运动变化能力的保持。与此相联系,有序可分为平衡有序与非平衡有序。平衡有序指有序一旦形成,就不再变化,如晶体。它往往是指微观范围内的有序。非平衡有序是指有序结构必须通过与外部环境的物质、能量和信息的交换才能得以维持,并不断随之转化更新。它往往是呈现于宏观范围内的有序。

系统结构主体(内因)与环境客体(外因)通过边界相互作用进行演化,演化是一个动态的非线性、非稳定过程。系统演化机理就是系统结构与系统环境(内因、外因)在时空范围相互作用、相互影响并随时间进行演化的科学原理和规律。系统的演化机理(或演化机制)内涵是指系统这个有机体的结构、功能和相互关系及某些自然现象的力学、物理学、化学、生物学的发展变化原理与变化规律。

内因是研究对象内部的因素集,实质是系统的内部结构,是系统的构成要素(或子系统结构)在时间、空间上连续的排列、组合及相互作用的方式,是系统构成要素组织形式的内在联系和秩序质的规定性。系统结构包括系统的组分、结构形式和结合程度或者三要素,即组成部分、时空秩序、联系规则。系统结构中往往有一个或几个子结构支配着整个系统的演化特性,该子结构称为该系统的主导子结构。系统功能或特性的复杂性来源其构成的复杂性。因此,研究系统结构构成(或者是事物的内因因素集)是研究系统演化机理的基础。

外因是研究对象外部的因素集,实质是系统的环境,是系统结构之外的一切事物的总和,包括外界对系统内部结构的一切作用因素。一般包括力学即机械作用、物理作用、化学作用、生物作用等。把握一个系统必须了解它处于什么环境,环境对它有什么影响,它又如何回应这种影响。因此,研究系统环境(或者是事物的外因)是研究系统演化机理另一不可少的因素。

系统结构与系统环境(内因、外因)间相互作用、相互影响,彼此之间通过边界有物质、能量和信息的交换和传递。演化过程实质上就是系统结构与系统环境相互作用、相互联系、相互影响、相互协调、相互干扰、相互约束、相互反馈、相互依存的过程;也就是物质运动的孕育、潜伏、发生、爆发、持续、衰减、终止等非线性过程。该过程中,从孕育到潜伏、潜伏到发生、发生到爆发、爆发到持续、持续到衰减、衰减到终止等子过程都是总过程发展演化一个阶段,一般可从一种状态转化为另一种状态。因此,在演化总过程中,有极值点或拐点;有稳定过程、也可能有非稳定过程或发生突变;同时系统的组织、结构和功能也在改变和优化。因为系统结构与环境相互作用永远是非线性、动态、随机和非稳定的,但为了研究的可操作性,在特定的时、空范围内,可将系统及其环境相互作用看成是线性、静态、确定和稳定的。

从层次性分析,一个系统既是上一层次系统的子系统,又是下一层次子系统的总系统。系统在结构形式、连接方式、参数分布及功能性质上的差异表现在该系统对上一层次总系统为内部功能,系统内部因素相互作用的演化原理就为系统演化内部机理;对下一层次子系统为外部功能,系统在外部因素作用下的演化原理就为系统的外部机理;当然系统在内外因素同时作用时就会形成内外联合或耦合演化机理。因此,一个影响因素可以是上一层次总系统的内因,又是下一层次子系统的外因,从系统不同层次视角观察,体现事物内、外因的互相转换。因此,总体上可将系统演化机理类项目划分为内部机理、外部机理及内外联合或耦合演化机理等不同类别。

从时间序列来分析,系统在生命全周期过程中不同阶段发生的机理一般是不同的,科学研究全过程应当包含系统的孕育机理、潜伏机理、发生机理、爆发机理、持续机理、衰减机理、终止机理等不同类别。最常见的就是材料力学实验中低碳钢试件的拉伸过程大致要经历四个阶段,即弹性阶段、屈服阶段、强化阶段及颈缩和拉断断裂。四个阶段的变形机理是完全不同的,即相应的弹性机理、屈服机理、强化机理及颈缩破断机理,当然要建立相应的不同阶段的弹性变形、屈服准则与塑性本构关系、强化准则与加卸载模型,颈缩破坏模型和判据等。

从系统的结构与系统环境相互作用类型的角度来看,可划分为系统演化的力学机理、物理学机理、化学机理、生物学机理或这些环境因素的联合、耦合作用机理等类别。例如,采煤过程中残煤自燃,就是煤在燃烧中新旧物质变化的化学过程、温度湿度等变化的物理过程以及煤体强度、变形及渗透性等力学特性变化的耦合过程。

一个系统往往由不同种类、不同层次的子系统通过一定的联系规则组构而成,并且由于系统组构的非均匀性、非线性、非连续性、非确定性、耦合性等性质,系统的演化过程在各个子系统中体现出不均匀性和不协调性。例如,总系统中,各个子系统分别受到力学作用、物理作用、化学作用、生物作用等不同种类环境的单独、联合或耦合作用,分别处于孕育、潜伏、发生、爆发、持续、衰减、终止等不同的演化阶段。当然对于总系统而言,就需要分别分析各个子系统、总系统的孕育机理、潜伏机理、发生机理、爆发机理、持续机理、衰减机理、终止机理及其对应的力学机理、物理学机理、化学机理、生物学机理以及联合、耦合作用机理等不同种类作用方式、不同演化阶段的演化规律及其相互关系。

2. "机理"类项目的研究方法、内容

国家自然科学基金"机理"类项目是在凝练科学问题的基础上,从系统的结构、系统的环境以及系统的结构与系统的环境相互作用原理为思路进行分析的。一般主要采用两种主要方法:一是实验研究,二是理论研究。实验是理论研究的基础,具有检验与证实的功能;理论是实验现象的升华,是归纳、抽象的结果,具有解释、指导和预见、推广的功能。2002 年,邢润川与孔宪毅[36] 在《山西大学学报(哲学社会科学版)》上发表论文,分析了诺贝尔自然科学奖百年走势,看科学实验与科学理论的关系,从科学实验是科学理论产生的基础,科学实验是检验科学理论的标准,科学理论是科学实验的指南,科学实验手段变革的重要作用等多个层面系统深入地论证、分析了科学实验与科学理论的关系。因此,在物质演化过程的每一个阶段,要发挥实验分析和理论研究各自的优势,各有侧重;实验与理论研究内容相互对应、相辅相成。

1)实验方法

实验方法有多种多样,根据测量手段、研究目的的不同,包括定性、定量研究或直接实验、模拟实验。模拟实验又可分为物理模拟、数学模拟和功能模拟。实验研究的主要目的是透过测定实验现象,抓住系统演化的本质。将理论分析、实验测试与计算机技术相结合,数学模拟已经形成了数值实验方法,利用方案比较、优化和极端、最不利方案对比分析,可大大地缩小实验的范围,节省经费,并减少工作量。

国家自然科学基金项目实验方法主要包括证实性实验、探索性实验,是通过微观、细观、宏观甚至宇观物质运动过程中释放的信息,利用机测、电测或光测等力学方法,或采用声、电、磁、光等物理学方法或化学、生物学等科学仪器,测试并进行解译。实验中往往需要解决新问题,因此,通常要设计新实验或利用新手段发现新现象、测试新信息、寻找新规律、得到新结论及验证新理论等都是实验创新性的具体体现。系统内部结构和外部环境即

内、外因相互作用演化过程中,不同子系统在孕育、潜伏、发生、爆发、持续、衰减、终止等不同演化阶段所释放的信息是不同的,即使在同一演化阶段也可释放多种不同的信息。对于同一系统子结构,不同外界条件,子系统结构具有不同的特性,所释放的信息也不同。因此,在演化过程中,必须研究不同子系统在不同环境条件、不同演化阶段可能出现的信息,尽量捕捉、采集并记录,分析这些信息产生的前因后果、发生过程与实质规律,为揭示系统演化的机理提供基础。

工程现场是 1:1 的试件,现场监测、测试是对自然现象信息的捕捉和采集。从广义上分析,试件、样本、模拟试件、工程现场等都可作为实验研究的对象。因此,实验研究一是要考虑系统的结构构成,包括组成部分、时空秩序、联系规则。二是研究系统所处的环境或者是事物的外因。三是研究在简单实验环境或条件下系统的演化特性,提出相应的系统结构模型(或假说)、系统环境模型(或假说)及其演化模型(或假说)。四是在比较复杂实验环境或条件下,测定系统的结构、系统的环境或系统演化特性,进而验证所提出的相应的结构模型(或假说)、环境模型(或假说)及演化模型(或假说)。五是将实验数据进行科学分析,总结系统结构、系统环境或演化规律或验证系统结构假说、系统环境假说或系统演化假说等理论结果,确定演化参数等。

2)理论方法

理论是由概念、公式、模型、定理等知识单元组成,并由逻辑链条有机联系起来的知识体系。基础理论可通过逻辑方法进行演绎、推理等来构建系统结构、系统环境或系统演化模型;应用基础理论研究一般是在实验研究或者现场测试分析基础上归纳自然现象,通过科学抽象、升华形成的知识体系。

因此,在实验分析或现场监测的基础上,一是掌握系统结构构成、环境影响和演化过程,并确立相应的结构模型(或假说)、环境模型(或假说)及演化模型(或假说)等研究模型,将工程问题转化为科学问题。二是对于物质孕育、潜伏、发生、爆发、持续、衰减、终止等不同演化阶段,可采用最能反映系统结构、系统环境或系统演化规律的最简洁的描述方法。例如,力学学科中常用微分方程、积分方程或能量泛函来描述系统结构变形破坏状态或演化过程。三是从孕育到潜伏、潜伏到发生、发生到爆发、爆发到持续、持续到衰减、衰减到终止等不同发展阶段是一个量变到质变的过程,在每一个阶段的转换点具有不同的判据,各分阶段间具有连续性或转化条件,特别是质变的拐点,需要有明确的判据。四是对于一维或简单问题,尽量采用解析分析,寻找变量之间对应的因果关系和控制变量,进而得到系统控制变量的控制原理和系统的演化规律。五是对于三维、非线性或多场耦合等难以求解解析解的复杂问题,一般采用相应的数值求解方法,如耦合问题的解耦方法,并进行数值分析或数值实验。六是通过大量的科学计算(或数值实验)和方案比较,优化研究方案,寻找控制变量或敏感参数。七是通过与实验结果和现场测试结果的分析比较,不断修正、优化模型,验证所提出的系统结构模型(或假说)、环境模型(或假说)及演化模型(或假说)。

3. 演化机理与防治机理的联系

系统演化机理,或者类似的发生机理、形成机理、孕育机理、成因机理等,包括孕育到潜伏、潜伏到发生、发生到爆发、爆发到持续、持续到衰减、衰减到终止六个不同演化阶段。每一个阶段具有不同的特性。这些特性形成、产生过程的原理和规律是研究演化机理的根本;同时在每一演化阶段,均有一组连续、缓慢变化,主宰着系统演化进程,决定着系统演化方向和结果的控制变量。研究的最终结果就是找到控制变量并掌握控制原理。

而防治机理,或者类似的控制原理、调控机理、整治机理等,则是调控、阻止原系统继续演化而采取措施的科学原理,或者类似阻止、制动机理等,是在研究每一个阶段演化机理的基础上进行的。例如,对于疾病的发病原理是病理,即发病机理;而治疗该种疾病的药物作用原理即药理。病理与治疗该病的药理有密切的关系,但病理与药理是两种不同的概念,甚至从理论上讲,病理只有一个,但治疗该病的药物有很多种,每一种药物有不同的药理。在演化过程中,系统的结构不断变化,外界环境也在调整中,从孕育到潜伏、潜伏到发生、发生到爆发、爆发到持续、持续到衰减、衰减到终止等不同阶段具有不同的防治机理。因此,研究防治机理就必须确定系统所处的演化进程,其研究方法、内容、科学目标,需要解决的关键科学技术问题等都与形成机理有本质的联系。在同一演化阶段,控制变量是系统演化的无形之手;控制变量支配着系统演化的方向和进程。因此,控制机理就是人为地调整、调节系统的控制变量的原理,通过调控控制变量就可起到调控系统功能的作用,这种原理也是防治机理,也是形成机理与防治机理之间的内在联系。

控制变量实质上包括两大方面:一是系统内部结构信息,即组成部分、时空秩序、联系规则;二是系统环境信息,包括外界对系统内部结构的全部作用因素。在演化过程中,系统结构与系统环境相互作用才能体现系统的功能。不同的系统结构,具有不同的功能特性;不同环境作用于同一系统结构,功能特性也不同,控制变量是与系统结构、系统环境相对应的。因此,防治基础或防治机理就是人为调整系统的控制变量的原理,控制变量如系统的组分、结构形式、参数及环境如外力、湿度等因素。在不同的系统层次,如燃烧时的温度、岩体中的含水量等既是研究对象的内因,又是研究对象的外因,可称为耦合控制变量。

4. 结语

国家自然科学基金"机理"类项目是基础研究、应用基础研究的重要组成部分。从广义的角度分析,以系统结构为研究对象,将系统结构置于系统环境中,研究系统的结构构成、系统的环境条件,搞清系统演化及演化机理、控制变量及防治机理等概念、内涵,对国家自然科学基金项目的选题、申请、评审、完成都有重要意义,在科学研究的思路、探索自然科学研究方法等方面具有重要作用。

4.2　国家自然科学基金"模型"类项目研究内涵

摘要:模型是科学研究中不可缺少的逻辑化描述,是国家自然科学基金项目重要的一类研究项目。在论述模型与原型内涵的基础上,讨论了模型分类与建模方法,分析了数学模型、数值模拟及模型的验证,探讨了系统演化过程中的模型方法,以利于国家自然科学基金模型类项目的申请、评审及完成。[26]

"模型"的含义较广,科学模型一般是指为了科学目的对复杂实体的简化或抽象,是经验、现象及实际过程的逻辑化表示。模型的研究是科学理论研究必不可少的组成部分。国家自然科学基金"模型"类项目是指主要以"模型""模拟"和"建模"等研究内容的项目。通过对多年国家自然科学基金批准资助的项目中的检索分析,含有"模型""模拟"和"建模"等为主题词的项目占年度总项目的 8% 左右。而以研究"模型""模拟"和"建模"为主要研究内容,但在主题词或题目中并没有出现"模型""模拟"和"建模"等检索词的"模型"类基础研究、应用基础研究项目就更多,"模型"类项目是国家自然科学基金"机理"类项目外的另一大类项目,资助项目数逐年增加。

国家自然科学基金主要资助从事认识自然现象,探索自然规律,获取新知识、新原理、新方法的基础理论或应用基础理论研究。但由于受到主客观条件的限制,实际从事科学研究时一般须采用"模型"研究方法。对于科学家而言,采用模型也是一种可以简化的思想方法,在有些情况下可以作为直接测试或实验的替代。虽然直接测量更为准确,但有很多情况无法实施,主要考虑到:一是研究原型的时间尺度太长或太短,结构构成复杂,结构尺度太大或太小;二是外界环境对原型的作用时空范围太大或太小,或者作用方式复杂;三是原型响应现象等过于复杂,难以确定原型的本质与演化规律;四是直接对研究对象研究费用太高或不能、不容许或不必要对原型进行直接研究。从时间尺度上、结构构成或尺度上、外界环境、演化过程等方面考虑，直接对原型进行科学研究存在困难、不可能或没有必要。因此，从事国家自然科学基金项目研究，是在对研究对象进行深入研究的基础上，抽象、归纳出事物本质性、普遍性的自然规律。而这些自然规律的研究，一般是在对原型进行简化的基础上，建立"模型"进行研究的。因此，本书在归纳、深化相关"模型"等概念及探讨以科学问题为主线申请国家自然科学基金项目和"机理"类国家自然科学基金项目研究内涵基础上，就"模型"类项目的研究内涵进行分析，指出申请国家自然科学基金"模型"类项目特征或容易忽略的研究内容，以便进一步掌握该类研究项目研究方法，更好地申请、评审和完成国家自然科学基金项目。

1. 原型与模型

对于任何研究项目或工程问题，其背景是一个或一组对象实体，即原型。国家自然科学基金项目最终目的就是试图研究原型普遍性、本质性的自然规律，因此必须首先了解原型的结构、原型所处的环境及原型具有的特性。原型结构包括原型的组成部分、时空秩序、联系规则，这是研究对象的内因；原型环境包括外界对原型内部结构的一切作用因素，这是研究对象的外因；原型特性包括原型的现象、性质、机理、功能、规律等，这是原型本身固有的性质。国家自然科学基金项目直接研究原型结构、原型环境及原型特性一般是有困难的。因此，为了客观、有效地反映原型固有的本质信息，将对象实体即原型进行必要的简化，通过对各种经验材料的比较和分析，去其次要因素，抽取本质因素，形成科学概念和科学符号，表达揭示研究对象的普遍规律和因果关系，用适当的表现形式或规则描绘原型主要特征的模仿品或替代品，即模型。建模就是建立系统模型的过程，又称模型化。

国家自然科学基金项目模型具有以下主要特征：

（1）现实对象即原型的抽象或模仿。

（2）由反映原型本质或特征的主要因素组成。

（3）集中体现主要因素之间的对应关系。

因此，模型将原型放大或缩小并在短时间内重现原型特性，在一定程度、范围上体现了原型的结构、环境特征或演化功能特性。

模型与原型之间的关系体现在：

（1）原型是基础，是原始材料；模型是根据研究需要，以反映原型主要特性、以科学方法为基础理想化、概念化、抽象化的研究对象。

（2）模型与原型在系统结构、外界环境或者功能特性等方面具有相似性。

（3）模型可以无限逼近原型，模型与原型全等是一种特例。

国家自然科学基金项目中模型与原型在一定的时、空尺度范围内具有明显的相似性，如结构相似、作用环境相似、功能特性或演化规律相似等。因此，模拟方法就是以模型与原型之间在结构、作用环境或演化特性方面相似性为基础，揭示原型功能、特性和演化规律，进而在国家自然科学基金项目申请内容中，从结构模型、作用环境模型、功能特性模型等方面对原型进行描述。

2. 模型分类与建模

从不同的角度分析，模型分为不同类型。以构造模型的成分分类，可划分为实物模型、符号模型（概念模型、逻辑模型、数学模型）；以构造模型的功能分类，可划分为解释模型、预测模型、规范模型等；以模型语言分类，可划分为标度模型、地图模型、数学模型等。

国家自然科学基金项目中的模型研究，可从系统科学的角度进行分类，包括系统结构模型、系统环境模型及系统演化模型等。系统结构模型包含可从系统组成的层次性考虑划分为宏观模型、细观模型、微观模型等。系统结构模型包含系统的边界模型，包括时、空边界上系统结构与系统环境的物质、能量和传递相互作用；在空间边界上体现为边界条件，在时间边界上体现为初始条件。系统环境模型可从作用的方式划分为力学模型、物理模型、化学模型、生物模型等；系统演化模型一般对应的演化机理可划分为孕育模型、潜伏模型、发生模型、爆发模型、持续模型、衰减模型、终止模型等不同类别，也可以从激励-响应角度分析划分为线性模型、非线性模型、随机响应模型等。当然这些描述系统结构、系统环境及系统演化的模型还可以继续细化,如力学模型就可继续划分为理论力学(刚体力学)模型、弹性力学模型、塑性力学模型、结构力学模型、振动力学模型、断裂力学模型、损伤力学模型、流变力学模型等,这些力学模型还可以进一步细化,如理论力学(刚体力学)模型还可以划分为静力模型、动力模型、质点模型、质系模型等。这些模型要根据研究问题的侧重点进行深入分析。

建模可以从结构、环境或功能特性等方面考虑。模型结构的形式包括:链结构、环结构、树结构、网结构或连续结构、离散结构等。系统常用建模方法包括推理法、模拟法、辨识法、统计分析法、混合法等,常以混合法为主。根据原型的本质和特征,抽取结构、环境或功能特性等相似的方面,设计相似模型,通过模型来研究原型规律性,一般可分为直观模拟、物理模拟、数学模拟、结构模拟、功能模拟等。计算机数值模拟方法是在建立的数学模型基础上,用数值分析的方法,对研究对象的不同参数、不同方案进行数值模拟或实验。功能模拟方法则是以功能和行为的相似为基础,通过类比建立模型来模拟原型的方法。功能模拟法不是着眼于对象内部的具体物质组成和结构形态,不是着眼于对象的运动形态和能量特征,而是从功能或行为的角度进行类比的研究方法。

建立数学模型即利用各元素、子系统或层次之间相互作用及系统与环境相互作用的数学表达式,以函数、方程等形式表达,用来定量分析系统的演化过程。包括几何图形、代数结构、拓扑结构、序结构、分析表达式等均可作为一定系统的数学模型。数学模型是定量分析的工具,表达输出对输入的响应关系。

在国家自然科学基金项目申请具体建模过程中,依据原型与模型在结构、外界作用环境及功能特性等方面的区别、联系与相似性,申请内容一般采用混合或综合方法,从系统结构、作用环境或者功能特性等方面利用符号模型,特别是采用数学模型对原型进行科学、定量(化)地描述。

3. 数学模型及其数值模拟

数学建模是构造刻画客观事物原型的数学模型并研究和解决实际问题的方法。国家自然科学基金项目建立数学模型是对原型研究提供分析、预报、决策、控制等方面定量结果的关键环节。数学模型是抽象模型,一般不直接描述原型的结构,但必定与原型结构有内在联系。数学模型包含的主要要素,首先包括对实际问题凝练成相应的科学问题,对该科学问题进行描述、求解、优化与应用等过程,主要从以下七个方面开展具有创新性的研究工作:

(1)科学问题与基本假设。

(2)建立拐点、极值点、转化或转换点(处)、突变点的判据。

(3)模型的状态(控制)方程。

(4)定解条件,包括初始条件、边界条件。

(5)利用解析方法或数值方法模型求解。

(6)模型的检验、评价、修正与优化。

(7)模型应用等。

数学模型包括静态或动态模型、分布参数或集中参数模型、连续时间或离散时间模型、随机性或确定性模型、参数或非参数模型、线性或非线性模型等类型。一般意义上说,动态、随机、非线性等数学模型具有明显的复杂性。

数学模型可以是代数方程、微分方程、积分方程或者与之等效的能量方程等。对于比较简单的数学模型,可采用解析法进行求解,得到参量特别是状态变量与控制变量之间的对应关系;对于复杂的数学模型,须进行数值求解。一般来说,对于同一种数学模型,数值模拟方法是以激扰与响应之间特性或规律相似为根本依据,在短时间内进行不同几何参数、不同物理力学参数、不同响应原理等多种方案的比较和优化,降低研究成本。

国家自然科学基金项目申请书中,一般在建立数学模型时容易存在不足,模型应在以下四个方面加强思考。

(1)科学问题与基本假设。

(2)要包含控制变量并建立状态变量在拐点、极值点、转化或转换点(处)、突变点的判据。

(3)确定定解条件,包括初始条件、边界条件。

(4)模型的修正与优化,状态变量与控制变量对应关系等方面应当加强。

4. 模型的验证

相似模拟实验常以结构相似为基础,数值模型是以激扰与响应之间特性或规律相似为根本依据。对于复杂系统,则可利用量纲分析方法来进行研究。根据情况不同,模型一般要使用假说(或假设)进行必要的简化。假说和简化虽方便了研究,但假说越多,简化越多,其结论就越需要实际验证。

模型应当用实际数据进行验证,任何无法重复或严重偏离实际数据的模型都应修改或改进。只是简单地附和实际数据还不能认为是好的模型,还应该能解释已有现象、预测未来的趋势而且比较经济可行。在满足要求的情况下,简单实用。因此,须利用现场实测、实验室测试、物理模拟或模拟以往事件等分析方法来验证选用模型的准确性、合理性及适用性。

国家自然科学基金项目研究中,现场或实验室测试是模型验证最常用、有效的方法,但须测量与原型、模型内涵相关的参量,反映模型模拟原型的实质。对于不适于直接进行现场或实验室测试研究的模型,可利用物理模型进行模拟研究,通过在模型上的实验所获得的某些物理量之间的规律再回推到原型上,从而获得对原型的规律性认识。

以往事件是原型演化过程的体现。国家自然科学基金项目研究中,可利用事件发生、发展过程所得到信息或残留状态,建立合适的模型,甚至反求参数,利用模型方法进行模拟、仿真,再现事件发生、发展过程。再现事件的演化过程,也是对模型的检验和测试。

国家自然科学基金项目研究中,如果模型检验的结果不符合或者部分不符合实际,通常考虑修改、调整、补充模型的基本假设、重新建模。有些模型要经过几次修正、完善、补充,直到检验结果获得满意结果。

5. 系统演化过程中的模型方法

从系统科学分析,将所研究的对象、物质、事物、概念、组织、规章等看作系统,可利用系统科学的研究思路进行分析。可将国家自然科学基金项目的研究思路归纳成统一思路。系统的结构、状态、特性、行为、功能等发生的变化,称为系统的演化。系统演化可以由内部各组分之间的合作、竞争、矛盾等导致物体规模、组分关联方式的改变,进而引起系统功能或其他性质的改变;也可能由外部环境的改变或关联方式改变引起。系统演化机理实质就是内(系统结构)、外(系统环境)因相互作用并进行演化的科学原理和规律。

系统演化机理研究是国家自然科学基金项目研究中的基础,是源头创新,是发现事物发生内在的规律性。系统演化机理研究包含了孕育、潜伏、发生、爆发、持续、衰减、终止等非线性过程。在整个过程中,从孕育到潜伏、潜伏到发生、发生到爆发、爆发到持续、持续到衰减、衰减到终止六个子过程都是总过程发展演化一个阶段,每一个阶段一般具有不同的特性,可从一种状态转化为另一种状态。

国家自然科学基金项目研究中,利用模型方法研究系统演化过程,可以从系统结构模型、系统环境模型或系统演化特性模型进行分析。如果建立系统结构模型,就必须确定系统结构的时空范围,对系统结构的组成部分、时空秩序、联系规则进行研究,进而抓住系统结构的实质,确定系统的结构模型。例如,固体力学中的结构体,组成部分可能是等直杆、曲杆、薄壁件或连续体;组成部分间可以是铰接、固结或混合连接;结构的联系规则体现在构件间不同的排列、组合可组成不同的结构体,可组成杆系结构、薄板结构、薄壳结构、连续体结构或混合结构等。

如果建立系统环境模型,就必须依据研究需要和系统所处的环境状态,对环境进行分类和简化。系统的环境可能是力学、物理、化学、生物或综合作用。例如,力学环境分为静力、动力或流体作用方式;物理环境包括温度、磁、电等作用方式,通过作用方式确定系统的环境模型。

如果建立系统的演化特性模型,就必须确定系统结构在系统环境作用下所处的演化阶段。演化阶段可以是从孕育、潜伏、发生、爆发、持续、衰减、终止整个过程,也可以是整个过程的部分阶段。不同阶段间要有拐点、相变、转化条件或判据。例如,要研究岩石试件受压变形破坏过程,至少分四个阶段,即岩石试件密实阶段、线弹性阶段、塑性强化阶段、塑性软化阶段。对于同一岩石试件施加压力过程中,不同阶段具有不同性质。外界施加外力过程中,演化过程主要体现在应力-应变的特性变化上。岩石试件在密实阶段,一般处于弹性状态,可采用线弹性、非线弹性应力-应变模型方法研究。在线弹性阶段,加载、卸载均符合线性规律,过程可逆,符合叠加原理,一般采用广义胡克定律。在塑性强化阶段,岩石试件内部发生微破裂,并随着加载微破裂的数量、程度都在增加,体现在加载、卸载规律不同,过程不可逆,不符合叠加原理,因此可建立塑性应力-应变本构关系,同时要考虑塑性判据、加卸载准则和卸载规律。在塑性软化阶段,岩石试件内部由微破裂积累和增加,形成宏观破裂面,随着变形的增加,承载能力下降。加载、卸载规律不同,过程不可逆,不符合叠加原理,因此可建立塑性软化本构关系,同时要考虑塑性软化判据、加卸载准则和卸载规律。在塑性强化阶段和塑性软化阶段,必须考虑实验机与试件的相互作用问题。特别是试件在塑性软化阶段,如果实验机本身的刚度不足够大的话,试件就会在瞬间发生失稳破坏。

6. 结语

国家自然科学基金项目涉及不同学科、不同种类,"模型"类项目的科学问题、研究方法、内容、技术路线等也不尽相同,因此,模型的种类和研究方法可以在更广泛的范围进行探讨。而掌握国家自然科学基金"模型"类项目研究的基本内涵,就要明确原型与模型的内在联系,从结构相似、作用环境相似、功能特性或演化规律相似等方面进行建模;从系统结构模型、系统环境模型或系统演化特性模型来考虑系统演化过程。特别在工程问题凝练成相应的科学问题,进而形成对应的"模型"方面多下功夫,并对该科学问题的物理模拟、数学模拟、结构模拟、功能模拟等方面开展具有创新性的研究工作。

4.3　国家自然科学基金项目申请书中的逻辑关系

摘要: 为了更好地申请国家自然科学基金工程科学项目,申请书要遵循相应的逻辑关系和表述原则。以基金申请中拟解决的科学问题为主线,探析申请题目、摘要、关键词、立项依据、研究内容、研究目标、拟解决关键科学问题、研究方案、可行性、特色与创新之处及申请书整体性等方面的相互逻辑关系与建议要求,为国家自然科学基金项目的申请、评审提供参考。

逻辑是思维的规律,逻辑学就是关于思维规律的学说。逻辑思维是人们在认识过程中借助于概念、判断、推理等思维形式能动地反映客观现实的理性认识过程,又称理论思维。只有经过逻辑思维,人们才能达到对具体对象本质规定的把握,进而认识客观世界。它是人的认识的高级阶段,即理性认识阶段。逻辑思维是一种确定的,而不是模棱两可的;前后一贯的,而不是自相矛盾的;有条理、有根据的思维。著名的哲学家罗素曾经说过,逻辑是哲学的本质。[37]

国家自然科学基金项目申请书书写的逻辑性就是申请书中的学术背景、科学实质、科学问题、表达结构等申请要素之间的联系规则与关联秩序。掌握申请书书写的逻辑规律有利于基础科学研究项目的申请、评审和研究工作。

申请国家自然科学基金项目的过程是申请者从事科学研究特别是从事基础理论或应用基础理论研究最重要的前期工作。选题申请过程是将前期文献整理、思考问题、提出问题达到最终解决问题再创造的目的。国家自然科学基金项目申请书各个部分之间及每一部分内部均要相互联系,遵循一定的规律,即申请书要符合逻辑形成一个有机的整体。本节在探讨国家自然科学基金工程科学项目选题[18],以科学问题为主线申请国家自然科学基金项目[13],"机理"类项目研究内涵[25],"模型"类项目研究内涵[26],工程系统演化过程研究内涵[12],国家自然科学基金项目申请的科学假说[27~29]等问题的基础上,对国家自然科学基金项目申请书书写的逻辑性进行探讨,以利于国家自然科学基金项目的申请、评审和研究工作。

1. 题目是申请书的总纲与特色

确切理解基础科学或应用基础科学的申请题目是非常重要的问题。申请题目本身就是凝练准确的、具有创新性的科学问题,是研究对象的认识自然现象、探求自然规律中已知与未知的矛盾。国家自然科学基金项目申请题目须体现出"基础研究"或"应用基础研究"的科学内涵。依据所研究问题不同的内容、性质和角度,科学问题可归纳为"是什么(what)"的陈述型、"怎么样(how)"的过程型和"为什么(why)"的因果型三种形式。

事物是发展、变化的,分析事物发展变化的逻辑思维中,先给出事物原始系统,就是把事物按照初始的方式组织成一个系统,然后把这些事物组织成题目所要求的系统结构而形成一个新的系统。事物的组织过程中,通常要涉及归纳与演绎、抽象与概括、分析与综合、组合与分解、对比中求同求异、原因推理结果、结果推理原因等各种逻辑思维方法。申请题目一般是以一个或一组原概念为中心的几个概念形成的组合概念。特别是对于"限制性定语"形成的组合概念,通过增加概念的内涵以减少概念的外延减少了原概念的时空范围、层次级别等,"限制性定语"是原概念的下位概念;而恰恰这些"限制性定语"组合概念往往是国家自然科学基金项目申请的特色。如果申请题目中有"限制性定语"或"可能引起歧义性定语"的话,必须要在立项依据中解释清楚,不能有多解,避免引起误解。在研究内容、研究方案中分别体现对题目中"限制性定语"做什么、怎么做;同时"限制性定语或可能引起歧义性定语"正是研究特色甚至是创新之处。例如,研究"边坡稳定性"是一个原始概念(组),如果研究"强震作用下边坡稳定性",就在原"边坡稳定性"的概念中增加了限制词"强震作用下",而这个"强震作用下"限制词正是研究的特色。当然"限制性定语"可以是特殊的研究对象或特殊结构、极端或特殊环境、特殊的演化过程、特殊的研究方法、特殊的规律等。申请题目是申请书的总纲,可以起到概括申请书主要内容,吸引读者阅读兴趣,点明申请书主旨的作用。因此,申请书的各个部分均要依照题目这个总纲为主脉络进行论证。

2. 申请书的整体逻辑关系

国家自然科学基金项目申请书主要包含四大部分,即简表、立项依据与研究内容、研究基础与工作条件、经费预算。第一部分简表中包括:申请者及单位的基本信息、申请题目、申请学科、摘要与关键词。第二部分立项依据与研究内容包括:①项目的立项依据;②项目的研究内容、研究目标以及拟解决的关键问题;③拟采取的研究方案及可行性分析;④本项目的特色与创新之处;⑤年度研究计划及预期研究结果。第三部分研究基础与工作条件:①工作基础;②工作条件;③申请人简历;④承担科研项目情况;⑤完成国家自然科学基金项目情况。第四部分经费预算。国家自然科学基金项目申请书在整体逻辑上应首尾呼应,前后一致。要始终围绕学术背景所凝练的科学问题(题目),特别是已存在的、拟解决的关键学术问题为主线,各部分之间沿着该主线相互协调,从不同角度进行科学分析和论证。

国家自然科学基金项目申请书本身是在讲述一个科学故事,而在这个故事中必须有一个逻辑起点,沿着一个逻辑主线,整体逻辑上应首尾呼应,脉络清晰,前后一致。逻辑起点即是申请题目中的中心词,逻辑主线即是以学术背景为基础所凝练的科学问题,特别是存在的、拟解决的关键科学问题、关键技术问题,研究内容、研究目标、研究方案等各部分之间沿着该主线相互协调,从不同角度进行科学分析和论证,回答为什么做、做什么,做完以后达到什么科学目的,怎么做,得到结果与结论,产生什么效果等问题。

拟解决的科学问题中,可以从理论上、实验上、机理上分析与系统结构、系统环境、演化机理等方面考虑,也可以从概念定理、科学方法、模型建立、数值模拟、演化机理、演化规律、实验方法等角度分析。每一项对应着相应的研究内容、研究目标、关键问题、特色创新、研究方法、学术上的可行性等,申请书中各部分之间的相互对应关系见表4.1。

表 4.1 国家自然科学基金项目申请书中各部分之间的相互对应关系

拟解决的科学问题	研究内容	研究目标	关键问题	特色与创新	研究方法	学术上的可行性
Ⅰ理论研究	内容(1)	目标(1)	关键科学问题(1)	特色创新(1)	方法(1)	拟解决关键问题(1)
	内容(2)				方法(2)	
Ⅱ实验研究	内容(3)	目标(2)	关键技术问题(2)	特色创新(2)	方法(3)	拟解决关键问题(2)
	内容(4)	目标(3)			方法(4)	
Ⅲ机理研究	内容(5)					
	内容(6)	目标(4)			方法(5)	
Ⅳ模型研究	内容(7)	目标(5)	关键问题(3)	特色创新(3)		拟解决关键问题(3)
	内容(8)				方法(6)	
Ⅴ方法、规律	内容(9)	目标(6)	关键问题(4)	特色创新(4)	方法(7)	拟解决关键问题(4)

3. 简表与国家自然科学基金项目申请书的关系

简表显示国家自然科学基金项目申请书的基本信息,主要包括申请题目、申请代码、摘要、关键词等。

申请题目是国家自然科学基金项目申请书的总纲,要凝练准确的、具有创新性的科学问题,须体现出"基础研究"或"应用基础研究"的科学内涵。

申请代码最好填写与所凝练的科学问题相关性最大的学科。

摘要是整个国家自然科学基金项目申请书的缩写,理应包含国家自然科学基金项目申请书中的主要部分。因此,摘要包括学术背景及对应的科学实质和科学问题(特别是关键科技问题)、研究方法与对应的研究内容、研究目的及应用前景,重点是与研究方法及与之对应匹配的、具体深入的、特色创新的研究内容。采用不同的研究方法,依次对应相应研究内容的研究顺序与步骤,也就展现了研究方案与技术路线。

关键词代表国家自然科学基金项目申请书中科学问题主题内容的单词或词组,所有关键词罗列与组合在一起,就是国家自然科学基金项目申请书的主线与研究内容。自然科学基金委往往依据国家自然科学基金项目申请书中的关键词来选择函审专家。

4. 立项依据

只有面对问题,才可能解决问题。工程现象是问题,但国家自然科学基金项目研究不是工程问题本身,透过现象看本质,可能是科学问题中的力学问题、物理学问题、化学问题、生物学问题或者是它们之间的组合等基础科学问题。因此,申请者需要在立项依据中回答为什么要选择该科学问题,必须要搞清楚六个问题:一是确定工程(或者管理、科学)问题,二是凝练该工程问题所对应的科学实质及科学问题,三是该科学问题前人已经解决了什么问题,四是前人没有解决即存在什么问题,五是在存在问题中申请者拟解决什么科学问题,六是申请者拟解决什么关键科学或技术问题。这六个问题的逻辑关系是从第一个到第六个越来越具体,越来越细化,越来越聚焦到所要研究科学问题的实质。

具体撰写立项依据时,可依照六个问题的逻辑思路,从学术背景及对应的科学问题、研究现状评述及拟解决的科学问题、科学意义、研究设想及应用前景等方面分别进行论述。

1)学术背景及对应的科学问题

开门见山、单刀直入地直接说明典型的、具体的、准确的学术背景,特别强调的是同一事物不同的背景会对应不同的科学问题。学术背景可能是工程、技术等应用领域或者数学、物理学、化学、天文学、地球科学、生物学、力学等基础科学,简述这些事实背景的重要性、迫切性,提出对应的自然现象本质,以自然现象本质为基础,凝练、抽象出相应的、具体明确的科学问题。

2)研究现状评述及拟解决的科学问题

研究现状是指对所选取的科学问题选用最新、最经典的国内、外文献,从科学的角度出发,即从概念定理、科学方法、模型建立、数值模拟、演化机理、演化规律、实验方法及研究手段等方面分门别类地对科学问题进行归纳、总结。研究现状评述是指这些前期的文献在概念定理、科学方法、模型建立、数值模拟、演化机理、演化规律、实验方法及研究手段等方面分别解决了哪些问题;拟解决的科学问题是指对选题从概念定理、科学方法、模型建立、数值模拟、演化机理、演化规律、实验方法及研究手段等科学的角度相应存在哪些没有解决,但有可能解决,拟解决的科学问题,当然应包括关键科学问题、关键技术问题,为论述国家自然科学基金项目申请书中可行性分析中学术上的可行性和特色与创新奠定基础。

具有相同科学实质的不同现象凝练成科学问题,不同的文献对科学问题进行研究,拟解决的科学问题只是所凝练科学问题的一部分,见图4.1。

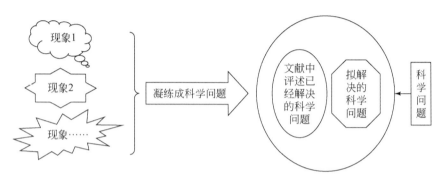

图4.1　工程现象、科学问题、研究现状评述及拟解决的科学问题之间的关系

3)科学意义

国家自然科学基金项目要研究科学问题,须从科学角度,即从概念定理、科学方法、模型建立、数值模拟、演化机理、演化规律、实验方法及研究手段等范畴,结合项目的特色和创新、学术影响、学科地位及对学科的推动作用等科学方面说明选题中拟解决的科学问题完成后的学术意义与价值,衬托出科学问题特别是拟解决科学问题的重要性、紧迫性。

4)研究设想

对于拟解决的科学问题,结合项目的技术路线,简介研究内容和研究方案的逻辑关系以及开展研究工作的整体思路。研究设想中可提出相应的科学假说或理论模型。

5)应用前景

论述如果完成了项目中拟解决的科学问题特别是关键科学问题后,在相关工程(管理、经济、科学等)领域中可能的应用情况,应用前景一般不等于具体应用,不是项目研究结束后的直接应用。

6)参考文献

参考文献要新、要经典,要与前面研究现状中概念定理、科学方法、模型建立、数值模拟、演化机理、演化规律、实验方法及研究手段等分类相对应的文献。

立项依据中各部分之间的相互关系见图 4.2 。

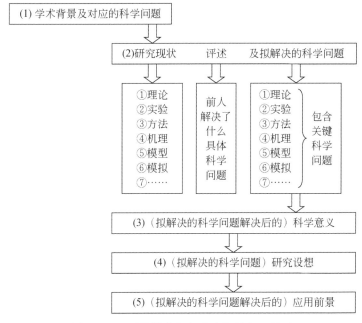

图 4.2　立项依据中各部分之间的相互关系

5. 研究内容与研究方案的关系

研究内容要回答对拟解决的科学问题，特别是拟解决的关键科学问题具体、深入、创新性地要做什么。研究方案回答怎样去做来完成研究内容。研究内容只有具体了，才可能深入；只有具体深入了，才可能创新。研究内容明确了具体要做什么，研究方案才可能回答怎样去做。

对于结构类、环境类、机理类、模型类、方法类、控制类、综合类等不同种类的选题，研究内容要与具体的科学问题相适应，各有侧重。

(1)研究内容是国家自然科学基金项目申请书中最重要的部分，强调对拟解决的科学问题具体要做什么研究。通常对于具体的工程(管理、科学等)问题要进行凝练、抽象、升华成相应的科学问题。在分析系统结构组成部分、联系规则和时空秩序的基础上,建立结构假说模型;在分析内部环境和外部环境相互作用的基础上,建立环境假说模型;进而分析结构与环境的相互作用及其演化过程,建立演化机理假说模型。如果是本质的科学问题是力学问题,就要分析系统演化的力学过程并确定力学模型,建立相应描述力学模型的数学模型,进而采用相应的具体理论分析、实验分析、数值分析相结合的研究方法进行进一步的研究。

采用理论研究、实验研究、模型研究、机理研究、方法研究等对提出的假说分别分析或综合分析,进行求证、证实或验证;同时,理论研究、实验研究、模型研究、机理研究、数值方法研究、逻辑方法研究等方面研究要有所侧重,各项研究内容之间有机结合、相辅相成,逻辑上协调匹配;在整体上几方面的研究要起到远大于单项研究累加的效果。

(2)实验是理论研究的基础,具有检验与证实的功能。理论是实验现象的升华,是归纳、抽象的结果,具有解释、指导和预见、推广的功能。国家自然科学基金项目申请书中的实验一般多为证实性实验、探索性实验,是通过微观、细观、宏观甚至宇观物质运动过程中释放的信息,进行预测、验证或获取新的信息,利用机械学(力学)、物理学(声、光、电、磁、热等)或化学、生物学等方法手段、科学仪器测试并解译。实验研究要通过个别实验,分析各个因素之间的因果关系,提出可以反映事物本质规律的模型,并通过更多、更复杂的实验来证实。

(3)一个模型中往往有多个变量,变量越多,理论或实验研究就越难以进行。研究内容可以先在分析特征单元、特征结构特性及其环境特性的基础上,建立相应结构模型、环境模型或结构−环境相互作用和演化过程本构模型的数学模型;然后从最简单的模型分析开始,如理论分析中,进行简化的一维解析分析,再进行多维复杂情况的分析;实验研究也是从简单实验开始,大量的重复实验可表现出明确的因果关系;以简单实验结论为事实基础,提出复杂模型的理论假说。

(4)如果国家自然科学基金项目申请题目中存在"限制性定语或可能引起歧义性定语",相应的研究工作须在特色与创新上下功夫。限制性定语转换成数学语言有可能是一组微分方程、判据或者是初始条件、边界条件。

　　(5)各部分研究内容之间要综合分析,最终归题到拟解决的科学问题特别是拟解决的关键科学问题上,要呼应选题;要可行,与研究方案、拟解决关键科学问题等逻辑上要一致。

　　(6)研究内容的核心是创新。研究内容只有做到了具体,才可能有学术深度,进而达到学术创新。

　　研究内容强调围绕拟解决的关键科学问题具体、深入、创新地"做什么",不同于研究方案"怎么做",即采用的研究方法,研究内容的顺序、步骤、思路及其逻辑关系,实验手段,关键技术等。

6. 研究目标与研究内容之间的关系

　　以特定的思路通过理论研究、实验研究、模型研究、机理研究、数值方法研究、逻辑方法研究等方面回答拟解决的科学问题完成过程中及完成后分别达到具体的预期科学目的。研究目标可分为具体目标和总体目标;也可分为阶段目标和远景目标。国家自然科学基金项目申请书中要求在完成可行的研究内容后,达到与研究内容相匹配的科学目的。国家自然科学基金项目申请书中要求依据研究内容寻求研究目标,与遵照研究目标要求研究内容是不同的。

　　(1)具体目标一般包括:通过理论研究,建立系统演化模型、系统物性模型、状态改变的判据等;通过实验研究,探讨、揭示事物演化规律或发生机理,用以验证、证实相应的理论假说;阐明、阐述系统结构与系统环境相互作用的原理;利用理论方法求解方程或实验方法证实理论研究结果;通过理论、实验或模拟等手段,解决哪些具体的关键科学问题,达到相应的科学目的。总体目标是整个项目完成后达到的最终科学目的。

　　(2)研究目标必须与研究内容相匹配,一项研究内容可能对应两个以上的研究目标,当然也可能几项研究内容对应一个研究目标;对于国家自然科学基金项目申请题目中存在"限制性定语或可能引起歧义性定语",研究目标最终要归题;目标最终达到拟解决科学问题既定的目的。

7. 拟解决关键科学问题与可行性、特色创新之间的关系

　　拟解决关键科学问题主要是国家自然科学基金项目中从科学角度拟解

决科学问题的瓶颈,是研究内容的难点或重点问题,或研究过程中对达预期目标有重要影响的部分研究内容或因素,是国家自然科学基金项目的主要矛盾或矛盾的主要方面。拟解决的关键科学问题可以是系统的关键结构、极端或特殊的系统环境、特殊的演化过程或演化机理、特殊的理论模型、特殊的研究方法、特殊的演化规律或达到的特殊的目的等。

只有拟解决的关键科学问题可行,整个国家自然科学基金项目才可行,因此,可行性分析中必须考虑学术上的可行性,其中一部分即为拟解决关键科学问题在科学上可行;同时,国家自然科学基金项目的特色与创新之处也要参考拟解决关键科学问题、关键技术问题。

8. 研究方案与研究内容之间的关系

研究方案回答怎样去做来完成研究内容,当然要与研究内容相匹配,包括有关研究方法、技术路线、实验手段、关键技术等协调一致的具体实施细则。

(1)研究方法:一般在采取调研与现场考察的基础上,包括与研究内容中理论研究、实验研究、模型研究、机理研究、方法研究等相对应、相匹配的、具体的理论分析方法、实验分析方法、数值或物理模拟方法、解析或统计方法、现场应用和综合分析方法等,各种主要方法应具体阐述怎样去实现研究内容细节过程。

(2)技术路线:回答完成研究内容中理论研究、实验研究、模型研究、机理研究、方法研究等方面途径、流程、步骤、顺序及方法与内容上的逻辑性,强调研究思路和过程在逻辑上的先后顺序、相互协调、相互衔接、相互配合的关系。为了更加直观地描述研究内容之间的逻辑关系,可采用语言叙述与流程图相配合的书写方式。

(3)实验手段:介绍实验中具有创新性的具体方案,包括实验目的,仪器、设备,实验原理,测试方法,主要操作步骤,实验材料、试剂等。

(4)关键技术:国家自然科学基金项目实施过程中特别是实验研究时至关重要的技术和措施,或为达预期目标所必须掌握的关键实验方法或实验研究手段。

9. 可行性与研究基础与工作条件及解决关键科学、技术问题之间的关系

可行性回答完成拟解决的科学问题在主、客观条件与学术上的可能性。主、客观条件即主要的研究基础与工作条件。特别强调的是学术上的可行性不能忽略，即依据科学技术发展水平、学术队伍的研究能力，体现"拟解决关键科学问题、关键技术问题"学术上的可行性和制订的研究方案可行性。

10. 特色与创新之处与国家自然科学基金项目申请题目、解决关键科学、技术问题之间的关系

要解决科学问题中的学术特点与学术新颖性，就要紧紧围绕科学问题中存在的问题，特别是关键科学问题和关键技术问题，从发生机理、分析方法上（理论、解析或数值方法）、实验手段或方法、研究内容、研究目标、数值研究方法、逻辑研究方法或预期成果等方面学术上寻找创新点。即对自然现象观察、分析的基础上，形成新理念、提出新概念、激发新思路、发现新问题、采用新方法、设计新实验、论证新定理、建立新模型、验证新理论、寻求新规律、解释新现象、得到新结果等具有探索未知事物、揭示自然规律的观点和原理。研究特色可参考国家自然科学基金项目申请题目中的"限制性定语或可能引起歧义性定语"；研究新颖的学术思想，可以与"拟解决的关键科学或技术问题"相呼应。

11. 研究基础与工作条件

指国家自然科学基金项目申请书中对所选择的科学问题相关的前期研究成果积累和已取得的研究工作成绩，完成拟解决的科学问题及其研究内容的主、客观条件。客观条件包括已具备的实验条件，尚缺少的实验条件和拟解决的途径，包括利用国家实验室、国家重点实验室和部门重点实验室等研究基地的计划与落实情况。注重学术研究积累与国家自然科学基金项目申请书的相关性、典型性、时效性。

12. 结语

国家自然科学基金项目的申请，在全面论述的基础上，特别要关注思

考、提出和解决拟解决关键的科学、技术问题，这是申请国家自然科学基金项目中的主要矛盾或者矛盾的主要方面。因此，在研究内容、研究方案、可行性及特色与创新中均要从不同角度进行具体、深入地论述拟解决关键的科学、技术问题。国家自然科学基金项目申请书中立项依据就是提出问题，特别是存在的、需要解决的关键科学问题；研究内容就是要依据科学事实，提出科学假说，并具体、深入、创新性地提出要做什么；研究方案就是要利用实验、现场测试、逻辑方法，甚至采用已经被证实的科学理论方法研究怎么做，具体论证科学假说，形成科学理论的过程。整个国家自然科学基金项目申请书要采用科学语言，遵循国家自然科学基金项目申请书各个部分的逻辑关系，做到准确描述。

4.4　国家自然科学基金工程科学项目申请书书写建议

摘要:国家自然科学基金项目申请书的书写要在高度凝练的科学问题的基础上形成以解决关键科学问题为主线的有机整体。摘要是申请书的缩写;立项依据是回答为什么选择要研究的科学问题;研究内容回答对拟解决的科学问题要做什么;研究目标回答拟解决的科学问题解决后达到的科学目的;拟解决的关键科学问题回答解决科学问题中的难点、重点或瓶颈问题;研究方案回答对拟解决的科学问题具体、深入、创新性地怎么做;可行性分别回答完成拟解决的科学问题在主、客观条件和学术上的可能性;项目特色和创新之处回答拟解决的科学问题的学术特点与创新点。[38~40]

工程是人类有目的、有组织地改造客观世界的活动和主要方式。工程科学是以工程为研究对象,运用综合性的知识体系,反映所有工程共同特征和规律、站在诸多工程技术知识和工程管理知识之上的具有最高系统性质的知识。[41]国家自然科学基金工程科学项目所从事的研究主要属于应用基础研究,即针对具体实际科学目的或目标,为获得应用原理性新知识的独创性研究。对于工程科学,国家自然科学基金项目不仅要回答"知其然",更要回答"知其所以然"。本节在探讨国家自然科学基金工程科学项目选题[18]、科学问题[13]、"机理"类项目研究内涵[25]、"模型"类项目研究内涵[26]、工程系统演化过程研究内涵[12]、国家自然科学基金项目申请的科学假说[27~29]等问题的基础上,对国家自然科学基金工程科学项目申请书的书写提出建议,以利于国家自然科学基金项目的申请、评审和研究工作。

1. 国家自然科学基金工程项目申请书题目

国家自然科学基金工程项目申请书题目本身应是一个科学问题,或者是从几个科学问题中凝练出的精华。在项目名称有限的字数内,让专家和基金管理者能够明白申请者具体做什么研究,或研究对象是什么,或用什么研究方法,或拟解决什么科学问题;体现出"基础研究"或"应用基础研究"的内涵,不是技术工艺、产品设计、技术应用、效果评价、规章规范、工程设计或施工工艺问题。应当准确恰当,简明具体,醒目规范,主题明了,字数适中,不应当引起歧义与误解。切忌皮大馅小,盲目拔高,词语重复,语序错乱。国家自然科学基金项目题目不可太大、空洞或太长等。国家自然科学基金工程项目申请书题目如果有新概念、新含义、限定性词语或有特指范围,甚至可能引起歧义的题目,应在立项依据中应予以说明。凝练的科学问题是整个国家自然科学基金工程科学项目申请书的灵魂,国家自然科学基金工程科学项目申请书要围绕这个主线或中心来撰写。

国家自然科学基金工程科学项目申请书题目一般由一个或一组中心词与若干个修饰词组成。中心词往往反映研究内容的主题,而修饰词则是限定主题时空范围、方法研究的特色。

2. 摘要

摘要是国家自然科学基金工程科学项目申请书的缩写,是一个独立完整的有机整体,包括研究背景、科学实质与科学问题、研究方法、研究内容、研究目的与应用前景,需要包含申请书主要部分的精髓。因此,摘要具体要求就是要明确项目是哪类工程问题及对应的科学问题及其研究目的;重点是突出申请者与研究方法相对应的研究内容新见解。以第三人称采用科学语言,撰写时不列举例证,不描述研究过程,不自我评价,不用不通用的缩写词或代码,不用图、表、化学结构式及数学公式等;不要与研究目标雷同。

3. 关键词

关键词是从国家自然科学基金工程科学项目申请书中萃取出的,表示主题内容信息,能反映申请书主题概念的条目和单词、词组或术语。一级学科名词如动物学、物理学、力学等及意义宽泛的词汇如安全、保护、表达、曲线、背景、工程等不宜作为关键词。关键词的罗列与组合就是申请书的主线与研究内容,是分派函审专家、检索申请者研究内容的一个重要依据。

4. 立项依据

立项依据回答为什么要选取该科学问题,可以依照以下四个方面进行论述。

1)工程背景及对应的科学问题

以几个(或几类)与题目紧密相关、具体的、最典型、最准确、本质相同的工程技术现象、事实实例为背景,描述与选题关系度最高的这些工程技术现象、事实造成的经济损失、特殊优势或观点矛盾、争议等,衬托出所选择的问题的必要性;分析发生相应现象、事实或矛盾、争议的科学本质是什么? 以自然现象为基础,归纳、抽象、升华,对应什么基本规律,并凝练出相应的科学问题。该科学问题属于较大范围的概念,要明确、具体,不宜太空泛或太小。这一部分是对所选择科学问题的解释,当然包括说明或解释国家自然科学基金工程科学项目申请书题目中的新概念、新含义、限定性词语或有特指范围,甚至可能引起歧义的概念。

2)研究现状评述及存在拟解决的科学问题

针对所凝练的科学问题的整体研究水平、地位、作用、效果和影响等方面问题,选用最新、最经典的国内、外文献,分门别类地对研究现状进行总结、归纳,反映最新研究成果、水平、发展趋势;分别从科学概念、科学理论、模型建立、数值模拟、实验手段及研究方法、演化机理、结果结论等学术角度进行评述,即从科学角度阐述文献在科学概念、科学理论、模型建立、数值模拟、实验手段及研究方法、演化机理、结果结论等方面解决了哪些科学问题。说明前期研究的科学问题什么内容,哪些方面、哪些子题、哪些部分还存在没有解决,或尚没研究清楚,或不深入,或存在争议,甚至有错误,直接阻止了工程实质问题的解决,是解决工程问题的瓶颈。进而凝练没有解决、但可能解决、研究内容中拟解决的科学问题。拟解决的科学问题描述中,一般应分条目列出,其中应包括关键科学问题和关键技术(特别是实验技术)问题,为国家自然科学基金工程项目申请书后半部分中选择"关键科学问题和关键技术""学术上的可行性""特色与创新"等论述奠定基础。

3）选题科学意义

可从拟解决科学问题完成后产生的工程意义、社会意义谈起，进而重点阐述科学意义。工程意义可从工程稳定性、工程优化、经济实用性等方面说明；社会意义可从社会稳定、环境保护、民生、生命财产及生产安全等方面说明；科学意义须从科学概念、科学理论、模型建立、数值模拟、实验手段、演化机理、演化规律、结果结论等方面的特色和创新之处、学术影响、对学科的推动作用等方面进行说明，以衬托出工程问题和拟解决科学问题的重要性、紧迫性。

4）项目研究设想与应用前景

在前人研究的基础上，要解决什么，如何解决拟解决的科学问题（或子题），结合项目的技术路线，简介研究内容的前后顺序、步骤及其逻辑关系等怎么开展研究工作，不要与摘要雷同。

论述如果解决了拟解决科学问题（或子题）中的关键科学问题，在相关工程领域中具有广阔应用前景，体现所凝练的科学问题的高度抽象性，以及科学问题解决后在工程应用中的广泛性。

撰写立项依据时的注意事项：

（1）研究背景要靶向明确。研究背景是有层次的，即存在大背景、中背景与小背景。研究背景要聚焦到与选题最密切相关的背景层次，避免离题太远的学术背景。只有与一定的学术背景相适应的科学问题，在逻辑上才是匹配的。

（2）针对性要强，开门见山，直击主题。泛泛表达的语句、众所周知的科普知识及与主题无关的论述不要描述，例如，"随着我国经济迅速发展……""随着煤炭工业的蓬勃发展……""随着浅部煤炭资源的日益枯竭，我国很多煤矿进入到深部开采。与浅部开采相比，深部……""煤炭作为我国的基础能源，已经并将继续为我国的经济建设做出重要贡献。我国《能源发展"十三五"规划》……""随着互联网的迅速应用……""随着大数据时代的到来……""……是世界科学研究的发展趋势，……是国内研究热点"，又如，"煤炭是我国的主要能源，虽然目前一次性能源结构进行了调整，但煤炭仍然占一次性能源70%以上。国家《能源中长期发展规划纲要（2004～2020）》中指出，预计到 2020 年我国将'始终坚持以煤炭为主体、油气和新能源全面发展能源战略'。近十年来，随着经济的快速增长，煤炭的需求量也增长迅速，2003～2014 年我国煤炭产量由 16 亿吨增加到 38.7 亿吨，平均每年增长 12％左右……"等，都离题太远。

(3)题目中可能引起歧义概念的必须要在立项依据中解释清晰。概念不能有多解，引起误解。

(4)参考文献选择要新、要经典、要与前面科学理论、模型建立、数值模拟、实验手段、演化机理、结果结论等的分类相对应。

5. 研究内容

研究内容回答对拟解决的科学问题具体、深入、创新地做什么，包括：

(1)针对拟解决的科学问题，分析系统结构组成部分、时空秩序和联系规则，相应建立结构模型；在分析系统内部环境和外部环境相互作用的基础上，建立环境模型；分析结构与环境的相互作用及其演化过程，建立演化机理模型与本构关系。

(2)从系统的孕育开始，经历潜伏、发生、爆发、持续、衰减，直到终止的过程中每一个阶段发生的机械学(力学)、物理学、化学、生物学甚至社会学现象。如果工程承受外界静力作用和动力作用，须建立工程系统模型的静力学模型与动力学本构关系；如果工程承受外界流体作用，须建立工程系统模型的固体-流体相互作用的力学本构关系；如果工程承受外界机械(力学)-化学作用，须建立工程系统模型的力学-化学本构关系；如果工程承受外界机械(力学)-物理-生物作用，则须建立工程系统模型的机械学(力学)-物理学-生物学本构关系。

(3)数学模型要具体到基本假设、微分方程或积分方程还是能量方程进行描述，甚至包括本构模型及其判据、初始条件、边界条件、解法等。当然一般数学模型为非线性模型。

(4)实验要具体到利用什么原理，具体测试什么变量；明确说明测试的量与理论分析的关系。

(5)求解方法要具体到什么数值法、什么解析法等。

研究内容要注意：

（1）将拟解决的科学问题进一步分解，论述具体、深入、创新性地要做什么，使研究团队可依照研究内容进行具体落实研究工作。

（2）理论（模型）研究、数值方法、实验研究，必须要有侧重，要有深度，对研究内容有深的理解和认识；处理好具体内容与保密的关系。

（3）研究内容（强调做什么）紧扣拟解决的科学问题特别是拟解决的关键科学问题，与研究方案（强调怎么做）、技术路线（强调研究思路、步骤和顺序）逻辑上要一致，要能够实施，呼应选题。

（4）研究内容反对"大题小做"，提倡"小题深做""小题精做""小题新做"；同时要具体、深入、创新，重点突出，要有学术深度。

（5）如果研究内容中理论研究、实验研究、模型研究、方法研究等只是项目整体的部分研究内容，最终的研究内容要归题到拟解决的科学问题上。

6. 研究目标

申请书针对所要研究拟解决的科学问题，通过理论分析、实验研究及数值模拟等研究过程，回答：

（1）探讨、揭示什么规律或发生机理。

（2）提出、建立什么理论（模型、判据）。

（3）阐明、阐述什么原理。

（4）利用什么方法求解方程或证实什么结果。

（5）通过什么手段，解决什么问题。

（6）通过什么研究，达到什么科学目的。

研究目标一般是与内容对应的，一项研究内容对应一个或几个科学目标，也可能几项研究内容对应一个科学目标；避免过大或空泛或非学术目标。

7. 拟解决关键科学问题

拟解决关键科学问题主要是项目拟解决科学问题中范围更小、更聚焦且重要的瓶颈问题，解决后一通百通；是研究内容的难点或重点问题，或研究过程中对达预期目标有重要影响的部分研究内容或因素,或为达预期目标所必须掌握的关键技术或研究手段。

拟解决关键的科学问题是申请国家自然科学基金工程科学项目中的主要矛盾或者矛盾的主要方面。国家自然科学基金工程科学项目申请书中关键科学问题一般以条目形式书写,并分别论证为什么是关键科学问题。同时,在研究内容、研究方案、可行性及特色与创新中均要从不同角度进行具体、深入地论述。

8. 研究方案

研究方案回答对拟解决的科学问题怎么做,包括有关方法、技术路线、实验手段、关键技术等说明。

(1)研究方法。一般包括采取调研与现场考察、实验研究、理论分析、数值模拟、现场应用和综合分析相结合的研究方法。

各种主要方法应具体论述怎样去实现研究内容细节过程,具体的想法和思路、方法和手段,分别详细、具体论述研究方法,彰显出对拟解决科学问题已经有深入的前期思考、理解和准备。但也要注意论述的尺度和方法,不要让专家误解为拟解决的科学问题很简单或已经完成了。

(2)技术路线。回答完成拟解决科学问题的途径、步骤、方法与内容上的逻辑性。

主要回答以拟解决科学问题为主线,研究内容的流程、顺序及内在逻辑关系和步骤。强调研究思路和过程在逻辑上的先后顺序、相互协调、相互衔接、相互配合的关系。具体撰写时采用语言叙述与流程过程图相配合的方式。

(3)实验手段。介绍实验中具有创新性的具体措施,包括实验目的、实验方法、操作步骤、实验材料、化学试剂、实验仪器、实验设备等。

(4)关键技术。项目实施过程中特别在实验过程中至关重要的技术和措施。

9. 可行性

可行性回答研究内容在主观上、客观上与学术上的可行性。

（1）主观上可行性。包括项目主持人和项目队伍结构包括知识结构、专业结构、年龄结构，前期研究基础及学术声誉、科学品格、兴趣爱好、献身精神、学术专长等。

（2）客观上可行性。包括各种软硬件条件如文献资料、实验室条件、经费、单位支持、国际合作、已有的研究基础等。

（3）学术上可行性。依据科学技术发展水平、研究队伍的研究能力，论述"拟解决关键科学问题"和"关键技术问题"在学术上的可行性。

（4）如果条件不具备，补充什么条件并如何完成研究内容。

可行性分析论述为什么能做，告诉专家和基金管理者为什么所研究内容合理、目标明确、研究方案切实可行。

10. 特色与创新之处

申请书的特色即整个项目（选题）在学术上的独到之处和与众不同，可参考国家自然科学基金项目题目中的修饰词，体现所研究科学问题的特殊性。创新之处要紧紧围绕拟解决的科学问题特别是关键科学问题或关键技术问题，在提出新概念，探讨新机理，采用新方法（理论、解析或数值方法），利用新手段，对研究内容、研究目标、研究方案或预期成果等方面体现学术上的创新性、前沿性和先进性。即发现新问题、提出新概念、采用新方法、设计新实验、论证新定理、建立新模型、验证新理论、寻求新规律、解释新现象、得到新结果等具有探索未知事物、揭示自然规律的观点和原理。应当说明为什么是"创新之处"。应当注意：

（1）创新点要具体、明确，避免把"创新"扩大化。

（2）不要泛泛谈多学科交叉。填补国内外空白、研究者很少、学术热点、学术前沿等均不能说是创新和特色。

（3）不要将非线性科学、系统科学、协同学、突变理论、采矿学、地质学等学科交叉视为创新，要聚焦到一点或几点。

（4）研究特色可参考国家自然科学基金项目申请书"题目中的修饰词"等学术上的特殊性；创新之处可参考国家自然科学基金项目申请书拟解决的"关键科学问题"和"关键技术问题"来论述，也就是说国家自然科学基金项目的"关键科学问题"和"关键技术问题"有可能是既难又新的学术问题。

（5）特色与创新之处一般以条目形式书写，并分别论证为什么是特色与创新之处。

11. 研究基础

研究基础包括国家自然科学基金项目申请者及其团队与所选择科学问题相关的前期研究学术成果、学术声誉及学术影响等方面的积累和完成拟解决的科学问题及其研究内容的主客观条件。注重研究工作的学术积累的与国家自然科学基金项目申请书的相关性、典型性与时效性。

12. 国家自然科学基金项目申请书的整体要求

国家自然科学基金项目申请书是一个以科学问题为主线的有机整体，要注意以下五个方面：

（1）申请书在逻辑上要前后一致。立项依据、研究内容、科学目标、拟解决关键科学问题与创新之处、研究方案（研究方法、技术路线等）、可行性等要始终围绕工程问题所凝练的科学问题特别是拟解决的关键科学问题展开，以拟解决的关键科学问题为主线从不同角度进行论述。

（2）对于研究特殊性或差异化的科学问题，要在国家自然科学基金项目申请书中始终体现与普遍性问题的差异，突出特殊性。例如，急倾斜与缓倾斜矿体、薄煤层与中厚煤层、深层与浅层矿体、薄基岩与厚基岩、深部与浅部开采、充水与无水边坡等分别在急倾斜、薄煤层、深层、薄煤层、深部、充水边坡系统结构、系统环境及相互作用过程（系统演化）等方面的特殊性，在研究内容、科学目标、拟解决关键科学问题、研究方案（研究方法、技术路线等）、特色与创新之处等方面始终体现差异性。

（3）研究内容强调对拟解决的科学问题具体、深入、创新性地做什么，研究目标强调研究内容完成后所达到的科学目的，研究方案强调对研究内容怎么做，技术路线强调研究内容的顺序、步骤与逻辑关系。研究内容、科学目标、研究方案及技术路线之间密切联系，是从不同角度对拟解决的科学问题进行描述，不要混淆。

(4)书写格式要科学规范,国家自然科学基金项目申请书中的标点符号、参考文献引用,西文字母大小写和正斜体,物理量及单位,数字的使用,数学公式、图表、化学表达式等规范书写。

(5)语言表述要科学和规范,文字精练,避免烦琐,杜绝口语化。采用科学语言、科学数据,利用科学推理、符合逻辑。尽量少用"我们""本文""本项目""该项目""本课题""本部分""笔者""首先""其次""再次""接下来""然后""最后"等口语化用词;多余的"的""了""其""本"等字应删除;正确使用"的""地""得"等;慎用"基于""针对"等词语;避免用"大概""可能""10余项(篇)""一定的""较多(少)"等在"量"的概念上不确定的词汇;在一句话后尽量少用括号进行解释;标点符号不要全角、半角混用。

13. 建议

1)把握国家自然科学基金项目的基本要求,掌握基础科学的基本概念

国家自然科学基金以认识自然现象,探索自然规律,获取新知识、新原理、新方法等为基本使命。一切事物运动都有自然的规律性,要采用正确的科学路线,提倡以事实为基础,运用科学的方法,由表及里,由浅入深,由简入繁,由低级到高级,由中间向两头扩展,寻求这种事物发展变化的基本规律。同时要有一个开放的学术态度,注意学科交叉融合,注重学术交流合作;要学习、掌握系统科学思维方式,掌握基础科学的基本概念、基本理论、基本方法和手段;基础科学研究要追求知其然,更要知其所以然,即掌握事物发展(演化)的来龙去脉、前因后果,寻求基础研究的规律性。

2)选择适宜的研究领域

在一个或者众多工程领域中,国家自然科学基金项目申请者要运用观察、比较、分析、归纳等科学方法,将看似没有联系、没有规律的工程现象,依据工程过程发生的本质,将要研究工程演化过程中具有共同自然规律的各种现象凝练、抽象成科学问题。该过程是对工程问题的深化与升华,并非工程本身。工程系统有其自身发生、发展的演化规律,国家自然科学基金项目申请者应注重发现、掌握这些规律,进而透过工程现象看本质,提出工程现象的原理是什么? 为什么发生? 怎样发生? 对应什么科学问题。因此,国家

自然科学基金项目申请者要掌握工程形成过程中的结构、环境及其相互作用时的不同演化阶段,即从孕育到潜伏、潜伏到发生、发生到爆发、爆发到持续、持续到衰减、衰减到终止等过程。工程中系统结构内部元素之间、子系统与系统之间、系统与环境之间不同演化阶段一般具有不同的科学问题,不同科学问题具有不同的研究内容、采用不同的研究方法和研究方案并相应得到不同的研究结果。

3)从科学的角度分类

国家自然科学基金项目申请书的撰写,自始至终要分别从科学概念、科学原理、科学方法、模型建立、数值模拟、实验研究、演化机理、科学规律等科学角度进行分类,不要从工程角度、技术角度、工艺角度、地域角度、国内国外研究角度去分类。

14. 结语

国家自然科学基金项目的申请在选择适宜的研究领域的基础上,要有好的"点子";要抓住这个好"点子"的主要矛盾或矛盾的主要方面即拟解决的关键科学问题和关键技术问题,达到什么科学目的、具体做什么、怎么做。并要论证拟解决的关键科学问题和关键技术问题的可行性、先进性;说明已经具备的主观条件、客观条件以及需要申请完成这个好"点子"研究所需要的经费。

4.5 国家自然科学基金项目申请书题目的拟定

摘要：国家自然科学基金项目申请书题目的拟定是最基本、最重要的问题。在论述国家自然科学基金项目申请书题目拟定的总体原则的基础上，对题目进行分类，分析了题目中存在的问题，对题目的拟定提出了建议。

选题方向确定后，国家自然科学基金项目申请书具体题目的拟定就成为国家自然科学基金项目申请书最重要的问题。申请书题目是国家自然科学基金项目的总纲。古人有"提纲而众目张，振领而群毛理"的说法。申请书题目是以最恰当、最简明的词语反映申请书、论文、报告中最重要的、具有特定内容的逻辑组合。因此，题目是申请书的第一条信息，具有提纲挈领的关键作用，使基金管理者、评审专家或其他读者在看到申请书的题目时，便大体上可知是否具有感兴趣的研究内容，激发他们继续阅读摘要和申请书全文的热情；同时申请书的题目可提供选定编制题录、关键词和索引等二次文献检索的特定实用信息。

1. 申请书题目拟定的总体原则

国家自然科学基金项目申请书题目拟定的总体原则包括：

1）申请书题目应是一个科学问题

国家自然科学基金项目申请书题目本身应是一个科学问题，或者是从几个科学技术问题中凝练出共同的科学问题。题目中要明确体现申请者具体研究的系统结构（内因）是什么，或什么系统环境（外因）在作用，或系统结构与系统环境作用原理（机理）是什么，或建立什么模型，或采用什么方法研究，或论证什么科学假说，或研究什么控制原理和方法等。

2）申请书题目应当明确、正确、准确

申请书题目中采用的科学概念要明确、正确、准确。一是要明确，避免含混空泛。题目必须反映申请书主题的特定内容，包含最重要的主体概念、原理、方法等要素，所表达的内容确切、内涵清楚。二是要正确，避免偏颇背题，不能选择伪科学问题。申请书要采用专业术语，流畅易懂，避免错别字、俚语和已经淘汰的术语。三是要准确，题目反映申请书和内容的语言文字，必须包含最准确的语言要素，合乎语法，符合规范，避免过宽或过窄。题目表达申请书和内容的主题要素，必须与最简明、最准确的语言要素相结合，形式完美，合乎逻辑。

3）申请书题目应当是研究内容核心关键词的逻辑组合

题目是项目申请书的总纲，必须要用最恰当的、最简明词语的逻辑组合去刻画出项目中最重要的、最具特色的核心内容。因此，题目必须包括项目申请书的关注点和基本观点。申请书的关注点和基本观点就是申请书的关键词。按照"富于信息"命题原则，题目应尽可能多地涵盖项目申请书的核心关键词。因此，题目应是项目申请书中重要概念、核心词、关键词等"中心词"按照一定的逻辑关系组合而成，避免概念、核心词、关键词的简单堆砌和结构松散。申请书中的研究内容、研究目标、关键科学问题、研究方案是从不同角度分别对申请书题目进行深入地阐述。因此题目是这个科学问题的逻辑主线。

4）申请书题目应当简练自明和富于信息

简练自明是指要概念准确、文字简练、语意清晰；能自我解释，能十分清楚地、直截了当地告诉基金管理者、专家或其他读者，而不是让专家与基金管理者自己去体会或猜测题目的含义。富于信息是指题目的信息量要大，具有深刻的含义。没有告诉基金管理者、评审专家或其他读者任何信息的题目是极不可取的。申请者要对项目申请书题目的每一个字加以认真斟酌、谨慎选择，力争用最少的词语，准确而有效地表达出课题最丰富的信息和核心内容。申请书题目的字数一般不要多于25字，避免使用不常见的缩略词、废弃的术语、首字母缩写字符、代号和公式等，要使用规范化的名词和术语。

5)申请书题目应当具备新颖独特的吸引力

申请书题目要在表述科学概念、研究对象、研究方法、研究目标等方面具有创新,要反映出该研究领域的前沿,起点应尽可能高一些,具有独具特色、独树一帜的特点。同时标题应具有吸引力,让人难忘,但不是哗众取宠、滑稽可笑。

2. 申请书题目分类

依据科学研究的侧重面不同,国家自然科学基金项目可划分为重点描述系统结构实质的结构类研究,描述系统环境特性的环境类研究,描述系统结构与系统环境相互作用下演化规律的演化机理类研究,描述系统结构、环境及其相互作用模型建立的模型类研究,以理论方法、实验方法、数值方法或逻辑方法等不同研究方法为基础的方法类研究,以系统控制变量为基础的控制原理类研究及以防治机理为基础的调控机理类研究等不同类型。不同类型的基金,申请书题目要首先确定主题概念,往往主题概念是用中心词(组)来描述的。因此,申请书题目要围绕相应的中心词(组)依照一定的特点和逻辑组合进行拟定。

结构类题目如"复合边坡岩石沉积特征研究",中心词(组)是代表系统结构的"沉积特征",而修饰词(组)则是"复合边坡岩石"。

演化机理(规律)类题目如"动力扰动下断层活化诱发煤与瓦斯突出机理研究",中心词(组)是代表系统演化的"煤与瓦斯突出机理",而修饰词(组)则是"动力扰动下断层活化诱发。"

方法类题目如"岩体破裂非连续性数值方法研究""岩体破裂过程中声发射实验规律研究"的中心词(组)分别为"数值方法""声发射实验规律",而修饰词(组)则分别是"岩体破裂非连续性""岩体破裂过程中声发射"。

调控类题目如"煤体注水防治冲击地压机理研究",中心词(组)"防治冲击地压机理",而修饰词(组)则是"煤体注水"。

3. 申请书题目中存在的问题

申请书题目中一般存在如下问题:

1)题目太大、太宽泛、太空洞或题目太小、太细

题目拟定如:"……基础研究""……技术基础""……关键问题""……动力学研究""……体系研究""……知识体系""……系统研究""……开创性研究""……基础理论""……若干问题"等,这些题目太大、太宽泛,不具体,很难聚焦到关键研究内容上。如"固流耦合作用下深部低渗透不可采煤层储存 CO_2 驱替回收煤层 CH_4 的应用基础研究",题目偏长,并且含有两个"煤层",同时"应用基础研究"可包括"概念""原理(或机理)""规律""方法""模型""实验""模拟"等内涵,太宽泛。

当然题目也不要太小、太细,让读者感觉项目是某一个具体的实验、具体方法,没有普适性规律。

2)题目中学术术语相同、相近或重复

题目中不宜采用相同、相近的概念重复使用,例如,"……探讨与分析""……探讨与研究""……机理与原理(或机制、理论)""……作用与影响""工程实践应用"等。这些题目中探讨、分析、研究、探究等概念相近,机理、原理、机制或理论等概念相近,作用与影响概念也相近,实践与应用概念也相近,用一个概念就可表达。

3)题目中概念层次性的包含与覆盖

要注意申请书题目中概念的包含与覆盖关系,例如,"……强度规律与力学特性研究""……破裂特性与机制研究"等。题目中"力学特性"是大概念,"强度规律"是小概念,"力学特性"包含了"强度规律";同理"特性"与"机制"也是如此,"特性"是小概念,"机制"是大概念,"特性"包含在"机制"中。正确的应该是:"……强度规律研究"或"……力学特性研究";"……破裂特性研究"或"……破裂机制研究"。类似的还有"……动态载荷与复杂环境作用下","复杂环境"已经包含"动态载荷"。又如,"高地温复杂环境下地下硐室岩体时效力学特性和锚固衬砌机理及其性能演化研究","复杂环境"与"高地温"概念重复、覆盖;"时效力学特性""机理""性能演化"在概念上重叠。

4)题目中不同层面概念过多、混淆层次

概念过多、层次混淆,是国家自然科学基金项目申请书题目的一个常见

问题。例如,"沙质边坡的地震动态特性及基覆型边坡的滑坡成因机理、稳定性识别、危害范围评价体系的研究"中概念与修饰词太多,太长(42个字)且重点不突出。又如,"基于计算实验的公司治理与信任机制交互作用影响创新的机理研究"及修改后的"基于计算实验方法的公司治理与信任机制交互作用对创新的影响研究"中概念的修饰容易混淆,建议采用"公司治理信任制度与企业创新互馈机制数值实验研究"。

5)题目中资助范围体现基础研究

国家自然科学基金项目主要资助基础研究或应用基础研究,一般不资助工程应用、技术革新、工艺改造、标准与规范制订、工程设计、性能评价、预警指标等范围的项目。例如,"基于FPGA的带触摸功能的光纤远程智能井下气体检测仪的设计与研究",题目是"设计"类,并且有三个"的"字。

4. 对申请书题目拟定的建议

1)以三大要素设计申请书题目

从科学研究的三大要素研究对象、研究方法与研究目标(或结果)中设计申请书题目。例如,申请题目分别为"充水软岩边坡蠕变规律研究""顺倾软岩边坡蠕变规律研究"。申请书题目中"软岩边坡"是研究对象;"充水""顺倾"分别是"软岩边坡蠕变过程"的条件,是研究问题的特殊性或特色;"蠕变规律"是中心词、普遍性或目标。

2)拟出多个题目进行优化

先拟出几个题目,再根据选题的中心思想仔细推敲。一般是申请者选择一个或几个题目撰写申请书,最后根据申请书最能反映研究内容的关键问题确定申请书题目。

3)题目尽量不采用"动词+宾语"结构

"动词+宾语"结构,俗称动宾结构,其特点是铿锵有力,与一句完整的句子类似,是利用强烈的语气来表达观点,一般在政府工作报告等非学术报告中为激发情绪可以这样拟定,如"高举……旗帜""研究……机理"等。研究课题不需要铿锵有力,也不需要自我评价,只是简单朴素地描述事实就足够了,因此尽力不使用动宾结构词组。

4)题目尽量少用单独的介词词组

介词词组往往是在说明研究所依托原理,或者强调研究所要达到的目标,如"……对……特性影响研究",应该写成"……影响……特性研究";"……对……作用机制",应该写成"……条件下……作用机制研究"。介词词组句式容易忽略研究的实质内容,一般不适合单独放在题目里,如果实在避不开,也常采用"基于……方法(条件、平台)"句式,表达一种研究策略或方法。题目可采用"定语+主语"模式。例如,"疏水性聚合物在软土地层中的运移吸附及其扩散传质机理研究"拟为"软土地层中疏水性聚合物运移吸附及扩散传质机理研究";"深海金属资源开采系统对复杂工作环境的响应机理研究"拟为"复杂工作环境影响深海金属资源开采系统响应机理研究"。

5)题目尽量不采用分割符号

题目尽量在一个词或一个词组中说完,不宜使用带分割符号(如逗号或顿号)的两个或两个以上的词组,不要变成两句或多句话。宜将重要的关键词进行逻辑组合,形成研究课题的题目,如"矿山废水同步除硫、去除重金属离子、降低酸度的膨润土吸附与微生物还原协同作用净化机制研究",不仅题目太长(43个字),而且有两个顿号。

6)申请书题目不应当引起歧义与误解

凝练的科学问题是整个申请书的灵魂,申请书题目要围绕这个主线或中心来拟定。申请书题目谨慎采用新概念、新含义、限定性词语或有特指范围术语,尽量不要采用可能引起歧义与误解的概念。如果必须采用新概念、新含义、限定性词语或有特指范围术语,或可能引起歧义与误解的概念,须在立项依据中应予以定义、解释或说明。例如,申请书题目"复杂环境作用下大面积采动地层演化规律研究"中,"复杂环境作用""大面积采动地层"就可能引起歧义,故要在立项依据中予以说明。

7)申请书题目中慎用"基于……方法(概念、原理、理论)的……研究"模式的题目

如果申请书是基于某方法(概念、原理、理论)的研究,须在该方法(概念、原理、理论)上有所创新或体现特色,而不仅仅是把现有的方法(概念、原

理、理论)在解决"新问题"中做个"大作业"。因此,必须对方法(概念、原理、理论)进行创新才是"基于……方法(概念、原理、理论)"一类申请书的精髓所在。

8)题目中恰到好处地用好定语与自我评价词汇

定语是用来限定、修饰名词或代词的,定语是对名词或代词起修饰、限定作用的词、短语或句子,汉语中常用"……的"表示。充当定语的有形容词、代词、名词、介词短语或副词和从句。但题目要恰到好处地使用助词"的"字,要删除过多或不必要的"的"字,或增加必要的"的"字。特别是一个题目中使用两个或两个以上"的"字,就一定要慎重。

自我评价如"新的""新一代""高品质""先进的""首创"等修饰词汇一般不要在题目中出现。

9)申请书题目中概念的隐含

申请书题目中概念的隐含是指申请书题目中的一个概念隐约含有、暗中包含另一个概念的内涵,导致概念内涵的重复或覆盖。例如,申请书题目"……地下巷道围岩变形规律研究","巷道"一般都在"地下",因此可删除"地下",建议改为:"……巷道围岩变形规律研究";申请书题目"……相互作用机理及规律的基础理论研究"中,"相互作用机理""规律""基础理论"三个概念之间有重复、覆盖与隐含关系,建议改为:"……相互作用机理研究"或"……相互作用规律研究"。

10)抓住研究内容的"中心词"拟定申请书题目

"中心词"显示研究内容的主干,修饰词体现研究内容的特色。要围绕科学研究问题中的"中心词",直击科学问题本质;同时利用修饰词,限定中心词的时空研究范围、体现个体特征,使得科学问题聚焦,富有特色。

例如,申请书题目"强震诱发复杂结构斜坡塌滑机理研究"中,"塌滑机理"是中心词(组),而"强震诱发复杂结构斜坡"为修饰部分,正因为"强震诱发复杂结构斜坡"这种极端的"强震"环境条件和特殊的"复杂结构斜坡"为研究对象,使得"塌滑机理"研究特色突出,优势明显。

11)申请书题目句式表达要科学

国家自然科学基金项目申请书的题目是科学问题,要体现问题性,句式表达要科学,因此科研课题可以用陈述句或疑问句,一般不宜用肯定的语句表述。同时题目中采用的科学概念之间要符合逻辑关系,处理好概念间的相容关系(同一关系、包含关系、交叉关系)、不相容关系(全异关系、矛盾关系、反对关系),避免出现概念间的等同、重复、隐含、矛盾、覆盖、歧义等。

4.6　国家自然科学基金项目申请书摘要书写案例分析

摘要：摘要是国家自然科学基金项目申请书的简写本。在提出申请书摘要书写内涵的基础上，分别给出了存在不同问题的摘要案例，并进行点评；在给出两个比较规范的摘要案例的同时，对摘要书写形式提出建议。

国家自然科学基金项目评审过程中，一般情况下专家在看过申请书题目后紧接着就会阅读摘要。摘要表达的好坏往往决定着申请者的命运，因此，撰写申请书摘要的水平就显得非常重要。摘要是国家自然科学基金项目申请书的简写本，是从自然科学基金委的角度介绍申请书中的主要内容，应以第三者的视角体现申请书的内涵。受到 400 字篇幅所限，摘要重点突出申请者研究内容的新见解。

1. 摘要书写的内涵

摘要要求以拟解决的科学问题为主线，提纲挈领，要用第三人称和科学语言描述清楚：学术背景及对应的科学实质与科学问题（100 字左右），研究方法与对应的创新性内容（200 字以上），总体目标、应用前景或科学意义等（100 字以内）内容。因项目所要达到的科学目的只是申请书中的一部分，因此，摘要应避免与研究目标雷同。摘要中不要有数学公式、化学方程式等，特别要注意点题。

摘要可参考格式书写：描述学术背景，提出与学术背景对应的科学实质、科学问题（题目）。项目采用……方法，测试……物理量；采用……方法，建立……模型；采用……方法，求解……方程；采用……方法，研究……问题，达到……目的；为……应用提供理论基础，在……领域有广泛应用前景或……科学意义。

2. 需要修改的摘要书写案例分析

下面的摘要书写案例中,对有疑问、有不妥的文字部分用下划线标出,括号内是对下划线标出部分的点评与建议。

案例一　申请书题目:矿井瓦斯水合物分解机理及传热特性研究

摘要:煤层气(瓦斯)为优质能源,在我国大力开发煤层气,可改善煤矿生产安全,减排温室气体,缓解能源供需矛盾。但煤矿抽采瓦斯浓度不稳定、放空现象严重,利用技术缺乏等因素制约了其综合利用。(画线中项目背景离题太远。题目要研究"矿井瓦斯水合物分解机理及传热特性",而这一段背景描述"能源供需矛盾""……因素制约了其综合利用",背景没有归结到科学问题上。)本(用第三人称,删除"本"。)项目应用自主研制的具备多层位立体分布温度传感器的实验装置,对不同体系(画线部分"不同体系"指的是什么体系?)瓦斯水合物的分解过程及温度场进行实验测定,分析不同体系("不同体系"又指的是什么体系?)条件下瓦斯水合物分解过程温度场和分解速率之间的关系。利用傅里叶定律及三维非稳态传热方程,建立具有耦合特征的瓦斯水合物传热分解模型。研究瓦斯水合物分解动力学与热传递过程相互作用关系,对瓦斯水合物分解过程的传热机理进行分析,确定热量传递对瓦斯水合物分解过程的控制机理。(画线部分内容不具体、不明确。"相互作用关系""传热机理"及"控制机理"宜具体、深入、创新。)据此优化瓦斯水合物储运过程热力学工艺参数(画线部分具体是什么工艺参数?),为设计瓦斯水合物储运装置、优化瓦斯水合物储运工艺条件奠定基础。项目研究对于进一步完善瓦斯水合固化技术的基本理论和方法,加快瓦斯水合固化新技术的早日应用具有重要的意义。

点评:背景不能离题太远,研究内容不具体、不明确。

案例二　申请书题目:切顶卸压沿空留巷力学模型及关键参数量化研究

摘要:沿空留巷技术是在开采深度增加、地压增大、采掘接续紧张等复杂开采条件下,解决上述问题的有效巷道布置手段,而传统沿空留巷技术在较大压力下面临顶板下沉、围岩变形量大、煤壁片帮冲击等灾害威胁,因此,从简化顶板受力角度出发所提出的切顶卸压沿空留巷技术成为当前沿空留巷技术的新形势,再结合较稳定的巷旁支护,是沿空留巷日后发展的主要方向。但切顶卸压沿空留巷在提出后,其力学机理、力学模型的建立研究较浅,大多只注重于实践应用过程中的参数调整。(画线部分背景太长,科学实质、科学问题不明确。)在已有的研究基础上,(画线部分拟删除)拟建立切顶卸压沿空留巷力学模型(具体指什么力学模型?)、关键参数(具体什么参数?)的量化确定,采用实验、数值模拟、相似模拟等手段(具体什么手段?),建立留巷部位顶板在一定支护下与采空区切断一侧顶板之间的岩石力学模型(具体什么力学模型?)和材料力学模型(具体什么力学模型?),分析关键参数对切顶效果的影响("效果的影响"拟用定量化指标说明。),寻求切顶关键技术(具体指什么技术?)的量化参数(具体什么参数?),从而实现切顶卸压沿空留巷技术的成熟化应用与推广。

点评:背景太长,科学问题不明确,具体、深入、创新性的研究内容偏少。

案例三 申请书题目:大数据驱动下煤矿灾害预测研究

摘要:煤矿生产监测监控系统产生大量数据,这些数据对煤矿灾害发生的预测具有重要意义。如何有效科学利用这些大数据是本课题研究的价值。大数据技术是近年来落实大数据应用的新技术,利用该技术预处理监测监控产生数据,提取指标变量,及建立符合实际预测数学方法,将成为基于大数据的煤矿灾害预测的关键。(学术背景太长,缺少明确对应的科学实质、科学问题。)本课题的主要研究内容包括:(画线部分用"项目"替代。)基于大数据的煤矿灾害多源异构信息融合算子,基于(删除"基于"。)大数据的煤矿灾害数据挖掘算法和突变机理,基于(删除"基于"。)大数据的煤矿灾害预测模型和实时调整框架,开发基于大数据的煤矿灾害智能分析软件包。本课题的研究成果在于:(画线部分用"项目旨在"替代。)从大数据角度,建立具有科学性和实际价值的煤矿灾害多源异构融合算子的信息框架,将监测监控数据转化为有价值的应用信息,解决煤矿灾害预测问题,取得高水平的研究成果,进一步为煤矿灾害(治理)等相关领域预测研究提供科学的依据。

点评:从学术背景中没有明确凝练对应的科学问题;应采用第三人称,用最简洁的科学语言进行描述。摘要中采用科学方法对应的研究内容偏少。

案例四　申请书题目：多负载磁耦合谐振无线电能传输关键技术（画线部分太空泛。）研究

摘要：能源短缺和环境污染已经称为当今社会亟须解决的首要问题（这句话离题太远。）。无线电能传输技术是一种新兴的能量传输技术，在绿色能源、医疗、机器人和航空航天等领域具有广泛的应用前景。其中，磁耦合谐振是一种高效中距离无线电能传输形式，电能的传输可以再谐振系统内部进行，不受谐振以外的因素影响，其传输距离优于电磁感应技术，传输效率优于微波和激光技术。在电动汽车领域具有广泛的应用前景。在电动汽车能量管理领域中，多负载结构的理论模型和传输机理更加具有研究价值。多负载无线电能传输系统中频率分裂现象的抑制和控制是提高整个系统效率的关键。（背景太长，离题目太远，科学问题不突出。）项目采用理论分析、建模仿真、建立实验平台相结合的方法（科学方法描述应具体。），以耦合模理论为基础建立多负载结构磁耦合谐振式无线电能传输系统理论模型。推导出多负载磁耦合无线电能传输技术的频率模型，确定系统发生频率分裂现象的边界条件和效率峰值点。设计频率追踪算法和控制算法，准确估计频率漂移并实现鲁棒性控制。同时，多负载系统的如何实现效率和功率最优问题是必须解决的重点问题，项目采用寻优能力强的人工蜂群算法，在满足负载端功率和距离的要求下，实现效率（什么"效率"？）最优化。

点评：应用一两句话点出工程背景及对应的科学问题，采用的研究方法要具体可行，应有一句话描述应用前景。

案例五　申请书题目：石墨-膨润土微团的制备方法与热-水-力性能评价（"热-水-力"不等于"热-渗透-力学"，最好不用"评价"，可用"研究"。）

摘要：膨润土因具有易膨胀、低渗透和强吸附的特点，广泛应用于核废料处置库的缓冲材料，但仍存在导热性偏低和压实性难等问题。而石墨是一种性能稳定的天然矿物材料，具有导热率高的优点。为此，项目拟采用宏观-细观实验和理论分析相结合的方法，借助石墨提升膨润土的导热性，依靠造粒技术提高压实性，开展石墨-膨润土微团的制备方法、压实工艺和热-水-力性能评价研究。（背景太长，科学问题描述不明确。）首先，把（把"首

先,把"改成"项目采用……方法,将……。")石墨掺入膨润土,利用造粒设备,制备石墨-膨润土微团,确定石墨掺入率和成团工艺参数。然后,把(把"然后,把"改成"采用……方法,将……。")微团/粒,按质量比(具体比例?)配置成微团/粒混合物,再压实成型;掌握压实前后的孔隙分布特征,评价压实效果,确定微团/粒最优"混合比"。最后,(把"最后"改成"采用……方法,将……。")获得温度(给出温度范围?)作用下石墨-膨润土微团/粒的膨胀力、渗透系数和导热率等性能演化规律;捕捉其微结构信息演变过程,揭示其性能演化的微观机理;建立热-水-力性能演化预测模型。从而,(删除"从而,"。)为提高膨润土导热率和压实性提供科学的参考方法。

点评:背景太长,科学问题不明确。最好不用"首先……,然后……,最后……"等顺序词,因为文字的先后已经有顺序了。同时,摘要中的粒径、质量比、温度达到范围都不具体。

案例六 申请书题目:含夹矸厚煤层综放开采顶煤冒放控制关键技术研究(用"技术原理"替换"关键技术"。)

摘要:以现场实测资料为基础,通过实验室相似模拟实验研究和数值模拟实验对含厚夹矸结构复杂厚煤层的综放开采进行研究分析,研究新型的放顶煤支架在结构复杂的煤层中的支护受力状况及适应性,为今后支架改进设计及选型提供可靠依据;(项目背景之后,没有提出相应的科学问题。)研究结构复杂厚煤层综放开采时顶煤的活动运移规律,对含夹矸复杂结构厚煤层综放工作面含厚夹矸顶煤的冒放性、放煤工艺及放出规律,研究结构复杂厚煤层综放工作面厚夹矸段开采工艺(具体工艺?),并合理确定厚夹矸段综放开采工艺参数(具体参数?);对夹矸层极限厚度的确定等问题进行研究,提出含夹矸顶煤活动规律对放顶煤开采的影响和确定夹矸层的极限厚度。使实验工作面生产正常,月产稳定在15万吨,工作面回采率达到80%以上,使工作面回采工作安全顺利进行,并提出改进意见。(生产指标而非科学目标。)

点评:由于题目的中心词是"关键技术",因此摘要中没有提出相应的科学问题,同时注重了"开采工艺""工艺参数"与生产指标,而没有指出科学目标。

3. 比较规范的摘要书写案例

案例七　申请书题目:基于微损旋压钻进信息的地铁沿线病害土强度分析方法研究

摘要:地铁沿线塌陷严重影响城市交通安全(工程背景),土体强度是评价塌陷隐患的主要依据,而病害土强度分析方法一直未得到彻底解决(科学问题)。项目<u>采用实例统计、理论、实验、计算和现场应用结合的研究方法</u>(研究方法不具体。),分析地铁沿线塌陷成因与特征,划分以混杂地层、周围载荷和含水率为主控指标的塌陷类型。根据地铁沿线土层,建立四类土物理模型(研究内容一,理论研究。);研究推进力、转速对钻进速度及扭矩影响规律,建立黏聚力、内摩擦角与钻进关键参数内在联系(研究内容二,实验研究。);研究围压、含水率对实验土钻测特征的影响,建立考虑围压和含水率的土体强度理论关系(研究内容三,实验研究。);研究 40mm 直径尖齿复合片钻头旋压钻进启动条件,建立压扭双重作用力学模型,明确破土体积重要影响因素(研究内容四,基于实验的理论分析。);在雷达疑似病害区域开展连续-非连续数值分析和现场测试,利用强度理论计算并给出随钻深的黏聚力、内摩擦角数值,与数值模拟和勘查结果对比,修正和验证强度理论关系(研究内容五,数值方法验证。)。形成基于微损旋压钻进信息的病害土强度分析方法,为地铁沿线塌陷灾害快速精细诊治提供新方法。(研究目的与应用前景。)

点评:研究方法中,"项目采用实例统计、理论、实验、计算和现场应用结合的研究方法"拟具体化。

案例八　申请书题目:受载岩体变形、滑动过程中反馈特性研究

摘要:采矿工程中众多动力灾害发生的实质是煤(岩)体在各种内外因素相互作用下发生正反馈效应(研究背景及对应科学问题。)。项目采用高速、高倍照相机,测定岩石试件表面的裂纹数量随加载变形过程的非线性增长关系,分别确定岩体试件单轴压缩、单轴压缩蠕变、对径向压缩拉伸蠕变等过程中有效承载面积的变化规律(采用具体方法一,研究具体内容一。);利用底摩擦实验测定滑动试件滑面的粗糙度、阻尼系数变化规律(采用具体

方法二,研究具体内容二。)。利用系统动力学方法确立载荷与有效承载面积之比随变形变化的反馈环与反馈关系,分别建立单轴压缩与变形、压缩蠕变、对径压缩拉伸蠕变、剪切蠕变变形、软岩蠕变等变形与时间之间的加载系统正反馈发生条件与判据;确立滑动阻力、位移、滑动速度与时间之间的反馈环与反馈关系,建立滑动试件正反馈发生条件与判据(采用具体方法三,研究具体内容三。)。分别研究两个、三个及多个复杂岩体结构及压剪统一,岩体剪断后形成弧面、穿层滑面等复杂滑面滑动过程及对应的正、负反馈特性(采用具体方法四,研究具体内容四。);为揭示矿山动力灾害发生机理,预测、预报、治理灾害发生提供理论基础(科学目标与应用前景。)。

     点评:该摘要描述的学术背景及对应的科学实质与科学问题,研究方法对应的创新性内容(200 字以上),总体目标,应用前景等几大部分比较清晰、完整、规范。

4. 摘要书写建议

(1)摘要须包括学术背景及对应的科学实质与科学问题,研究方法与对应的创新性内容(200 字以上),总体目标、应用前景或科学意义等几大部分。重点是研究方案和研究内容,即研究方法对应的创新性内容。

(2)学术背景与对应的科学实质、科学问题逻辑上要一致。学术背景一般是自然现象、工程现象或社会问题等,透过现象找出科学本质,进而凝练出与学术背景对应的科学问题。

(3)书写一般要采用第三人称,语言要准确规范。

4.7　国家自然科学基金项目申请书立项依据案例分析

摘要：立项依据是指申请者用充分的理由论证为什么要选择申请的项目。而申请者撰写的学术背景往往与对应的科学问题逻辑上不一致。在讨论研究背景的内涵的基础上，分析了研究背景的层次性、时效性、研究背景与科学问题的对应关系及案例点评。最后给出立项依据的案例及点评。

国家自然科学基金项目申请书中，立项依据是指申请者用充分的理由论证为什么要选择申请的项目。立项依据一般包括：①学术（工程、技术、科学、管理、经济等）背景及对应的科学问题；②研究现状评述及拟解决的科学问题；③选题的科学意义；④研究设想与应用前景；⑤参考文献（最新、最全、最经典）。立项依据要论据充分，论证严密，逻辑一致。而在立项依据中，一般存在学术背景与对应的科学问题逻辑上不匹配、不一致的问题，也就是学术背景与对应的科学问题有逻辑关系、因果关系或相关性较高。因此，有必要对立项依据特别是学术背景与对应的科学问题方面进行案例分析。

1. 学术背景与对应的科学问题逻辑上要一致

学术背景即研究背景，是国家自然科学基金项目申请书中最基础的部分。依据不同学科，学术背景可以是相应的工程、技术、科学、管理、经济等领域的密切相关的环境信息。相同或不同的研究背景，可以对应不同的学术问题；不同的学术问题，就会对应不同的研究课题。因此，研究背景在申请国家自然科学基金项目中就显得非常重要。要撰写一份高水平的国家自然科学基金项目申请书，就必须要了解并重视研究背景的相关问题。而撰写立项依据时，很多申请者选取的学术背景与对应的科学问题逻辑上不一致。

1)背景与研究背景的内涵

背景（background、backdrop、setting）有很多基本解释，主要包括：①图画、摄影里衬托主体事物的景象；②对人物、事件起作用的历史情况或现实环境；③其他烘托主体的因素。因此，背景具有时间结构与空间结构。人们的任何活动都是在一定的时空背景下进行的，而这些活动发生和进行的背景又是由一系列复杂因素构成的。这些因素的构成，可以是事物形成、发展的内因或外因，也可以是事物形成、发展的内外相互作用过程中的条件因素。

研究背景即学术背景，是指研究项目的由来、依据、原因及意义。研究背景一般是学术问题研究过程中始终渗透着的潜在因素，一般包括形成、引发或者导致学术问题的内部、外部或内外部相互作用过程中的影响因素。研究背景可分为两大类：一类是研究背景与学术问题有因果关系，研究背景回答为什么对这个学术问题（项目）要进行研究；另一类是研究背景与学术问题没有因果关系，研究背景回答对这个学术问题（项目）的影响与关联。而大部分的研究背景与学术问题具有因果关系，即由于背景这个因，才有问题这个果。

2)研究背景的层次性

研究背景在空间上是多层次结构，不同层次包含着不同的自然、社会甚至思维因素，包括基本因素、必要因素、环境因素、关键因素、控制因素等，不同因素用不同概念表述。在同一层次下，不同的因素可对应不同的学术问题；而不同的层次中，相同的因素可对应不同的学术问题。

3)研究背景的时效性

研究背景不仅有空间效应，而且具有时效性。时效性体现在历史对现实、历史对未来、现实对未来产生的联系与影响，体现研究背景的动态演化特性。同一个因素在不同的时间范围具有不同的内涵，发挥着不同的功能作用，产生不同的影响。

4)研究背景与科学问题的对应关系

研究背景与科学问题之间存在着时间与空间的联系，随时间与空间的变迁而发展。因此，撰写立项依据时，要选择与科学问题最贴近、最匹配的研究背景,这样才能与科学问题相匹配。确定科学问题后,研究背景既不能太大,也不能太小;既不能太早,也不能太晚;既不能太远,也不能太近;在空间、时间、概念等因素上要恰到好处。

2. 研究背景的案例分析

案例一　申请书题目:低渗透性土静压注浆作用机制及力学模型研究

研究背景:近年来我国工程建设的数量和规模持续增长并快速发展,工程建设与运营维护中经常采用注浆方法进行加固与维修整治。(画线部分是常识,可删除。)注浆的实质是用一定压力将能固化的浆液压入地层中,以改善被压入地层介质的物理力学性质或改变土体的空间位置,如地基土的补强,提高桩基承载能力,结构物的顶升与纠偏,高速铁路路基沉降治理(特别是无砟轨道),地铁盾构隧道的沉降整治,封堵地下水等。例如,我国已建成和即将建设的铁路线路大量采用无砟轨道且修建于软土路基之上,在经历一段时期的运营之后,路基与轨道板会出现显著的不均匀沉降,京津城际铁路、武广客运专线、沪杭高速铁路等无砟轨道线路都在某些区段发生超限沉降,以沪杭高速铁路近虹桥站某段路基为例,最大沉降量已经超过50mm,对列车安全运营造成极大威胁。(画线部分过分强调沉降,而没有强调低渗透性土的注浆背景下的工程现象问题。)注浆法已经被上海铁路局、北京铁路局多次使用,根据北京高铁工务段总工程师的介绍,注浆法已经成为主要的沉降治理技术。申请人课题组直接参与了沪杭高铁注浆沉降治理的现场实验,但注浆抬升的控制和注浆工后沉降难以精确控制。

又如上海、杭州、南京和广州等城市地铁隧道均出现明显的不均匀沉降问题。隧道沉降将导致管片发生错位、张开、承受附加应力导致开裂,导致隧道发生渗漏水、轨道不平顺以及隧道限界不满足要求等威胁安全运行与隧道结构的长期稳定。(画线部分过分强调沉降,而没有强调低渗透性土的注浆背景下的工程现象问题。)上海申通地铁集团正采用静压微扰动注浆技术,该技术仍处于探索阶段,在某些区间段效果不理想……

点评:题目是"低渗透性土静压注浆作用机制及力学模型研究",研究背景就应该描述"低渗透性土"在"静压注浆"过程中的工程现象是什么,如用大量数据说明注浆流量小、效率低、不均匀、难以控制等;造成多大的生命财产及经济损失,产生什么影响后果等。由此而引出"低渗透性土静压注浆相互作用原理不清楚""没有相应的分析模型或现有模型存在不完整"这两个科学实质问题,进而迫切需要"低渗透性土静压注浆作用机制及力学模型研究",引出题目。

案例二 申请书题目:复杂应力条件下含瓦斯煤岩损伤规律研究

研究背景:煤炭是我国的主要能源,虽然目前一次性能源结构进行了调整,但煤炭仍然占一次性能源 70% 左右。国家《能源中长期发展规划纲要(2004~2020)》中指出,预计到 2020 年我国将"始终坚持以煤炭为主体、油气和新能源全面发展能源战略"。近十年来,随着经济的快速增长,煤炭的需求量也增长迅速,2003~2014 年我国煤炭产量由 16 亿吨增加到 38.7 亿吨,平均每年增长 12% 左右。

随着我国煤矿开采技术的发展和开采深度的增加,煤层瓦斯压力、瓦斯含量都呈明显增大趋势,矿井瓦斯排放量也在急剧增大。据统计,我国煤矿开采过程中每年向大气中排放的瓦斯量达 194 亿 m³,大约占世界采煤排放瓦斯总量的 30%,造成严重的环境污染。如果能够将煤层中的瓦斯有效地进行抽采并利用,这既可以降低煤层中瓦斯含量和压力,降低瓦斯灾害事故的发生,又可以"变害为宝",实现矿井安全生产、新能源供应、环境保护和煤炭工业的持续健康发展。

点评:题目是"复杂应力条件下含瓦斯煤岩损伤规律研究",但画线部分都在描述宏观的、高层次、与具体的科学问题"复杂应力条件下含瓦斯煤岩损伤规律"相关性较低的背景,应该删除。

案例三 申请书题目:含夹矸厚煤层综放开采顶煤冒放控制关键技术研究

研究背景:我国的煤炭资源十分丰富,虽然从世界范围来看,煤炭的产量在下降,但煤炭仍是我国目前乃至今后几十年的主要能源。根据中国工程院研究预测,到 2050 年中国一次能源需求将达到 34.4 亿吨,一次能源及终端能源结构将趋于优化,煤炭仍将为主要能源,在一次能源消费结构中可降至 50% 以下。

厚煤层在我国煤炭储量中占 44%,是储量优势,但由于沿用分层开采方式,储量优势一直未能转化为单产优势和效益优势。随着 1986 年窑街矿务局二矿急倾斜特厚煤层水平分段综采放顶煤,1987 年平顶山矿务局一矿和 1988 年阳泉矿务局一矿煤层综采放顶煤,乌兰矿大倾角(30°~35°)厚煤层综采放顶煤的实验成功,放顶煤开采在我国得到了迅速的推广应用,取得了明显的经济效益,1996 年我国采用放顶煤方法开采的煤量超过 6000 万吨,1997 年兖州矿务局东滩矿工作面年单产超过 400 万吨,工作面工效超过 200 吨/工。就目前厚煤层开采所采用的分层开采和放顶煤开采两种开采方法来看,放顶煤开采比较适合我国目前的技术及经济条件,很有发展前途。实践证明,综合机械化放顶煤开采技术已经成为我国开采厚煤层的最有效、经济效益最好的手段之一,是厚煤层开采方法的发展方向。

点评:申请书题目是"含夹矸厚煤层综放开采顶煤冒放控制关键技术研究"。但在研究背景介绍中,只是大谈能源需求、煤炭产量、厚煤层开采方法的优点,根本没有谈到"含夹矸""厚煤层综放开采""顶煤冒放控制"等相关的背景问题,离题太远。

案例四　申请书题目:内部间接反馈式数字液压缸特性研究

研究背景:数字液压缸是一种将伺服阀、液压缸、滚珠丝杠和伺服控制有机结合的高精度液压控制产品,其外部连接步进电机(或伺服电机),其特性完全数字化。数字液压缸的发展历史可以追溯到 20 世纪五六十年代,由当初的系统结构复杂、性能较低到现在的结构简单,性能完善,数字液压缸的发展大致可分为萌芽阶段、结构设计阶段、局部数字化阶段、智能控制阶段和工程应用阶段五个时期。

在 20 世纪 90 年代以前,最能代表数字液压缸的发展技术水平的国家有德国、美国、日本和英国……这些发达国家的数字液压缸产品在液压领域得到了广泛的应用,但所应用的产品均为数模混合式液压缸或者局部数字液压缸,其中日本和瑞典的一些企业将"数字阀"镶嵌在液压缸内形成了一体式数字液压缸,一直使用至今。

(点评:研究题目是"内部间接反馈式数字液压缸特性",而不是"数字液压缸"本身。)

我国数字液压缸的研制起步较晚。在 20 世纪 90 年代,中国数字液压方面的学者先后研发了三代数字液压缸,成功应用于多个领域。尽管国内已经做到了全数字液压缸,却并未得到广泛的应用,但针对这一领域展开研究的研究人员和单位正逐渐增多,例如北京亿美博科技有限公司、江苏恒立液压股份有限公司、浙江大学和燕山大学等。

(点评:在"内部间接反馈式数字液压缸特性"方面存在什么问题?)

目前,数字液压缸已经应用于国民领域的各个方面,在冶金、航空、航天、航海、机械制造、能源和汽车等多个领域中得到认可,带来一系列技术进步。随着计算机技术、传感技术和现代制造技术的快速发展,液压控制的未来方向是趋于数字化方向。目前国内外对数字化方向的研发已经取得了一定的成绩。例如:

①连铸机结晶液面控制;

②神州火箭自动加注控制系统;

③北京康瑞普公司钢材无齿锯多工位速度控制和位置控制;

④大型潜艇六自由度运动模拟器;

⑤中国海洋深井取样驱动装置;

⑥世界首台计算机直接控制的数字式六自由度运动平台。

(点评:在"内部间接反馈式数字液压缸特性"方面存发展趋势是什么?)

点评:申请书题目是"内部间接反馈式数字液压缸特性",背景应当是与内部间接反馈式数字液压缸特性相关的现象,而不是"数字液压缸"本身。

3. 立项依据案例分析

案例五 申请书题目:废弃煤矿结构演化与水系调整规律研究

立项依据:

1)工程背景及对应的科学问题

我国有矿业城市(镇)426 座,经国务院三次批准的资源枯竭城市(镇)共 69 座。经过百年特别是近 50 年大规模开采,已有大量煤矿报废。废弃的地采煤矿,形成了大面积立体交错的硐室、采空区,导致矿区地质年代形成的地层结构发生重大变化,引起地面沉降、塌陷、地裂缝等变形、破坏,形成降水漏斗或地面积水,毁坏山林、草场和耕地等,使泉水干枯,导致人畜饮水困难。到 2006 年,我国累计损毁土地达千万亩,抚顺、阜新、本溪、阳泉、开滦、鸡西、七台河等矿区沉陷区分别达 50km²、102km²、45km²、100km²、100km²、200km²、185km²。煤矿在开采过程及报废停采后,地层结构长时间不稳定,继续大规模变形、破坏等地层结构演化,相应伴生水系继续发生调整,而降水漏斗影响面远远超过沉陷区存在的空间范围。表现为:

(点评:这一段为废弃煤矿结构演化的现象。)

(1)水资源流失。采煤使全国形成区域性降落漏斗 150 个,漏斗总面积 87000km²,漏斗中心水位最大埋深已超过 78m。据统计,大同市、阜新市人均水资源占有量分别约为 500m³/(人年)、507m³/(人年),市区水资源人均占有量分别仅为 220m³/(人年)、188m³/(人年),不足全国平均水平的 1/10,世界平均水平的 1/40,远低于国际公认的人均 1000 m³/(人年)的严重缺水界限,是典型的资源型缺水城市,而开采及采后地层破坏更加剧了水荒。

(2)塌陷低洼处积水、污染。如黑龙江省的双鸭山,吉林省的辽源,辽宁省的抚顺、铁法,安徽省的淮南、淮北,河南省的平顶山、义马等矿区,开采形成大面积低洼区,破坏了地表、地下水系,耕地被水淹没,甚至形成了沼泽地,既不能种植,又不能养殖,成为污垢汇集之地。

(3)形成地下暗湖。到 2005 年,阜新、本溪、辽源、通化、舒兰、鹤壁、焦作等矿区地下采空区面积分别达 74km²、39km²、22km²、11km²、16km²、34km²、35km²,遗留下的废旧采场、巷道等地下空间,逐渐积水,废弃地下空间形成暗湖。

(点评:这三段为水系调整的现象。)

据测算,山西省每年因采煤沉陷区诱发的水资源流失造成的直接损失达上百亿元。我国每年通过国家、地方及企业投入矿山地质环境灾害恢复治理的费用达千亿元,而废弃煤矿结构改变及其导致的水资源流失、水系调整治理费用所占比例约为三分之一。采动诱发的降水漏斗、地表积水造成矿区水荒、沼泽,长期制约矿区国民经济可持续发展,同时又是环境恶化的根源和导致社会不稳定隐患。因此,研究煤矿废弃后地层演化过程与水系调整演化规律,对水资源评估评价、预测预报、治理恢复及安全合理利用,具有重大的社会和环境效益。

(点评:这一段为废弃煤矿结构演化与水系调整造成的损失。)

煤矿开采过程中,矿区地层覆岩结构随着开采的进行发生相应垮落和断裂,形成冒落带、裂隙带与弯曲带等"三带",地表则可能出现沉陷、塌陷或地裂缝等灾害。如果冒落带、裂隙带贯通上覆岩层的含水层,则可能疏干岩层形成降水漏斗;如果含水层没有遭到破坏,并且地表沉降量大于含水层标高,则出现采煤沼泽地。

(点评:这一段为废弃煤矿结构演化与水系调整现象的实质。)

废弃后的煤矿,地层移动与水系的调整并没有结束。报废的煤矿,地下抽排水停止,废弃采空区、巷道逐渐积水,水资源也在自然恢复。随着时间的推移,承受压应力状态的地层岩石会发生蠕变密实,而承受拉应力状态的地层岩石会发生蠕变破裂,上覆岩层的"三带"也会发生相应的调整,蠕变密实和蠕变破裂的岩层渗透性随之变化,水系也会相应发生调整。因此,废弃煤矿结构演化与水系调整规律研究就自然地摆在岩石力学工作者面前。

(点评:这一段为提出科学问题。)

2)研究现状评述及存在的问题

关于采动过程与废弃煤矿地层结构演化与水系调整耦合规律,相关的研究主要包括:

(1)采动地层结构演化。以俄罗斯、波兰、中国等国的学者为代表研究采煤引起的地表移动及治理,主要考虑采空区岩层在重力作用下发生地表沉陷,先后提出了随机介质理论、大变形理论、蠕变理论……为描述岩石破裂过程提供一个新方法。

(2)水系调整和矿井水利用。矿井水是矿井开采的附带资源……可以节省大量钻探深水源井的资金,创造较好的经济效益和环境效益。

(3)渗流模型。关于渗流的研究……饱和岩层中地下水渗流与岩体变形的耦合数学模型及数值解法。

……

现有成果多注重研究正在生产煤矿地层变形、破坏规律和不同介质模型的渗流或应力与渗流场的耦合作用关系。对于废弃煤矿结构演化与水系调整规律的研究尚无大量展开,仍然存在需要进一步探讨的科学问题:

(1)如何研究废弃煤矿岩体拉张蠕变破裂与压缩蠕变密实规律。

(2)如何测定废弃煤矿岩体蠕变密实和蠕变破裂过程中渗透性。

(3)废弃煤矿岩层结构随时间变形、破裂过程与水系渗流耦合作用原理是什么?

(4)如何建立废弃煤矿地层结构变形、破裂的流变数学模型和岩层变形-破裂-裂隙水渗流数学模型并进行求解。

(5)如何描述废弃煤矿水资源流失、地表积水、自然恢复规律并进行防治和利用。

(点评:研究现状评述及存在的拟解决的科学问题。)

3)科学意义

废弃煤矿,相应形成大量立体交错的地下洞室,上覆地层受拉区域必然随时间继续发生变形、破裂,进而引起岩层的冒落、裂隙,形成大范围的松动区域导水带,使岩层的渗透能力成百倍甚至上千倍地增加;另一方面,随着时间推移,上覆地层受压区域密实后,使岩层的渗透能力成百倍甚至上千倍地减小,从而改变了原始地层的渗流状态,使水系发生调整。相应地,水的不断渗流也同样加剧了地层结构的调整。

废弃煤矿岩层随时间变形、破裂本身就是一个地层结构演化过程,水在演化中的岩层结构中渗流。通常,岩层结构的变形、破裂过程加剧了水的渗流;而水渗流促进了岩层结构的变形、破裂的发生。岩层结构演化和水体相互作用、相互促进耦合规律的研究,已逐渐成为国内外关注的热点和尚未解决的重大基础理论难题,它的解决不仅对岩层结构变形、破裂等演化过程中水渗流规律研究有重要理论意义,而且对矿山岩石力学、矿山渗流力学等学科的发展也有巨大的推动作用,具有重要的科学价值。

(点评:拟解决的科学问题完成后,在岩石力学学科产生的影响、作用和效果。)

4)研究思路与应用前景

项目从研究废弃煤矿区域地层结构、矿井结构特征入手,建立含水层、隔水层与水源补给边界条件与废弃煤矿矿井结构之间的联系。采用自制实验设备,实测废弃煤矿岩石试件拉张蠕变破裂度、压缩蠕变密实度及其渗透系数随时间变化规律;建立岩石试件拉张蠕变破裂-压缩蠕变密实模型、孔隙-裂隙渗流本构方程以及岩石试件拉张蠕变破裂判据。建立地层结构变形、破裂的流变数学模型、冒落带破裂-密实过程的水渗流的数学模型以及变形-破裂-裂隙渗流的耦合数学模型;引入单元内各向同性、单元间非协调等效单元和动态破裂单元,进行有限元法求解,开发有限元计算程序。在阜新、辽源、抚顺及双鸭山等煤矿区现场应用,分析废弃矿井结构演化规律与水资源流失、地表积水成因,提出废弃矿井结构演化与水资源流失、地表积水治理优化方案。

(点评:简述项目的研究思路。)

我国资源型城市分布广,很多矿区已经废弃,资源的摄取必然伴随着矿区地层结构的演化与水系的调整与重组,形成大面积采动地层;除了煤矿外,还有金属矿山、化工矿山、建材开发、隧道开挖、油气开发等,水资源流失严重。废弃矿井的地层结构演化与水系调整耦合规律的研究不仅在保护人类生存环境、恢复生态平衡、促进经济发展、维护社会稳定等方面具有重要的现实意义和重大的社会效益,而且可指导全国各类生产矿井开采期间和采后水资源的评价、利用,具有广泛的应用前景。

(点评:拟解决的科学问题完成后,不仅在废弃煤矿中有应用前景,而且在金属矿山、化工矿山、建材开发等非煤废弃矿山中也有应用价值。)

参考文献(略)。

点评:该立项依据层次比较分明,包括四个部分:①工程背景及对应的科学问题;②研究现状评述及拟解决的科学问题;③科学意义;④研究设想与应用前景,包含了立项依据的主要内涵。

"工程背景及对应的科学问题"中,具体从废弃煤矿结构演化的现象、水系调整的现象入手,统计分析废弃煤矿结构演化与水系调整造成的损失,论述废弃煤矿结构演化与水系调整现象的实质,凝练出科学问题"废弃煤矿结构演化与水系调整规律研究"。"研究现状评述及拟解决的科学问题"中,从科学的角度分层次、分类别进行总结和归纳,评述前人解决了什么科学问题;从科学的角度说明还存在什么没有解决,拟解决的科学问题(包含关键科学问题、关键技术问题)。"科学意义"中,论述拟解决的科学问题解决后在科学上具有的地位、影响、作用、效果等,衬托出研究问题的必要性和紧迫性。"研究设想与应用前景"中,简要说明研究工作内容的流程、顺序、步骤、逻辑关系等。最后简要说明拟解决的科学问题解决后应用到相关工程领域的广阔前景。

4.8 国家自然科学基金项目申请书研究内容案例分析

摘要:研究内容是国家自然科学基金项目申请书的根本。在提出申请书研究内容书写的内涵的基础上,分别给出了存在不同问题研究内容的案例,并进行点评,同时对研究内容的书写提出建议。

国家自然科学基金项目选题确定后,最核心的工作就是确定并撰写研究内容。研究内容强调紧扣拟解决的科学问题特别是拟解决的关键科学问题具体、深入、创新性地做什么。具体是指拟做的研究工作要聚焦、重点突出;深入是指拟做的研究工作要像挖井能够挖出水一样,要有学术深度;创新是指拟做的研究工作要独一无二、独辟蹊径。拟做的研究工作只有具体了,才有可能深入,只有具体、深入了,才有可能创新。因此,研究内容提倡"小题深做""小题精做""小题新做";反对"大题小做""大题泛做""大题浅做"。研究内容要以拟解决的科学问题为主线,特别要体现对拟解决的关键科学问题做具体、细致的研究工作,呼应选题;研究内容要与研究目标相匹配,要与研究方案相协调,并能够在研究实施过程中具备可行性。

1. 国家自然科学基金项目研究内容的科学内涵

撰写国家自然科学基金项目的研究内容要掌握"研究内容"所涉及的科学内涵。研究内容指研究者对拟解决的科学问题特别是关键科学问题具体、深入、创新性地做什么。申请者必须要明确地描述具体要做什么。申请者只有在研究内容中确定了"具体、深入、创新性地做什么",才能在研究方案中描述"具体怎么做"。基金项目一般分为实验研究、理论研究、模型研究、方法研究、机理研究等类别,不同种类的项目,研究内容侧重点一般也不同。

研究内容可首先采用一段文字来说明各个内容之间的逻辑关系,对于实验研究一般可参考如下句式：

(1)选择材料 A、B、C…，以 A：B：C 的质量比例为 1：2：5 混合，……，在实验室测定什么具体的物理学(力学、化学、生物学等)信息，用什么变量来表征什么物理学(力学、化学、生物学等)信息。

(2)提出或归纳什么量与另外什么量之间什么关系，总结归纳什么因素与另外什么因素相互作用的规律。

(3)确定(研究、分析)什么量与另外什么量之间相互作用的原理(机制、机理)等。

(4)构建什么因素与另外什么因素之间什么样的联系(模型、假说)。

对于理论研究一般可参考如下句式：

(1)确定以什么变量与另外什么变量之间的什么方程。

(2)建立以什么方程为基础的什么变量为因素的什么判据。

(3)建立以什么控制方程、什么定解条件联立的数学模型。

(4)以具体的初始条件、边界条件为定解条件，采用具体的数学方法求解数学模型的解析解，复杂数学模型可采用数值解。

(5)具体验证模型的方法及优化方法，在相应的工程中应用。

"怎么做"(研究方案)与"做什么"(研究内容)有本质的区别。

2. 国家自然科学基金项目研究内容的案例分析

下面的研究内容案例中，对有疑问、有不妥的文字部分用下划线标出，括号内是对下划线标出部分的点评与建议。

案例一 撰写的研究内容无实质内涵

1)构建基于显著性主特征的异源影像粗匹配模型

在传统的异源影像匹配中，影像间绝大部分尺度、旋转、平移差异是由人工来完成的。为了能够自动化消除异源影像间的大部分变形，需要构建具有显著性的主特征提取模型，以此进行影像粗匹配。("为了……"是目的。)

2)建立特征不确定性的空间关系表达式

由于受到影像噪声、目标几何变形、特征提取方法等因素的影响，同名

265

特征在异源影像中存在弱对应问题,为了能够解决这一问题,需要建立特征不确定性的空间关系表达模型。("为了……"是目的。)

3)建立具有不确定性的匹配传播模型

在遥感影像匹配传播的过程中,一个基本假设是:在较小子区域范围内……

点评:这些"研究内容"中,没有明确具体、深入、创新性地"做什么",而是对研究内容的小标题继续论述为什么要选题,顾左右而言他。

案例二 撰写的研究内容与立项依据混淆

1)深部煤层及半煤岩巷道无人化工作面智能临时支护装备

支护是制约掘进工作面效率提高的重要环节,并且支护工序存在较大的危险,大采深的矿井掘进工作面经常面临片帮、顶板坠物等危险,因此,随机跟进的临时支护装备对于降低掘进作业危险、提高掘进效率、控制巷道成型具有重要的意义。(画线部分描述工程上的重要性与研究意义。)因此,研究配合掘进机使用的临时护顶、护帮、护底设备的智能支护装备,利用机器人领域成熟的相关技术来提高支护装备的自动化智能化水平,解决目前支护装备自动化智能化程度低,支护效率低的问题,最终完成与智能化掘进机密切配合临时支护装备。(画线部分描述工程目标。)

2)深部煤层及半煤岩巷道电池动力胶轮车与胶轮车斜坡道整车升降摆渡成套技术与装备

目前,井下无轨运输逐渐取代轨道运输成为矿井辅助运输的主流,但该运输方式也存在油耗高、尾气污染严重,大坡度运输困难的情况(画线部分描述工程问题。)。因此,研究以蓄电池为动力的无轨胶轮车和大坡度情况下辅助胶轮车爬坡的机构,解决目前胶轮车运输尾气污染严重、爬坡能力差的问题,最终实现井下大坡度情况下以蓄电池为动力的胶轮车辅助运输系统。(画线部分描述工程目标。)

点评:这些"研究内容"中,也没有明确具体、深入、创新性地"做什么",而是对研究内容的小标题继续论述研究的工程上的重要性、研究意义与工程目的等,离题太远。

案例三 撰写的研究内容与研究现状、工程意义混淆

1）不同体系瓦斯水合物分解过程温度场测定及分析

我国煤矿地理环境差异及复杂瓦斯地质条件的存在,致使赋存于煤层中的瓦斯混合气体在组成、浓度等方面具有较大差别,其生成的瓦斯水合物组分构成也有所差别。(画线部分描述为什么要测试。)为此,本项目拟采用正交实验设计方法,……进行测定及分析。

2）不同体系瓦斯水合物分解动力学研究

已有研究表明,水合物法储存气体具有良好的稳定性,这种稳定性也为水合物法储存瓦斯气体技术的开发提供了可能。因此,开展瓦斯水合物的分解动力学特征研究对于水合物法储运瓦斯具有重要意义。(画线部分描述工程意义。)本项目对不同介质体系……分析温度和压力对瓦斯水合物分解过程的影响。

3）瓦斯煤尘爆炸对通风设施破坏程度实验研究

瓦斯煤尘爆炸冲击波对通风设施的破坏程度,为现场通风设施配置提供理论支持。本课题拟(画线部分应删除。)研究不同工况下瓦斯煤尘爆炸超压波在实验模型中传播时,……分析其可靠性,为风网模型中通风设施的防爆配置提供指导。(画线部分是研究目标。)

点评:应对科学问题明确具体、深入、创新性地做什么,而不是再次描述研究现状、工程意义等立项依据。

案例四　撰写的研究内容中出现过多不必要的解释

1）不同温度/压力条件下煤体中瓦斯水合固化 Raman 光谱动态特征

温度/压力对瓦斯水合物性质有重要的影响,其变化同样影响着瓦斯水合物形成坐标及空间生长分布规律;水合物的生成过程分为诱导成核阶段和生长阶段,水合物生长阶段伴随物质间的传递与消耗过程,该过程对水合物的形成量与生长速率具有较大影响;因此开展(画线部分应删除。)在不同温度/压力条件下煤体中瓦斯气体水合固化实验,利用瓦斯水合固化反应激光 Raman 光谱在线测试实验平台实时观测,研究瓦斯水合固化过程中物质的传递与消耗对水合物生长阶段 Raman 光谱特征的影响规律。

2）不同瓦斯组分/浓度条件下煤体中瓦斯水合固化 Raman 光谱动态特征

瓦斯水合物结构类型主要由客体分子(即水合固化反应体系中的瓦斯气体)种类与大小决定,不同类型瓦斯参与瓦斯水合固化反应,其形成瓦斯水合物结构类型不同,水合反应动态过程中物质传递规律不同,进而导致其形成空间坐标及空间展布规律亦不同。因此,针(画线部分应删除。)对不同突出矿井典型抽采瓦斯混合气样,采用瓦斯水合固化反应激光 Raman 光谱在线测试实验平台,深入研究瓦斯气组分/浓度等对水合固化过程 Raman 光谱影响,探寻瓦斯水合物形成坐标及空间生长分布规律十分必要。(画线部分是研究目标或研究价值。)

点评:语言不精练,没有必要在研究内容中出现的描述应当删除;研究目标不应出现在研究内容中。

案例五 研究内容标题化,没有体现具体内容是做什么

转炉钒渣氧压碱浸出过程钒矿物的结构演变机制与浸出机理

我们在钒渣碱性浸出过程中发现,单纯用碱溶液处理钒渣,钒浸出效果不甚理想,而在氧压条件下能很好地实现钒的浸出,并且能实现钒与铁的分离,表明钒在碱溶液中浸出效果和钒矿物的结构和价态有关,在高压氧化性气氛下对其结构和价态有明显影响,因此,为了明晰氧压碱浸出钒的过程中对钒浸出的影响规律,需(画线部分应删除。)重点研究:

①氧压碱浸出过程中钒矿物浸出的热力学和动力学;

②在高压条件下,……的结构解聚与重组;

③在氧化性气氛下,解聚后的钒原子的氧化规律及价态变化;

④新生成的钒与碱的种类、数量、温度等的相关性与作用机制,明晰其反应历程。

点评:画线部分的内容都是小标题,没有体现研究内容的书写要求。还有类似的研究内容,缺乏对科学问题明确具体、深入、创新性地做什么进行描述。例如:

(1)采空区地面和井下探测电磁信号发射研究:

①时间域与频率域信号分析研究;

②地面半空间和井下全空间发射波形研究;

③地下煤岩导体中一次电磁场与二次电磁场磁场变化研究。

（2）采空区地面和井下探测信号发射和接收机理研究：

①观测过程中主要噪声源与装置耦合噪声机理研究；

②导电围岩和导电覆盖层信号分辨能力研究；

③高、低阻层观测通道及分辨率研究；

④假异常信息剔除研究。

（3）矿井采空区探测地电模型研究：

①原岩体及采动高阻层地电模型研究；

②采动影响下水岩耦合低阻层地电模型研究；

③煤岩体电磁响应时空关系研究；

④高、低阻层煤岩磁场变化率数值解法研究。

点评：研究内容不是简单的、不同层次的标题，而要体现明确具体、深入、创新性地做什么。

案例六　研究内容与研究思路混淆

1）综采工作面超宽带频段的电磁兼容研究

搭建测量分析实验系统，通过现场测量和理论分析，研究综采工作面常态和非常态（随机偶发）电磁信号和辐射频谱的组成、分类、分布及动态规律，绘制综采工作面频谱使用图。（画线部分主要是研究思路。）研究占用频谱的动态实时压缩感知方法和可用最佳频谱选择及功率控制策略。（画线部分主要是研究目标。）

2）综采工作面复杂环境下超宽带无线电传播特性研究与信道建模

通过理论研究、实验测试、仿真分析等相结合研究综采面采动过程复杂环境下的超宽带无线电信号传播特性，特别是采动过程中读卡器（UWB 基站）发射的超宽带探测信号经无芯片标签线圈激励后再次反射回读卡器整个过程的超宽带无线电传播特机理。提取信道特征参数对修正 S - V 模型参数进行优化，建立综采工作面超宽带信道模型。（画线部分主要是研究思路。）本部分内容是课题研究的理论基础，并对井下一般无线通信的研究有参考价值。（画线部分是研究目标或研究价值。）

点评：这两段均是研究思路或研究目标，不是研究内容。

案例七　研究内容与研究目标混淆

1）动力扰动下采矿区稳定机制

探索多次动力扰动应力波能量与弹性变形能叠加造成的岩石疲劳损伤机制，明确动力扰动强度、频率与岩石损伤量动态关系，揭示动力扰动对采空区矿柱力学性能的影响规律，建立矿柱长期力学性能的动态演化模型，研究动力扰动对采空区长期稳定性影响机制。

2）不同静应力与不同强度动力扰动组合作用下，岩石损伤演化与破裂机理

利用岩石试样在高、中、低压应力作用下，受到多次动力扰动后损伤量实验数据，借助断裂力学与岩石损伤理论，摸清不同应力水平和扰动强度组合作用下岩石损伤演变规律与破裂发生的主导因素；探明岩石试样损伤量与压应力大小、动力扰动强度的关系，明确损伤发生与发展的主控因素，对比无基础损伤动静载荷耦合作用下损伤演变规律，摸清已有损伤累积对后续损伤演变的影响，建立基于静应力的弹性变形能和扰动应力波能量叠加的岩石损伤模型。

点评："探索、揭示、探明、摸清、明确"等表述常用在研究目标中。

案例八　研究内容中提出问题

获得熔痕火场中的再结晶和氧化过程对熔痕性质判断干扰的可靠证据。

为了证实熔痕再结晶和氧化过程干扰熔痕性质的判断。本项目拟（画线部分应删除。）采用模拟实验制备的一次短路熔痕、二次短路熔痕和复杂一次短路熔痕，及火场提取熔痕，观察熔痕样品的金相结构，是否可依据现有技术标准判断熔痕性质？是否是熔痕在火场的再结晶和氧化过程影响了判断？（画线部分为问题，而非研究内容。）同时，分析熔痕的样品的氧化物含量和氧化层厚度，（画线部分没有论述清楚具体要做什么。）以及熔痕表面的物质种类和含量，证实影响熔痕性质判断的主要是火场的热过程和化学过程中的再结晶和氧化过程。（画线部分没有论述清楚具体要做什么。）

点评：研究内容不是提出问题，而是解决问题时要具体、深入、创新地做什么。

3. 撰写研究内容时的注意事项

(1)申请题目中提出的科学问题范围较大,而研究内容中拟解决的科学问题是题目这个科学问题的子项,可以划分或分解为 4～5 个更低层次的子科学问题,该子科学问题可能包含几个具体的研究内容。而这些子科学问题之间逻辑上是相关的,要环环相扣,最后落脚到拟解决的科学问题上。如申请书中的科学问题为"……机理研究",子科学问题则可能是"……实验研究""……理论研究""……规律研究""……模型研究""……模拟研究""……机理研究"等,当然最终还要归题,归题到"……机理研究"上。

(2)紧扣科学问题,特别是关键科学问题,研究内容书写始终要以关键科学问题为主线。要知其然,更要知其所以然,即掌握事物发展(演化)的来龙去脉、前因后果。

(3)不要非常空泛化地采用力学方法、物理学方法、非线性科学、系统科学、协同学、突变理论、采矿学、地质学等学科研究领域,而是要聚焦到具体学科的知识点上,如采用非线性科学方法,要细致到孤立波、混沌、分形、突变论、协同论、耗散结构论等非线性理论中的具体内容和具体方法上。

(4)研究内容不要再次描述科学问题的研究意义、研究思路、研究现状评述,不要与研究目标混淆。

(5)很多申请者认为,研究内容先给出一个框架,避免"泄密",等获批后再具体考虑做什么。殊不知评审专家要求申请者研究内容"胸有成竹"才可能获批,这就是一对矛盾。但解决这对矛盾的方法就是申请者要将科学问题特别是关键科学问题"具体、深入、创新性地做什么"描述清楚。当然在获批后具体从事项目研究时,适当地调整研究内容,特别是深化可行的研究内容是非常必要的。

4.9 国家自然科学基金项目申请书中的常见问题

摘要:在介绍了国家自然科学基金项目申请书初筛中常见问题的基础上;对函审专家评议中可能对申请书在选题、申请题目、摘要、立项依据、研究内容、研究目标、关键科学问题、研究方案、技术路线、可行性、特色与创新、申请书整体结构、研究基础与工作条件等方面的问题进行梳理,便于申请者参考。

国家自然科学基金项目申请书提交后,自然科学基金委要对申请书进行初筛,初筛合格的申请书就会投送专家进行函审,函审合格的申请书才可能进入会审。现将申请书中常见问题进行梳理,便于申请者自查。

1. 初筛中的常见问题

申请人条件、申请书撰写要求、科研诚信、预算编报、限项申请等要以自然科学基金委当年发布的项目指南要求为准。初筛中常见问题主要包括:

(1)项目不属于所选择的申请代码所在学科指南的资助范畴。

(2)依托单位或合作研究单位未盖公章,非原件或名称与公章不一致。

(3)申请书缺页或缺项,缺少主要参与者简历。

(4)研究期限填写不符合要求。

青年科学基金项目研究期限为三年,从下一年的 1 月 1 日到第三年的 12 月 31 日止;面上项目研究期限为四年,从下一年的 1 月 1 日到第四年的 12 月 31 日止。特殊说明除外。其他类型的项目参照当年的国家自然科学基金项目申请指南。

(5)纸质文件与电子文件版本号不一致。

(6)纸质文件使用 A4 纸双面打印,没有合作单位的项目一式一份;有合作单位的项目一式两份。

(7)申请人、项目组成员身份证号码、职称、年龄、学位、合作单位信息等不准确、有错误。

(8)申请人或主要参与者未签名或签名与基本信息表中人员姓名不一致。

(9)申请代码或研究领域选择错误。

(10)申请人或主要参与者职称信息不一致。

(11)无高级职称且无博士学位的申请人未提供专家推荐信或推荐信不符合要求。

(12)在职研究生未提供导师同意函。

(13)申请人或主要参与者申请超项。

(14)"二违反",即违反国家自然科学基金项目管理规定,违反国家自然科学基金项目管理办法。

(15)"三不",即不具备申请资格,不属于申请学科的资助范围,经费预算不合理。

(16)"四无",即无签字、无盖章、无推荐信、无合作协议。

2. 函审中的常见问题

1)选题

选题存在的主要问题包括:选题不是科学问题,如选题为技术开发、技术工艺、产品设计、技术应用、效果评价、规章规范、工程设计或施工工艺等问题。

2)申请题目

题目存在的主要问题包括:拟定题目"皮大馅小",盲目拔高,词语重复,语序错乱。项目名称太大或太小、空洞或太长、主题不明、引起歧义与误解等。

3)摘要

摘要常见的问题包括:采用第一人称,过多地描述学术背景,没有明确地提出学术背景对应的科学实质与科学问题,没有提及研究方法,研究内容不具体,总体目标不明确,应用前景和科学意义不清晰。摘要与研究目标雷同,有数学公式、化学方程式等。

4)项目立项依据

申请书立项依据分析不充分。存在的问题主要表现在:

(1)立项背景离题太远、太大或太小;科学问题的提出论述不突出,与研究背景在层次上或时程中不匹配、不协调、不对应;科学问题相对不重要或结果可能没有用;问题远比申请者想象的复杂,问题仅仅是个案,不具有普遍意义,问题在科学意义上讲还构不成科学问题;题目中可能引起歧义和误解的概念没有在立项依据中解释清楚。

(2)研究现状不是从科学概念、科学理论、科学方法、科学规律等科学的角度进行分类,或参考文献不经典、没有近期的文献,或缺少国内外文献,或文献评述不科学,对存在拟解决的关键科学问题分析不明确。

(3)没有明确地从科学角度(如科学概念、科学方法、科学原理、科学规律、模型建立、数值模拟、演化机理等方面)论述拟解决的关键科学问题解决后在科学上具有的地位、影响、作用、效果等科学意义,衬托出研究问题的必要性和紧迫性,而是过分强调了工程意义、社会意义、经济价值或环境意义等。

(4)没有明确地给出研究设想,即没有围绕拟解决的关键科学问题,简要回答具体解决什么和如何解决研究工作内容的流程、顺序、步骤、逻辑关系等。

(5)没有充分地论述应用前景,要论述拟解决的关键科学问题解决后应用到实际中的广阔前景。

(6)参考文献中存在的主要问题是:没有选取最新、最全、最经典的研究成果,研究进展中过分强调国外、国内或自己的研究工作。

5)研究内容

研究内容中存在的主要问题包括:研究内容不具体、不深入、没有创新;研究内容重复别人的研究工作或仅仅是已有知识的应用;研究内容分散、面面俱到,求多而不集中、重点不突出;研究内容论述重复研究现状、研究思路;用研究目标代替研究内容;研究内容不归题,逻辑上与所选择的科学问题不对应;没有具体、深入、创新地描述对拟解决的关键科学问题要做什么。

研究内容中"具体、深入、创新性地做什么"与研究方案中描述的"具体怎么做"逻辑上不对应。

6）研究目标

研究目标中存在的主要问题包括：用非学术目标代替科学目的；研究目标过宽、过大或过小；用研究成果代替研究目标；分目标不具体；与研究内容不匹配、不对应、不协调；总体目标不归题，逻辑上与所选择的科学问题不对应。

7）关键科学问题

关键科学问题中存在的主要问题包括：对关键科学问题缺乏实质性认识；申请书中对研究内容、研究方法中存在的难点、重点或瓶颈问题凝练不足，或对达到预期目标有重要影响的因素、主要矛盾缺乏深入描述；没有分条目凝练成问题的表达形式，或没有解释为什么是关键科学问题。

8）研究方案

研究方案中存在的主要问题包括：

（1）采用的如现场调研、理论研究、实验研究、数值模拟、统计分析、现场应用、综合研究等研究方法不具体，没有对所采用的研究方法逐一论述；采用有争议、过时的研究方法；所采用研究方法不合理、不先进、不科学、不可行或不可靠；采用多种理论或多个分析方法，在某些关键问题上相互矛盾。

（2）技术路线中，没有将语言叙述和框图相结合；没有将研究内容的先后顺序、步骤、途径、方法与逻辑关系的相互衔接、相互配合描述清楚。

（3）实验手段中，没有描述清楚实验研究过程中的实验方法、操作步骤、实验材料、化学试剂、实验仪器、实验设备等。

（4）关键技术问题中，没有描述清楚研究过程中为达到预期目标所必须掌握的技术难点或研究手段，特别是实（试）验及实测中需要解决的重点、难点或瓶颈的技术问题。

（5）对研究方法、技术路线、实验手段和关键技术的描述不具体、不深入，与研究内容不对应、不匹配。

9）可行性

可行性中存在的主要问题包括：没有论述清楚拟解决的科学问题主、客观条件的可行性,特别是没有论述清楚关键科学问题或关键技术问题等学术上的可能性。

10)项目特色和创新

项目特色和创新之处中主要的问题是:没有结合整个项目选题中的特殊对象、特殊环境、特殊机理、特殊方法、特殊目的等在学术上的独到之处和与众不同(一般体现在题目中的修饰词),回答科学问题的学术特点;没有从细节上分条目,对包括关键科学问题或关键技术问题上的新方法(实验手段、技术路线、数值分析等)、新理论(新概念、新原理、新方法、新模型、新机理、新规律等)的创新点进行有效的凝练。

11)申请书整体结构

申请书整体结构上存在的主要问题包括:申请题目、研究背景、科学问题、研究内容、研究目标、研究方案、特色创新等主要部分之间存在逻辑上不统一,前后概念混淆、偷换概念,在理论上、实验上或研究方法上前后矛盾,逻辑上不对应。

12)研究基础与工作条件

研究基础与工作条件存在的主要问题包括:

(1)在工作基础中没有介绍清楚与申请书相关的研究工作积累和已取得的研究工作成绩;缺少重要的前期研究结果,项目组成员搭配不合理;研究团队研究基础薄弱,研究团队需要进一步优化等。

(2)与申请书相关的已具备的实验条件介绍不清;尚缺少实验条件和拟解决的途径;没有介绍利用国家实验室、国家重点实验室和部门重点实验室等研究基地的计划与落实情况。

13)经费预算

经费预算的主要问题包括:没有按照自然科学基金委的管理办法进行预算,预算不合理或与研究内容、研究方案中所描述的条款不匹配。

参 考 文 献

[1] 黄顺基. 自然辩证法概论[M]. 北京:高等教育出版社,2004.

[2] 董中保,石阔. "科学问题"概念及其本质特征和属性[J]. 辽宁工程技术大学学报(社会科学版),2000,2(1):10-14.

[3] 陈昌曙. 自然辩证法概论新编[M]. 沈阳:东北大学出版社,1995.

[4] 王来贵,朱旺喜. 科研活动是一项崇高的事业[J]. 中国基础科学,2015,17(2),63-64.

[5] 王来贵,朱旺喜. 科学研究要拥有系统哲学思维[J]. 中国基础科学,2015,17(3),60-62.

[6] 魏宏森,曾国屏. 系统论——系统科学哲学[M]. 北京:清华大学出版社,1995.

[7] 许国志. 系统科学[M]. 上海:上海科技教育出版社,2000.

[8] 陈忠,盛毅华. 现代系统科学学[M]. 上海:上海科学技术文献出版社,2005.

[9] 王来贵,朱旺喜. 科学研究工作要围绕关键学术问题展开[J]. 中国基础科学,2015,17(6):61-62.

[10] 王来贵,潘一山,梁冰.国家自然科学基金资助对学科建设的推动作用分析[J].中国科学基金,2005,19(3):174-176.

[11] 王来贵,朱旺喜. 工程技术需求是科学研究的动力源泉[J]. 中国基础科学,2015,17(4):61-62.

[12] 王来贵,朱旺喜. 试论工程系统演化过程研究内涵[J]. 中国基础科学研究,2013,15(2):3-6.

[13] 王来贵,朱旺喜. 申报国家自然科学基金项目要以科学问题为主线[J]. 中国科学基金,2007,21(1):39-42.

[14] 余伟. 试论"科学研究从科学问题开始"[J]. 南昌航空工业学院学报(社会科学版),2001,3(1):75-77.

[15] 刘冠军. 科学问题的定义新探[J]. 理论学刊,1999,(4):27-30.

[16] 钱兆华. 简论科学问题[J]. 江苏理工大学学报(社会科学版).1999,(2):9-12.

[17] 王续琨,宋刚. 交叉科学结构论[M]. 北京:人民出版社,2015.

[18] 王来贵,朱旺喜. 探讨国家自然科学基金工程科学项目的选题[J]. 中国科学基金,2011,25(4):244-246.

[19] 吕群燕. 科技基金申请项目的选题 I:研究方向的选择[J]. 科技导报,2009,27(15):126.

[20] 陈越,温明章,杜生明. 谈国家自然科学基金面上项目申请的选题[J]. 中国基础科学,2005,(1):46-51.

[21] 陈越,温明章,杜生明. 从自然科学基金项目申请看科学问题的凝练[J]. 科学通报,2006,51(7):870-872.

[22] 靳达申,车成卫. 如何提高国家自然科学基金申请质量[M]. 上海:上海科学技术文献出版社,2004.

[23] 车成卫. 国家自然科学基金申请书撰写:研究方案[J]. 科技导报,2009,27(4):112.

[24] 王来贵,朱旺喜. 科学基金申请中几个重要科学概念探析[J]. 中国科学基金,2015,29(1):37-41.

[25] 王来贵,朱旺喜. 浅析国家自然科学基金"机理"类项目的研究内涵[J]. 中国科学基金,2009,23(1):47-49.

[26] 王来贵,朱旺喜. 探究国家自然科学基金"模型"类项目的研究内涵[J]. 中国科学基金,2010,24(3):175-178.

[27] 朱旺喜,王来贵. 基于假说的自然科学基金申请[J]. 科技导报,2014,32(12):89.

[28] 朱旺喜,王来贵. 科学基金申请中科学假说的研究内涵[J]. 科技导报,2014,32(13):89.

[29] 朱旺喜,王来贵. 科学基金申请中科学假说的论证和检验[J]. 科技导报,2014,32(14):88.

[30] 孙伟平. 关于假说的形成过程、方法及原则的探讨[J]. 北方工业大学学报,1999,11(2):31-42.

[31] 雷社平. 科学假说的证实性探讨[J]. 长安大学学报(社会科学版),2003,5(4):20-23.

[32] 王桂山. 关于假说形式的辩证思考[J]. 辽宁大学学报(哲学社会科学版),1996,(3):38-40.

[33] 王来贵,朱旺喜. 自然科学基金申报中的反问题研究内涵[J]. 中国科学基金,2016,30(1):85-88.

[34] 王英,赵煦. 论思想实验与物质实验的本质区别[J]. 中南大学学报(社会科学版),2014,20(6):64-69.

[35] 徐毅. 物理学中的思想实验[J]. 吉林师范学院学报,1996,17(5):27-30.

[36] 邢润川,孔宪毅. 从诺贝尔自然科学奖百年走势看科学实验与科学理论的关系[J]. 山西大学学报(哲学社会科学版),2002,25(2):18-24.

[37] 陈波. 逻辑学十五讲[M]. 北京:北京大学出版社,2008.

[38] 王来贵,朱旺喜. 国家自然科学基金工程科学项目申请书书写建议(Ⅰ)[J]. 科技导报,2014,32(34):89.

[39] 王来贵,朱旺喜. 国家自然科学基金工程科学项目申请书书写建议(Ⅱ)[J]. 科技导报,2014,32(35):89.

[40] 王来贵,朱旺喜. 国家自然科学基金工程科学项目申请书书写建议(Ⅲ)[J]. 科技导报,2015,33(1):127.

[41] 沈珠江. 论技术科学与工程科学[J]. 中国工程科学,2006,18(3):18-21.

附录　国家自然科学基金项目同行评议要点

附录 A　国家自然科学基金青年科学基金项目同行评议要点

青年科学基金是有志从事基础研究的青年科研人员的起步基金,其定位是稳定青年队伍,培育后继人才,扶持独立科研,激励创新思维,不断增强青年人才勇于创新的研究能力,促进青年科研人员的成长。申请人应能够独立开展研究工作,其项目组的主要成员以青年为主体。

请评议人从如下方面对申请项目进行评议,在此基础上给出综合评价等级和资助与否的意见:

一、综合评议申请项目的创新性和研究价值。基础研究类项目,对科学意义、前沿性和探索性进行评述;应用基础研究类项目,在评议学术价值的同时,还要对项目的应用前景进行评述。请明确指出项目的特色和创新之处。

二、对申请项目的研究内容、研究目标及拟解决的关键科学问题进行综合评议。

三、对申请项目的整体研究方案和可行性分析,包括研究方法、技术路线等方面进行综合评议;如有可能,请对完善研究方案提出建议。

四、对前期工作基础和研究条件以及经费预算进行适当评价。应特别注意评议申请人的创新潜力和创新思维,不必过于强调其研究队伍和工作积累。

综合评价等级参考标准:

优:申请人有较强的创新潜力和创新思维;申请项目创新性强,具有重要的科学意义或应用前景,研究内容恰当,总体研究方案合理可行。

良:申请人具有一定的创新思维;申请项目立意新颖,有较重要的科学意义或应用前景,研究内容和总体研究方案较好。

中:申请人创新思维一般;申请项目具有一定的科学研究价值或应用前景,研究内容和总体研究方案尚可,但需修改。

差:申请人和申请项目某些关键方面有明显不足。

附录 B　国家自然科学基金面上项目同行评议要点

面上项目是国家自然科学基金研究项目体系的主要部分,其定位是全面均衡布局,瞄准科学前沿,促进学科发展,激励原始创新。

面上项目支持从事基础研究的科学技术人员在国家自然科学基金资助范围内自由选题,开展创新性的科学研究,力图通过研究得到新的发现或取得重要进展;鼓励开展具有前瞻性、用于创新的探索性研究工作;注重保护非共识项目,支持探索性较强、风险较大的创新研究。

请评议人从如下方面对申请项目进行评议,在此基础上给出综合评价等级和资助与否的意见:

一、着重评议申请项目的创新性,明确指出项目的研究价值和创新之处。基础研究类项目,对科学意义、前沿性和探索性进行评述;应用基础研究类项目,在评议学术价值的同时,还要对项目的应用前景进行评述。

二、针对申请项目的研究内容、研究目标及拟解决的关键科学问题提出具体评议意见。

三、对申请项目的整体研究方案和可行性分析,包括研究方法、技术路线等方面进行综合评议;如有可能,请对完善研究方案提出建议。

四、对研究队伍状况、前期工作基础和研究条件以及经费预算进行评价。

如申请人承担过国家自然科学基金项目,应当考虑其项目完成情况;同时还应考虑申请项目的研究内容与申请人和项目组主要成员承担的其他科研项目的相关性。

五、评议过程中应特别注意发现和保护创新性强的项目,积极扶持学科交叉的研究项目。

综合评价等级参考标准:

优:创新性强,具有重要的科学意义或应用前景,研究目标明确,研究内容恰当,总体研究方案合理可行,具有较好的研究基础,研究方案较好,有一定的研究基础和条件。

　　良:立意新颖,有较重要的科学意义或应用前景,研究内容和总体研究方案较好,有一定的研究基础和条件。

　　中:具有一定的科学研究价值或应用前景,研究内容和总体研究方案尚可,但需修改。

　　差:某些关键方面有明显不足。

附录 C 国家自然科学基金地区科学 基金项目同行评议要点

设立地区科学基金项目的目的是加强对部分边远地区、少数民族地区等科学研究基础薄弱地区科研人员的支持。地区科学基金项目的定位是稳定和培养在欠发达地区工作的科研人员,扶植和凝聚优秀人才,支持他们潜心探索,为区域科技创新体系建设与协调发展服务,促进区域基础研究人才的稳定和成长。

请评议人从如下方面对申请项目进行评议,在此基础上给出综合评价等级和资助与否的意见:

一、综合评议申请项目的创新性和研究价值。基础研究类项目,对科学意义、前沿性和探索性进行评述;应用基础研究类项目,在评议学术价值的同时,还要对项目的应用前景进行评述。请明确指出项目的特色和创新之处。

二、对申请项目的研究内容、研究目标及拟解决的关键科学问题进行综合评议。

三、对申请项目的整体研究方案和可行性分析,包括研究方法、技术路线等方面进行综合评议;如有可能,请对完善研究方案提出建议。

四、对研究队伍状况、前期工作基础和研究条件以及经费预算进行评价。

五、应关注区域人才队伍建设,从稳定和凝聚优秀人才、带动区域基础研究发展的角度遴选项目,不必过于强调申请内容是否结合当地条件和特点。

综合评价等级参考标准:

优:创新性较强,具有重要的科学意义或应用前景,研究目标明确,研究内容恰当,总体研究方案合理可行,具有较好的研究基础和条件。

良:立意新颖,有较重要的科学意义或应用前景,研究内容和总体研究方案较好,有一定的研究基础和条件。

中:具有一定的科学研究价值或应用前景,研究内容和总体研究方案尚可,但需修改。

差:某些关键方面有明显不足。

附录 D　国家自然科学基金优秀青年
科学基金项目同行评议要点

优秀青年科学基金项目支持具备 5～10 年的科研经历并取得一定科研成就的青年科学技术人员,在科研第一线锐意进取、开拓创新,自主选择研究方向开展基础研究。

一、优秀青年科学基金项目评议要点如下:

(一)研究成果的创新性和科学价值;

(二)申请人在前期研究工作中所展现的创新潜力(能力);

(三)拟开展的研究工作的科学意义和创新性,研究方案等的可行性。

注:优秀青年科学基金资助期限为 3 年,资助经费 100 万元/项。

二、请根据同行评议要点,参考以下提纲撰写同行评议意见:

(一)对申请人近年来在基础研究中所取得的学术成就或科技成果的评议意见;

(二)对申请人的科研能力和创新潜力的评价;

(三)对申请人今后拟开展的研究工作的评议意见。

综合评议等级参考标准:

优:申请人取得了突出的创新性成绩,有较强的创新潜力和创新思维;拟开展的研究工作有重要的科学意义和创新性构思。

良:申请人取得了创新性成绩,有一定的创新潜力和创新思维;拟开展的研究工作有比较重要的科学意义和创新性构思。

中:申请人取得了一定成绩,拟开展的研究工作有一定的科学价值,创新性一般。

差:申请人取得的成绩一般,创新性不足。

附录 E　国家自然科学基金国家杰出青年科学基金项目同行评议要点

国家杰出青年科学基金项目支持在基础研究方面已取得突出成绩的青年学者自主选择研究方向开展创新研究,促进青年科学技术人才的成长,吸引海外人才,培养、造就一批进入世界科技前沿的优秀学术带头人。

一、申请国家杰出青年科学基金项目应当具备以下条件:

(一)具有中华人民共和国国籍;

(二)申请当年 1 月 1 日未满 45 周岁;

(三)具有良好的科学道德;

(四)具有高级专业技术职务(职称)或者具有博士学位;

(五)具有承担基础研究课题或者其他从事基础研究的经历;

(六)与境外单位没有正式聘用关系;

(七)保证资助期内每年在依托单位从事研究工作的时间在 9 个月以上。不具有中华人民共和国国籍的华人青年学者,符合前款(二)至(七)条件的,可以申请。

二、国家杰出青年科学基金项目评议要点如下:

(一)研究成果的创新性和科学价值;

(二)对本学科领域或相关科学领域发展的推动作用;

(三)对国民经济与社会发展的影响;

(四)拟开展的研究工作的创新性构思、研究方向、研究内容和研究方案等。

注:国家杰出青年科学基金资助期限为 4 年,资助经费 200 万元/项,数学和管理科学为 140 万元/项。

三、请根据同行评议要点,参考以下提纲撰写同行评议意见:

(一)对申请者近年来在基础研究中所取得的学术成就或科技成果的评

议意见；

（二）对申请者今后拟开展的研究工作的评议意见；

（三）对申请者的科研能力和创新潜力的评价。

综合评议等级参考标准：

优：申请人取得了突出的创新性成绩，有较强的创新潜力和创新思维；拟开展工作有重要的科学意义和创新性构思。

良：申请人取得了创新性成绩，有一定的创新潜力和创新思维；拟开展工作有比较重要的科学意义和创新性构思。

中：申请人取得了一定成绩，拟开展工作有一定的科学价值，创新性一般。

差：申请人取得的成绩一般，创新性不足。

附录 F 国家自然科学基金国家重大科研仪器设备研制专项项目同行评议要点

国家重大科研仪器设备研制专项项目根据国家科学和经济社会发展战略布局,面向科学前沿和国家需求,以科学目标为导向,鼓励和培育具有原创性思想的探索性科研仪器研制,着力支持原创性重大科研仪器设备研制工作,为科学研究提供更新颖的手段和工具,推动科技资源共享,全面提高我国科学研究原始创新能力。

国家重大科研仪器设备研制专项的资助范围包括:

一、对于促进科学发展、开拓研究领域具有重要作用的原创性科研仪器设备的研制;

二、通过关键核心技术突破或集成创新,用于发现新现象、揭示新规律、验证新原理、获取新数据的科研仪器设备的研制。

请评议人从以下方面对申请项目进行评议,在此基础上给出综合评价等级和资助与否的意见。对同一领域的申请,请进行比较分析、择优排序,并在综合评价上体现出差别。

一、对推动科学前沿创新的价值和作用;

二、与国家急需的重大科研需求的关系;

三、设计方案的创新性和可行性,创新性主要体现在原理性创新、独到的设计思想、自主知识产权等;

四、申请者及项目组人员相关的理论、技术和实验基础,以及前期相关研究工作的质量;

五、项目经费预算的合理性,对预算有不合理情形的要从严掌控;

六、预期研究成果特别是原型机或实验样机技术参数和指标的先进性。

综合评价等级参考标准:

优:具有重大的科学意义或社会价值,原创性强;项目研究方案合理可行;研究队伍人员搭配合理并具有较高水平;具备良好的前期工作基础及完备的实验条件。

良:具有较重要的科学意义或社会价值,有一定的创新性;项目研究方案基本合理可行;研究队伍人员搭配较好;具备一定的前期工作基础和较好的研究条件。

中:具有一定的科学意义或社会价值,具备基本的工作基础和条件,总体方案尚可,但需修改。

差:某些关键方面有明显不足。

附录 G　国家自然科学基金重点项目同行评议要点

重点项目主要支持科研人员结合国家需求,把握世界科学前沿,针对我国已有较好基础和积累的重要研究领域或新学科生长点开展深入、系统的创新性研究,特别支持对学科发展有重要推动作用的关键科学问题和学科前沿的基础研究,或对国民经济、社会发展和国家安全有重要应用前景以及能够充分发挥我国资源和自然条件特色的基础研究。

重点项目要体现有限目标、有限规模和重点突出的特点,重视学科交叉,发挥国家与部门重要科学研究基地的作用,注重培养中青年学术带头人,积极开展实质性国际合作与交流。

重点项目申请要符合当年项目指南的要求,请评议人从以下方面对申请项目进行评议,在此基础上给出综合评价等级和资助与否的意见。对同一领域的申请,请进行比较分析、择优排序,并在综合评价上体现出差别。

一、是否具有明确的科学问题,创新的学术思想,先进的研究目标,合理的研究方案以及必要的研究条件。

二、项目主持人是否具有较高的学术水平并活跃在科学研究的前沿;是否具有结构合理的研究队伍和扎实的研究工作基础。

三、如获得资助,项目的预期研究工作能否取得突破性进展。

四、经费预算的合理性。

综合评价等级参考标准:

优:创新性强,具有重要的科学意义或应用前景,总体研究方案合理,具备良好的工作基础和研究条件。

良:立意新颖,有较重要的科学研究意义或应用前景,总体研究方案较好,具备工作基础和较好的研究条件。

中：具有一定的科学研究意义或应用前景，具备基本的工作基础和研究条件，总体方案尚可，但需修改。

差：某些关键方面有明显不足。

附录 H 国家自然科学基金联合基金同行评议要点

特别注意：

1. 请分别按照"培育项目""重点支持项目"和"本地优秀青年人才培养专项"的同行评议要点进行评议。

2. 各类联合基金的定位、年度重点资助领域（方向）以及申请注意事项均不同，请注意参阅各联合基金年度项目指南的具体要求。

3. "NSFC-河南人才培养联合基金"按照"国家自然科学基金委员会-河南省人民政府人才培养联合基金"项目同行评议要点和年度项目指南的要求进行评议。

联合基金旨在发挥国家自然科学基金的导向作用，引导和整合社会资源投入基础研究，促进有关部门、企业、地区与高等学校和科学研究机构的合作，引导科学技术人员关注国家战略需求以及区域与产业发展需求，推动我国相关领域、行业和区域自主创新能力的提升，培养科学与技术人才。

联合基金是国家自然科学基金资助体系的组成部分，通过项目指南引导申请，以"培育项目""重点支持项目"和"本地优秀青年人才培养专项"方式予以资助。

第一类 "培育项目"同行评议要点

"培育项目"主要支持从事基础研究的科研人员在联合基金框架内结合国家需求和学科发展方向，开展创新性的科学研究，力图通过研究得到新的发现或取得重要进展。鼓励开展具有前瞻性、勇于创新的探索性研究工作；注重保护非共识项目，支持探索性较强、风险较大的创新研究。

"培育项目"申请要符合当年项目指南的要求，请评议人从以下方面对申请项目进行评议，在此基础上给出综合评价等级和资助与否的意见。

一、着重评议申请项目的创新性，明确指出项目的研究价值和创新之处。要对申请项目的科学意义、前沿性和探索性进行评述；对于有应用背景的申请项目,在评议学术价值的同时,还要对其潜在应用价值进行评述。

二、针对申请项目的研究内容、研究目标及拟解决的关键科学问题提出具体评议意见;

三、对申请项目的整体研究方案和可行性分析,包括研究方法、技术路线等方面进行综合评议;如有可能,请对完善研究方案提出建议。

四、对研究队伍状况、前期工作基础和研究条件以及经费预算进行评价。如申请人承担过国家自然科学基金项目,应当考虑其项目完成情况;同时还应考虑申请项目的研究内容与申请人和项目组主要成员承担的其他科研项目的相关性。

五、评议过程中应特别注意发现和保护创新性强的项目,积极扶持学科交叉的研究项目。

综合评议等级参考标准:

优:创新性强,具有重要的科学意义或应用前景,总体研究方案合理,具备良好的工作基础和研究条件。

良:立意新颖,有较重要的科学研究意义或应用前景,总体研究方案较好,具备工作基础和较好的研究条件。

中:具有一定的科学研究意义或应用前景,具备基本的工作基础和条件,总体方案尚可,但需修改。

差:某些关键方面明显不足。

第二类 "重点支持项目"同行评议要点

"重点支持项目"主要支持科研人员在联合基金框架内结合国家需求和科学重点发展方向,吸引科研人员在相关重要研究领域开展深入、系统的创新性研究,从而解决关键科学问题,促进产学研合作,培养科学与技术人才,推动我国相关领域、行业或区域的自主创新能力的提升。

"重点支持项目"要体现有限目标、有限规模和重点突出的特点,重视学科交叉,发挥国家与部门重要科学研究基地的作用,注重培养中青年学术带头人,积极开展实质性国际合作与交流。

"重点支持项目"申请要符合当年项目指南的要求,请评议人从以下方面对申请项目进行评议,在此基础上给出综合评价等级和资助与否的意见。

对同一领域的申请,请进行比较分析、择优排序,并在综合评价上体现出差别。

一、是否具有明确的科学问题,创新的学术思想,先进的研究目标以及必要的研究条件。

二、项目主持人是否具有较高的学术水平并活跃在科学研究的前沿;是否具有结构合理的研究队伍和扎实的研究工作基础。

三、如获得资助,项目的预期研究工作能否取得突破性进展。

四、经费预算的合理性。

综合评价等级参考标准:

优:创新性强,具有重要的科学意义或应用前景,总体研究方案合理,具备良好的工作基础和研究条件。

良:立意新颖,有较重要的科学研究意义或应用前景,总体研究方案较好,具备工作基础和较好的研究条件。

中:具有一定的科学研究意义或应用前景,具备基本的工作基础和条件,总体方案尚可,但需修改。

差:某些关键方面有明显不足。

第三类　"本地优秀青年人才培养专项"同行评议要点

特别注意:"本地优秀青年人才培养专项"只考察申请人本人的学术水平和创新潜力;无论申请书是否填写项目组主要参与者,参与者的学术水平和工作积累均不予考虑。

"本地优秀青年人才培养专项"重点支持在基础研究方面已取得突出成绩的当地青年科学技术人员,根据指南范围自主选题开展创新研究,促进创新型青年人才的快速成长。申请要符合当年项目指南的要求,具体从以下方面对申请项目进行评议,在此基础上给出综合评价等级和资助与否的意见。

一、申请人近年来研究成果的创新性和科学价值;

二、申请人在前期研究工作中所展现的创新潜力(能力);

三、对地区经济与社会发展的影响;

四、拟开展研究工作的科学意义和创新性,研究方向、研究内容和研究方案等的可行性。

综合评价等级参考标准：

优：申请人取得了突出的创新性成绩，有较强的创新潜力和创新思维；拟开展的研究工作有重要的科学意义和创新性构思。

良：申请人取得了创新性成绩，有一定的创新潜力和创新思维；拟开展的研究工作有比较重要的科学意义和创新性构思。

中：申请人取得了一定成绩，拟开展的研究工作有一定的科学研究价值，创新性一般。

差：申请人取得的成绩一般，创新性不足。

第四类　国家自然科学基金委员会-河南省人民政府人才培养联合基金项目同行评议要点

特别注意：本联合基金只考虑申请人本人的学术水平和创新潜力，申请书不填写项目组"主要参与者"。

国家自然科学基金委员会与河南省人民政府共同设立人才培养联合基金（以下简称"NSFC-河南人才培养联合基金"），该联合基金作为国家自然科学基金的组成部分，旨在配合中原经济区战略实施，逐步提升河南省高等院校和科研院所的科技创新能力，推动区域经济社会可持续发展，为河南地区培养一批青年科技人才。

NSFC-河南人才培养联合基金重点支持河南本地青年科技人才开展研究工作。其定位是稳定河南青年科技人才队伍，培育后继人才，扶持独立科研，激励创新思维，不断增强青年人才勇于创新的研究能力，促进青年科研人员的成长。申请人应能够独立开展研究工作。

请评议人从如下方面对申请项目进行评议，在此基础上给出综合评价等级和资助与否的意见。

一、综合评议申请项目的创新性和研究价值。要对申请项目的科学意义、前沿性和探索性进行评述；对于具有应该前景的申请项目，在评议学术价值的同时，还要对项目的潜在应用价值进行评述。请明确指出项目的特色和创新之处。

二、对申请项目的研究内容、研究目标及拟解决的关键科学问题进行综合评议。

三、对申请项目的整体研究方案和可行性分析,包括研究方法、技术路线等方面进行综合评议;如有可能,请对完善研究方案提出建议。

四、对前期工作基础和研究条件以及经费预算进行适当评价。

综合评价等级参考标准:

优:申请人有较强的创新潜力和创新思维;申请项目创新性强,具有重要的科学意义或应该前景,研究内容恰当,总体研究方案合理可行。

良:申请人具有一定的创新思维;申请项目立意新颖,有较重要的科学意义或应用前景,研究内容和总体研究方案较好。

中:申请人创新思维一般;申请项目具有一定的科学研究价值或应用前景,研究内容和总体研究方案尚可,但需修改。

差:某些关键方面有明显不足。

附录Ⅰ 国家自然科学基金国际(地区)合作研究项目同行评议函

为便于您做好评议工作,现将有关情况做如下说明:

1. 设立背景

国家自然科学基金鼓励和资助科技人员立足国际科学前沿,有效利用国际科技资源,本着平等合作,互利互惠,成果共享的原则开展实质性的国际(地区)合作研究,提高我国科学研究水平和国际竞争能力。

2. 立项范围

研究内容属于国家自然科学基金优先资助领域的合作研究项目;

我国迫切需求、亟待发展领域的合作研究项目;

由我国科学家创意发起的合作研究项目;

我国科学家参与的国际大型科学研究项目和计划;

利用国际大型科学设施开展的合作研究项目;

我委与国外对口协议单位共同组织的双边或多边合作研究项目。

3. 立项条件

有利于吸纳、利用国外科学研究资源和经验,有利于发挥我国科学家在合作中的优势,有利于提升我国基础研究原始创新能力;

合作各方应是高水平的、活跃在学科前沿的学术带头人和优秀研究团队;

合作各方有很好的合作基础,属于强强合作,优势互补;

合作各方在经费、人员、设备条件等研究资源上应有实质性的投入,合作成果共享。

4. 合作研究协议书

合作研究项目申请人应当提供与国外(地区)合作者共同签订的合作研究协议书。合作研究协议书应当包括:

合作研究内容和所要达到的研究目标；

合作双方负责人和主要参与者；

合作研究的期限、方式和计划；

知识产权的归属、使用和转移；

相关经费预算等事项。

5. 申请资格

具有高级专业技术职务（职称）；

作为项目负责人正在承担或者承担过 3 年期以上国家自然科学基金资助项目；

与国外（地区）合作者具有良好的合作基础。